JN168378

フィールドの生物学—⑳

深海生物テヅルモヅルの謎を追え！

系統分類から進化を探る

岡西政典 著

東海大学出版部

Discoveries in Field Work No. 20
A hunt for the mysterious basket stars of the deep sea:
Exploring taxonomy, phylogeny and evolution

Masanori OKANISHI
Tokai University Press, 2016
Printed in Japan
ISBN978-4-486-02096-7

はじめに

昼休み。昼食を買いにコンビニへ。まず入口からまっすぐ、突き当たりの棚でおにぎりを物色。少しパンに心を奪われつつも、「おかかおにぎり」を買い物かごに入れ、右手にある商品棚の「野菜ジュース」を手に取る。ちょっと食物繊維を気にして、総菜コーナーで「10品目のサラダ」を掴む。さらに奥に進むと飲み物コーナー。ペットボトルの「お～いお茶」を買い物かごに放り込む。雑誌コーナーで、週刊誌を視界に捉えつつ、ちょうど店をぐるっと一周する形でレジに向かい、コストパフォーマンスが売りの「アイスコーヒーS」を注文し、会計を済ませ、コンビニを後にする。おそらく、小学生でも日常的にこなせる簡単な作業である。このように目的の商品の陳列場所に迷うことなくたどり着き、必要なものを必要なだけ買って帰れるのは、実はコンビニの商品が、規則正しくきちんと陳列されているからに他ならない。

少し想像してほしい。もしこれらの商品が、その種類別に「分類」され、「系統」立てられずに、アイウエオ順に並んでいたとしよう。まず入店する。「おかかおにぎり」が見たい。ア行の商品なので、比較的入口に近い場所にあるだろう。「おかかおにぎり」を手に取ったとき、どうも「たらこおにぎり」も食べたいような気がしてきた。店内を見回す。タ行はアイウエオ順で言えばア行からはかなり遠い位置。わざわざそこまで移動して、「たらこおにぎり」を手に取る。とここで、急にサンドイッチにも食指が動いてきた気がする。再び店内を見回す。「ハムサンドイッチ」の場所は……。

このようにして、主食を決める段階で既に多大な労力を払わなければならない。この他、「10品目のサラダ」、「野菜ジュース」、「お〜いお茶」、「アイスコーヒー」を買って店を後にするまでに、店内を何往復する羽目になるだろうか。また、コンビニで簡単に商品を選ぶことができるのには、もう一つ理由がある。これらの商品は、全て、一度目にしただけでその商品を簡単に想起できる「名前」がきちんと付けられている。全国津々浦々、どこのコンビニでも同じ名前がついているため、出張先でも、誰かに自分の望むお昼ご飯を買ってきてもらうことができるだろう。このようにものに「名前」をつけ、それらを系統立てて「整理」する学問がこの世に存在する。それらは「分類学」と呼ばれる。地球上の生物に名前をつけ、それらが数十億年の歴史の中で、どのように進化し、自然の中に位置づいているか、を探る学問である。私は、この分類学に取り組んでいる。大変マイナーな学問領域で、分類学者自体が「絶滅の危機に瀕している」と揶揄(やゆ)されるほど、悲しき哉、研究人口が少ない学問である。しかし私にとっては、これほど面白く、興奮できるものもなかなかないと思えるほど夢中になれる学問だ。本書は、そのような学問に心酔し、楽しんでいる駆け出しの研究者による、分類学の実践書と考えてほしい。

この本を読んでもらうにあたって、二つほど注意点がある。まず、既にこの世には、たくさんの著名な先生方による分類学のご高著がある。詳しい方法論などはそちらを参照していただくとして、本書では、フィールドでの分類学的作業の実際の進め方や、室内に持ち帰っての実験・検証、研究成果発表などの、「分類学の実践部分」を中心に紹介したいと思う。「本を書くこととは恥をかくこと」とは、私に分類学のイロハを教えてくださった馬渡峻輔先生(現・北海道大学名誉教授)のご著書の中でのお言葉である。私もこれに倣ってなるべくリアルな研究の日常を知ってもらうため、本書には「珍しい生物が好き」という一念で研究の世界に身を投じた男の半生を包み隠さず記録したつもりだ。失敗談などもふんだんに織り交ぜている。ご笑納いただければ幸いである。次に、本書は「フィールドの生物学」のシリーズである。勿論私もフィールド生物学者を自負しており、国内外の様々なフィールド（特に深海調査）に自ら赴き、自ら持ち帰ったサンプルをもとに研究を進めている。しかし、扱っているサンプルの性質上、実は私にとってのフィールドは、実際の野外以外にもう一つある、と私は思ってる。そのもう一つのフィールドでの活動についても、それなりのページを割かせていただいているので、あらかじめご了承いただきたい。それが一体どのような場所なのかは、本書を読み進めて、読者ご自身で確認してほしい。

それでは本編に入る前に、一つおまじないの言葉を唱えておきたい。これは本書が、必要以上に大きな力を持たないようにするための大事な言葉である。本書を読み終えたとき、読者の皆さんにもきっとこの意味がおわかりいただけると思う。

「本書は、動物命名の目的のために公表するものではない」

著　者

1，高知県でのダイビング調査中の筆者．アカテヅルモヅルの腕を採取した．写真撮影：広瀬雅人（東京大学）

3，千葉県勝浦沖の刺網で混獲された様々なツルクモヒトデ目．写真撮影：立川浩之（千葉県立中央博物館海の博物館）

2，アカテヅルモヅルの水族館飼育個体（京都大学白浜水族館）

4．ヤギに絡みつくニシキクモヒトデ（京都大学白浜水族館）

5．礫から腕だけを出すチビクモヒトデ（京都大学白浜水族館）

6．ニシキクモヒトデの拡大写真

7．刺網で混獲されたアライボヒトデ（京都大学白浜水族館）

8，淡青丸の甲板

9，豊潮丸の甲板から見た夕日

11，淡青丸の甲板での作業，ビームトロール曳網準備中②

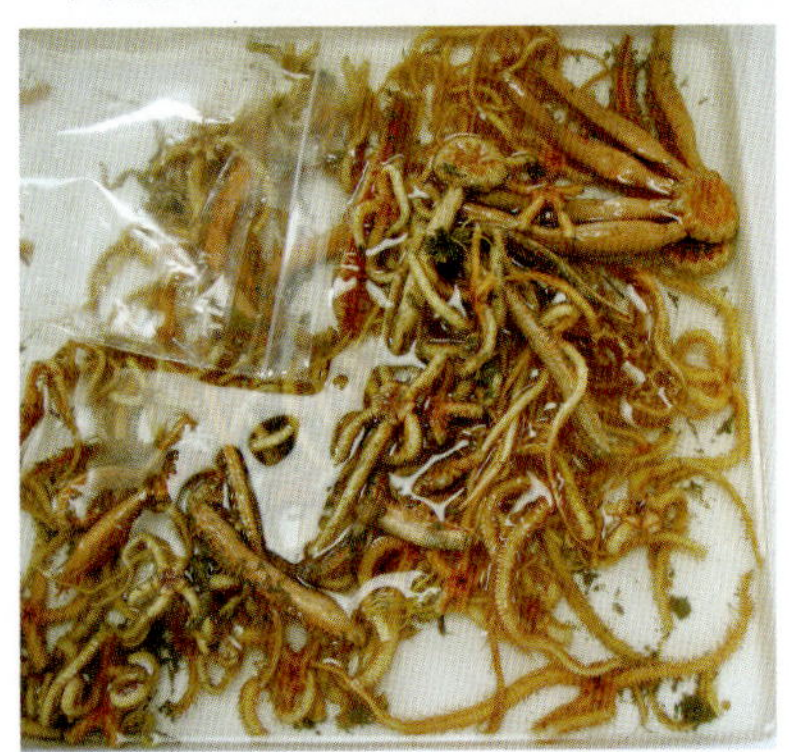

12，ビームトロールで採れたヒトデやクモヒトデ

10，淡青丸の甲板での作業，ビームトロール曳網準備中

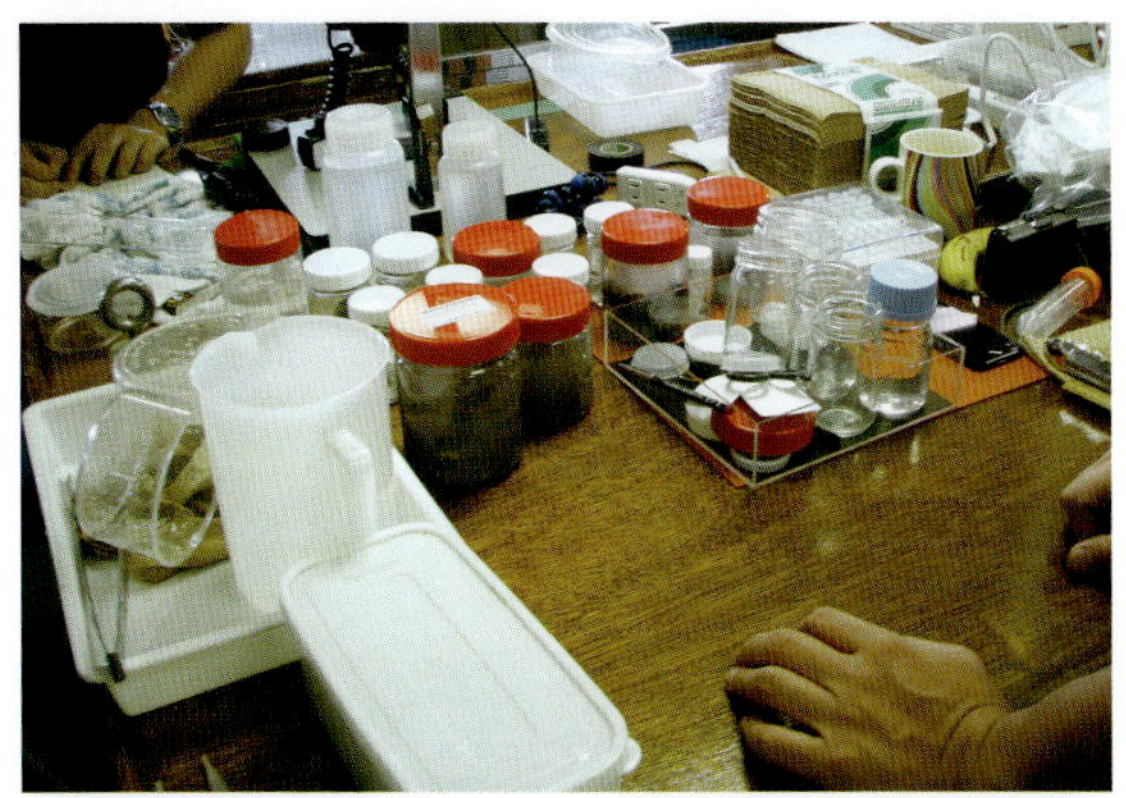

13，淡青丸の船室での作業机

14，ドレッジで採れたコモチクモヒトデ

15，ドレッジで採れたスナクモヒトデの仲間

17．ドレッジで採れたヒトデの仲間

16．ドレッジで採れたオウサマウニの仲間

18．ドレッジで採れた魚類

19．ドレッジで採れた腕足動物

20，ニュージーランド大気水圏研究所で一緒に訪問していた研究者と共に

21，コペンハーゲン大学動物学博物館の作業室

22，京都大学の臨海実習に参加中の筆者．写真撮影：座安佑奈（沖縄科学技術大学院大学）

24，タイで採集したユウレイモヅル

23，京都大学の臨海実習で見られたトゲイトマキヒトデ

目次

装丁　中野達彦

第1章 系統分類学に出会う

1 北の地で

日本で大学を志すモチベーションは何であろうか？　今日、全国の高校生ないし浪人生が、様々な思いを胸に秘めて大学を目指し受験勉強に励んでいることだろう。勉学を修めるため、就職を有利にするため、遊ぶため……。私の周りの友人の意見の落としどころは大概こんなところであっただろう。かくいう私もこれといった理由もなく、なんとなく、ただぼんやりと大学を目指していた、大学に入学し、友達を作り、バイトやサークル活動に明け暮れ、酒を呑み、就職活動をする。大学生活を、いわゆる「モラトリアム」と捉えていた若者であった。ただ、一つだけ、大学に入ったら確かめてみたいことがあった。「珍しい生物に出会うことはできるのか？」

幻の巨大魚、ネッシー、雪男、オゴポゴ、モンゴリアンデスワーム——いわゆる未確認生命体（Unidentified Mysterious Animal: UMA）。今では少なくなってしまったが、私の子供の頃はこのような「ＵＭＡを探せ！」といった趣旨の番組が数多く放映されていたと記憶している。私は幼い頃からそんな番組にかじりつき、妖怪の図鑑を読みふけり、魚図鑑での巨大魚のページをブックマークするような、よく言えば想像力がやや逞しめの子供だった。中学生くらいになると、そのような趣向への傾倒は影を潜め、「珍しい生物」に対する思いは心の奥底にしまい込まれた。そのまま高校生活も無難に過ごした私は、北海道大学に入学した。それでもまだ珍奇生物への淡い思いはあったものの、入学当初は、思い描いていたような「モラトリアム」生活を実直に体現していた。バイトとサークルに明け暮れ、友達と酒を呑む。その友達同士で教え合いながら、なんとか低空飛行で定期試験を乗り切る。典型的な執行猶予期間の謳歌である。北海道の四季を一通り経験し、大学四年までの見通しがなんとなく立ち、さて、就職活動ってどんなものだろう、と少し気になり始めた二年生進学時であった。

私が進学した生物科学科では、二年生の四月に、北海道大滝町のセミナーハウスで、新二年生に対する合宿形式の研究室紹介ガイダンスが行われている。要は先生と学生の顔合わせを兼ねた交流会なのだが、一年生時の化学系から転向してきた私は、研究室紹介などそっちのけで、「生物科学科で友達を作る大チャンス！」、というモラトリアム脳全開の構えを見せていた。しかし、その研究室紹介の一つに、私の心は完全に鷲摑みにされてしまった。「当研究室では、無脊椎動物を用いて、分類学、系統学、生物地理学、生態学、進化学、などの研究を行っています。野外における調査・採集、実験室内での飼育実験・観察・解析を通じて、生物の自然史を理解しています……」。こうおっしゃっていたのは、多様性生物学講座I、馬渡峻輔研究室の柁原宏助手（現・准教授）であった。頭をハンマーでたたかれたような衝撃であった。とっくの昔に置きざりにしてきたと思っていた「珍しい生物が見たい」という夢。馬渡研は、それを叶えてくれる研究室だったのだ。それまで、私の人生には「研究者」という選択肢は全くなかった。そもそも研究者になる方法だってわからないし、大学の先の大学院制度すら、あまり理解していなかったくらいだ。そんな私の人生の分岐路に、突如として「研究」という道が現れたのである。しかもそれはあまりに大きく、あっという間に他の道を呑み込んでしまった。こんな研究室があったなんて、こんな人生があったなんて！　研究者を志せば、大手を振って珍しい生物を捕まえ、調べ、その結果を堂々と人前で発表できてしまうのだ。「すごい！　卒研（卒業研究）は絶対にここでやろう！」。錆びついていたかに思われた「珍奇生物への思い」は、何事もなかったかのように、私の心中で滑らかに歯車を回し始めたのである。懇親会の席で私は、満を持して椛原先生の正面にお邪魔した。分類学に興味がある、と述べた私に椛原先生は丁寧に研究室を紹介してくださったことを覚えている。そして、「私は珍しい生物を見たいだけなのですが、大丈夫でしょうか？」という私の問いに、椛原先生は「自分で調べたその珍しい生き物の知見を、科学というまな板に乗せて料理する必要がある」とお答えくださった。「科学なんて難しそうなこと、私にできるものだろうか」と理学部生とは思えない気後れをした私に、椛原先生は続けてこうおっしゃった。

「でもね、君、分類学は最高だよ？」

2　研究室に所属する

大滝でのガイダンスの日から、私の心はすっかり分類学の虜であった。虜になりすぎて、他の講義がおろそかになってしまうほどであった。しかし四年次の研究室配属を楽しみにしながらサークルにバイトに明け暮れていた晴れやかなる三年生のとき、研究室配属方式の説明を聞き、私の心は一気に曇った。研究室の受け入れ人数は最大二名まで、それ以上の場合は学生同士の合議により配属メンバーを決定せよ、というのである。そんな殺生な。もし馬渡研で合議制が持ち込まれた場合、「分類が好き（だと思う）」という一念だけで配属権利を勝ち取れるものだろうか。単位数や成績などを引き合いに出された場合、いかなる人と闘おうとも私の分が悪いのは明白である。同期の腹を探ってみると、嶋田大輔君が馬渡研志望であった。彼はなんと馬渡研のために北大に入学したという強者である。彼との争いは何としてでも避けたいところであった。「他に希望者がいなければ……」そんな後ろ向きな気持ちで迎えた三年後期の第一次研究室配属希望調査。祈る私の目に映ったのは、馬渡研の配属希望者枠に連ねられた三人分の名前であった。

さて合議である。成績順や、北大生お得意のジャンケン（コラム「ジャンケン」参照）には持ち込みたくないところだ。既にその頃、一歩も譲らない激論の末にジャンケンにもつれ込んだ壮絶な配属争いを繰り広げた同期の話を耳にしていた。なんとしてもここで決めねばならない。私と嶋田君は、淡々と、しかし熱く馬渡研の志望理由を述べた。自分の分類学への情熱、幼い頃からの夢、それら全てを満たすことのできる、自分（たち）にとっての唯一無二の研究室、それが馬渡研なのだ（と思う）、と。すると第三の男は、「僕、フィールドとか面白そうだなって思っただけだから……」と、あっさりと辞退した。私と嶋田君はこうして馬渡研への切符を難なく手にし、分類学の門戸をくぐることになったのである。ちなみに嶋田君は、その後、馬渡研にて、海産無脊椎動物の線虫類の分類で学位を取得し、現在は慶應義塾大学で助教を務められている。後述するように、私は修士から東京の大学院に進んだため同室だったのは一年だけであったが、嶋田君は、今でも毎年学会で顔を合わせる貴重な同期である。

コラム・ジャンケン

北大生はジャンケンが好きである。勿論ただのジャンケンではない。例えばみんなでお昼を食べたあと、誰かがスッ……と手を前に差し出す。すると、それに呼応して他の何人かが手を差し出す。これでジャンケンの参加者決定である。

「何にする？」

「ジュース！」

これで「ジュースジャン（ジュージャンとも言う）」の舞台は整った。後はありったけ気合を込めてジャンケンするだけである。勝ったものから抜けていき、最後まで残った者が、全員にジュースをおごる。これが北大伝統の「ジャンケン」だ。

北大生は何でも賭ける。ジュースくらいなら安いもので、高いものだと「ボジョレージャン」になり（私は未経験）、漢（おとこ）が集まる北大の恵迪寮（けいてきりょう）では「車ジャン」が行われたという伝説が残されている。また、負けた者が髪型をボウズにする「ボンズジャン」というのもある（こちらは経験有）。その場のノリで突然始まるこれらのジャンケンにどう対応していくかが、北大で生き残る重要なポイントだ。ジャンケンを拒む者は蔑まれるし、そういう者に限って頻繁に負ける。また、負けた後の態度も重要で、呪詛の言葉を吐きながら苦々しい顔でジュースをふるまっても、評価は落ちる一方である。負けたときこそ胸を張って堂々としていないと、「あいつはヘタレ」の烙印を押されてしまう。

ちなみに、女性の皆さんは北大のジャンケンには積極的に巻き込まれるべきである。そして、迷わずパーを出そう。女性が混じっているときは、男はグーを出すべしという暗黙のルールがあるのだ。これを「男のグー」という。クラーク博士のジェントル魂を受け継いだ北大ならではの伝統だろう。しかし、だからと言ってむやみやたらに男のグー狙いで参加するのは控えよう。度が過ぎると男子全員からのチョキを喰らうこともある。何事も節度が大切だ。

3　分類学とは

ここで「分類学」について基本的な話をしておこう。上野の国立科学博物館地球館の地下一階には、「地球環境の変動と生物の進化」と題した常設展が設置されている。広いフロアに、恐竜や哺乳類の骨格標本が所狭しと並ぶ中で一際目を引くのが、白亜紀に陸上を闊歩(かっぽ)した肉食恐竜、「ティラノサウルス」であろう。現在知られている中で史上最大級の肉食獣であり、白亜紀の北アメリカ大陸の王者として食物連鎖の頂点に君臨し続けた暴君としてのイメージが強く、国内外において抜群の知名度を誇っている。では、この「ティラノサウルス」について、アメリカの恐竜の研究者に尋ねたいと思い、〝Thirano-saurusu〟とローマ字変換して書いた貴方のメールが、うまくスパムメール網をかいくぐってその研究者に届いたとしても、その内容は理解されないだろう。なぜなら、「ティラノサウルス」も〝Thirano-saurus〟も学名ではないからである。学名とは、その生物の分類群を表す世界共通の名前で、ラテン語で綴られた単語である。

学名がつけられているからこそ、我々はその生物に関する知見を共有できる。ティラノサウルスの学名は〝*Tyrannosaurus rex*〟で、この単語によって我々はアメリカだけでなく、世界中の人々と、その恐竜について語り合うことができるのである。分類学とは、一言で言えば、「生物のグループ（分類群）を認識し、それらに学名をつけ（命名し）、人々が認識可能とする学問」となるだろう。実験動物として有名な通称マウスとして知られるハツカネズミ（*Mus musculus*）にしろ、二〇一四年に流行したエボラ出血熱の病原菌であるエボラウイルス（*Zaire ebolavirus*）にしろ、誰かがその生物に学名をつけたからこそ、科学者たちが研究することができるのである。

では、この分類学は、どのような理由のもと、どのような必然性をもって人類史に誕生したのだろうか？話は一八世紀のヨーロッパに遡る。この頃、大航海時代の幕開けと共に、ヨーロッパに世界中から様々な生物やものが輸入されるようになってきた。当時のヨーロッパの博物学者が目をらんらんと輝かせる姿が目に浮かぶようであるが、これらが次々に増えていくにつれて、困った問題が生じてきた。それは、①生物の名称が複雑になっていったこと、②生物を整理するのが大変になっていったこと、の二つである。生物の名称が複雑になったとはどういうことであろうか。この頃、ヨーロッパでは生物の種名に、その生物の特徴を表す言葉を次々に足して他種と区別していた。例えば、ヨーロッパ原産の「灰色の　オオカミ」というオオカミがいたとしよう。ここに、この種によく似ているけれども、若干毛並みが異なるオオカミが他国から輸入されたとき、ヨーロッパの人々は「毛並みのいい　灰色の　オオカミ」という風に、その生物の特徴を表す言葉を追加していくことで、似た生物と区別するようにした。この方法では、後から入ってきた生物の名前が段々と長く複雑になってしまう。種類の少ない分類群であれば問題ないかもしれないが、昆虫などの種数が多い分類群では、一つの種に夥(おびただ)しい数の単語の名前がつけられることも珍しくなかった。例えば、ミツバチには当時、〝*Apis pubescens, thorace subgriseo, abdominale fusco, pedibus posticis glabris utrinque martine ciliatis*〟という、一二単語からなる名前がつけられていた(藤田、二〇一〇)。こんな名前では、ミツバチ談義すら至難の業である。

もう一つの、生物の全体像の理解の難化という問題については、ものの整理を考えてもらえればよいだろう。冒頭でも少し述べたように、ものを単に名前の順番に並べただけでは、その利用は非常に難しくなる。スーパーの商品がもしアイウエオ順に並んでいれば、イチゴとミカンを比較するために、店頭と店の真ん中あたりをウロウロ往復する羽目になる。果物は果物コーナー、野菜は野菜コーナーにあるべきだ。生物でも同じである。例えば昆虫を同定(生物の名前を調べること)しようとしたとき、昆虫の種名が全てアルファベット順に並べられた図鑑は、とても使い勝手が悪いと想像できないだろうか。つまり、ものは、それらの特性に基づいて体系的に整理されていなければ、到底活用できるものではないのである。当時のヨーロッパではこのような問題が徐々に顕在化し、おそらく人々には、生物を扱ったあらゆる活動に行き詰まりが見えていたことであろう。

このような問題を解決したのが、分類学の父と呼ばれる、スウェーデンの博物学者「カール・フォン・リンネ(Carl von Linné)」であった。ウプサラ大学にて植物学を専攻していたリンネは、一七五八年に、『自然の体系(Systema naturae)第一〇版』を著し、生物の分類に「階層性」と「二名法」を取り入れた。

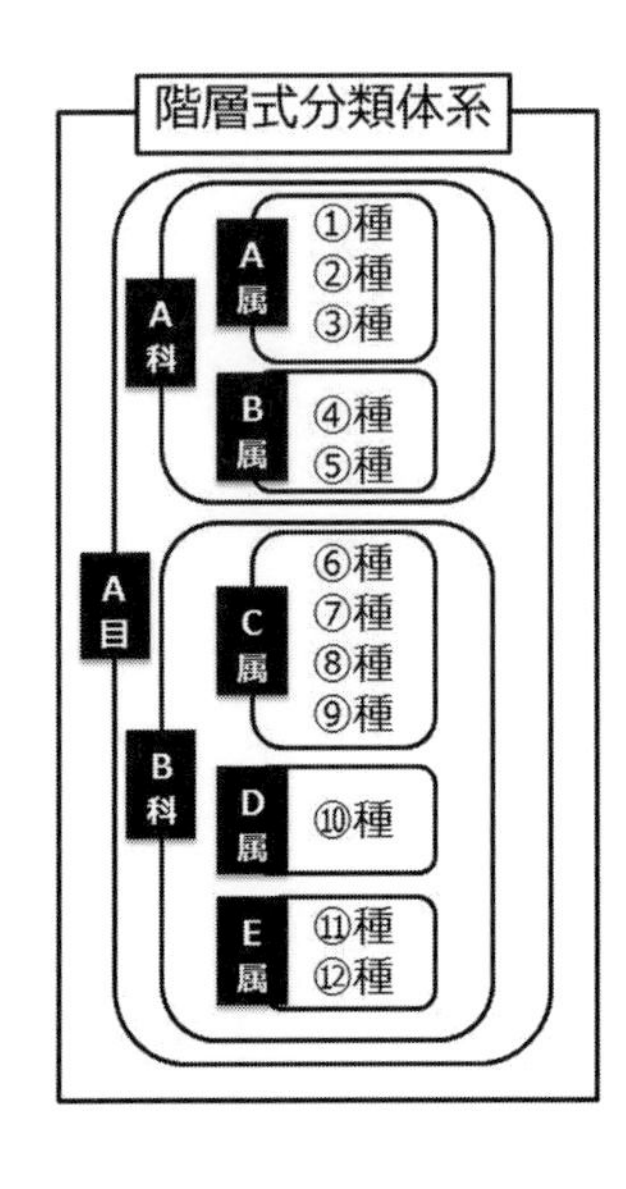

図1・1
リンネ式分類体系の「階層性」の概念図．12種は三層の入れ子状にクラスタリングされ，それぞれに属，科，目の分類階級が与えられる

これは上記の二つの大問題を解決する画期的な方法であり、現在の（動物）分類学の出発点となっている。ちなみに、「階層性」と「二名法」は、一七三五年に出版された『自然の体系（初版）』に既に取り入れられているが、本版は本文が一一ページと少なく、かつ動物の体系や、二名法も試行段階にあった。従って、動物分類学の出発点は、その後一〇〇〇ページ以上に増補され、動物の体系の整理と二名法の全面的な適用が行き届いた、第一〇版の出版年（一七五八年）に定められている（西村、一九九九ａ）。「階層性」は一言で言うと、より似たもの同士の生物を集めて分類群とし、さらに同じ階級の分類群の間で似たもの同士を集めてより高次の分類群を作っていく、いわゆる「入れ子状」の構造を作ることである。分類学ではそれぞれの入れ子は「クラスター」と呼ばれ、分類階級が与えられる（図１・１）。『自然の体系』では自然はまず植物界、動物界、鉱物界の三つに分けられ、界の下に綱（こう）、

表1.1　リンネ式階層分類体系の階級．例としてヒトの分類階級を示した（藤田，2010を改変）

	階級	例
上位の階級	**ドメイン（Domain）**	真核生物ドメイン（Eukarya）
	界（Kingdom）	動物界（Animalia）
	上門（Superphylum）	
	門（Phylum）	脊索動物門（Chordata）
	亜門（Subphylum）	
	上綱（Superclass）	
	綱（Class）	哺乳綱（Mammalia）
	亜綱（Subclass）	
	上目（Superorder）	
	目（Order）	霊長目（Primates）
	亜目（Suborder）	
科階級群	上科（Superfamily）	
	科（Family）	ヒト科（Hominidae）
	亜科（Subfamily）	
	族（Tribe）	
	亜族（Subtribe）	
属階級群	**属（Genus）**	ヒト属（*Homo*）
	亜属（Subgenus）	
種階級群	**種（Species）**	ヒト（*Homo sapiens*）
	亜種（Subspecies）	

綱の下に目（もく）、目の下に属、そして属の下に生物の分類の最小単位である「種」という分類階級が置かれた。その後の研究で、様々な分類群が発見された現在では、界はさらに三つのドメインにまとめられ、界と綱の間に門、目と属の間に科が置かれ、体系は複雑化しているが、このリンネの「階層性」の導入により、生物を特性（形質という）ごとに分けて整理する、という基本方針が敷かれたことで、その後の分類学の基礎が築かれたことは間違いないだろう。このそれぞれの分類階級は、基本的には一つの単語で表されており、例えば我々人間は、真核生物ドメイン（Eukarya）、動物界（Animalia）、脊索動物門（Chordata）、哺乳綱（Mammalia）、霊長目（Primates）、ヒト科（Hominidae）、ヒト属（*Homo*）に所属しているが、最小単位の種名だけ、*Homo*

Homo *sapiens* Linnaeus, 1758

属名	種小名	「種」を記載した命名者	発表された年
“人”の意味の名詞	“賢い”の意味の形容詞		

図1・2　二名法で表したヒトの種名

sapiens という二つの単語で表されている（表1・1）。実はこれこそが、リンネが導入したもう一つの生物分類法である「二名法」である。二名法は、二語名法とも呼ばれ、最も数が多い分類群である種は、必ず、所属する「属名」と、その属の中の唯一無二の綴りとなる「種小名」の二つの単語で表そうという取り決めである。*Homo sapiens* で例をとると、*Homo* が「人」という意味のラテン語の属名、*sapiens* が「賢い」という意味のラテン語の種小名、ということになる（図1・2）。このように、生物の種名に単語数の制限を設けたことでその名前が簡単に整理できるようになり、ヨーロッパでの生物を扱った活動は飛躍的にスムーズになったに違いない。二名法の利点はこれだけに留まらない。二名法以前の名前のつけ方は、名前であると同時にその生物の「定義」でもあった。ということは、例えば「灰色の　オオカミ」の研究が進み、実は体色の灰色は季節性のもので、むしろ彼らは多くの季節を真っ黒な毛色で過ごしていることが明らかになったとしよう。そうすると、「灰色の　オオカミ」という名前自体を「灰色か真っ黒の　オオカミ」に変えなくてはならない。こんなことをしていては、研究が進めば進むほど種名の履歴は複雑になり、いつまでたっても安定しない。これに対し、二名法では、名前はあくまでも記号として扱い、種の定義が変わったとしても、名前は変えない。毛の色が真っ黒になろうが、「灰色の　オオカミ」は最初に命名された「灰色の　オオカミ」と呼ぶのである。これならば過去の文献との対応が容易である。また、二名法で表

される種名の二単語は斜体で表される。これは、本文の言語以外の言語で書かれた単語を識別するための一般的な印刷上のならわしに由来するようである。時々「生物の学名は斜体で書くという決まりになっています」という文言を目にすることがあるが、この斜体書きは、実は必須ではない。動物の命名法を規定している『国際動物命名規約』には、どこにもそのような決まりは書かれておらず（すなわち、強制力のある条や条項はなく）、「勧告」の一部分で推奨されているのみである。なので、実際には立体で種名を表してもよいのだが、立体が続く論文の中で斜体で書かれた文字は認識しやすく便利なため、世界的に種名の斜体書きは通用されている。「二名法」ではあるが、生物の種名を図鑑などでひくと、斜体の種名の単語の横に、立体のアルファベットの一単語と、数字が書かれている。これは、その種を新種として記載した著者の名前と、その発表年号（西暦）である。ヒトで言えば *Homo sapiens* Linnaeus, 1758 となり、ヒトという種は、リンネによって『自然の体系 第一〇版』の中で記載されたということがわかる。正式には、この四つの単語が、種名の基本形となる（図1・2）。

やや話が脱線したが、このような「階層性」と「二名法」という二つの方法で表された生物の体系を「リンネ式階層分類体系」と言い、現代の分類学の基本構造となっている。これぞリンネが分類学の父と称される所以（ゆえん）である。北大で馬渡研に所属した私はその後、分類学にどっぷりとのめりこんでいくこととなる。ところで、地球上の生物が現在のように多様化するに至った進化の歴史、そしてその生物同士の相互関係の科学的研究を「系統学」と呼ぶ（馬渡、一九九四）。このような進化や系統の概念を分類学に導入した「系統分類学」も存在する。これらの用語は実はなかなか使い分けが難しい。藤田（二〇一〇）によると、系統分類学は「（生物の）現在の姿という手がかりから、できる限り真実に近い過去に生じた進化や系統を復元し、それに基づいて現在の姿を理解しようとする（学問）」と定義される。本書でもこれらの定義を踏襲しつつ、しかし過度に縛られることのないよう、三つの用語を弾力的に使いわけることをご承知いただきたい。

コラム・「斜体」と「立体」

藤田先生と私の処女論文の原稿の長いやり取りが中盤に差し掛かった頃（第2章参照）、注意力散漫な私は、「*Asteroschema* 属の一種」という意味で、〝*Asteroschema sp.*〟と全てを「斜体」にしたまま原稿をお渡ししてしまった。これは間違いで、本来は〝*Asteroschema* sp.〟と、〝sp.〟を「立体」にしなくてはならない。〝sp.〟は学名でないからである。これは単純な直し忘れで、私は別に〝sp.〟にすることを知らなかったわけではない。勿論、先生はこの斜体の〝sp.〟に対して「立体にすること」とコメントしてくださった。しかし、仮にも分類学を志す大学院生にあるまじき「薄（はく）」識（しき）であった私はこの「立体」という日本語の意味がわからなかった。「立体……？　どうして三次元なの……?」と頭を抱える私の目がワードのダイアログボックスに留まった。斜体を著す〝I〟のアイコンの横の〝S〟に、なんと影が付いているではないか！「これだ!」とひらめいた。立体、すなわち浮き出して三次元的に見えるこの「影付き機能」こそが、先生の要求するところであるのだ！　この天才的なひらめきに従い、急いで原稿を修正した私は、自信満々に、影付きの〝sp.〟（しかも斜体のまま）が満載の原稿を先生にお渡しした。とんでもない愚行である。先生からしてみれば、せっかく忙しい時間を割いて見た原稿に、「斜体　立体」でgoogle検索すれば一発でわかるような簡単な修正が施されていないのである。原稿を受け取った先生は一瞬、困惑の色を浮かべた後、「いや、違うよ、立体っていうのは、斜体に対する言葉で、斜めになってない普通の字で書けってことだよ」と、極めて冷静にご指摘くださった。あまりに普通におっしゃるので、逆によくある間違いなのだろうと思ってしまい、「あ、そうなんですか、すみません……勉強になりました」とそのまま私は部屋を後にした。

——そのとき先生の部屋にいらっしゃった支援職員の竹内さんの後日談である。私が「影付き立体原稿」を置いて颯爽と部屋を出ていった直後、先生は盛大に吹き出し、「お、岡西がこんな原稿を……」とおっしゃりながら、涙を流して笑われたそうだ。そんなに面白かったのに本人の前では忍耐を貫いた先生のお気遣いと、懐の深さに感じ入ったエピソードである。ちなみに、付き合いの長い竹内さんも、藤田先生のこれほどの「爆笑」はこれ以外に記憶にないらしい。この「立体事件」は、私の心と藤田研の歴史に深い爪痕を残すこととなった。今でもこの話を思い返す度に、私の背筋は自然と伸びる。

4　クモヒトデがしたいです

さて、馬渡研への配属が決まり、馬渡先生と柁原先生への挨拶も済ませたのが、確か春休みが始まる二月の中旬くらいだったように思う。柁原先生に、「これから配属までしておくべきことはありますか？」とお尋ねしたところ、「最後の春休みを堪能しなさい。三月にまた来なさい」とのお返事をいただいた。

単純だった私は、この時期にこそ遊んでおくべき！　との愚かな考えに取りつかれ、勉強の一つもせずに、サークルにバイトに明け暮れていたように思う。今思えばこの時期に馬渡先生の『動物分類学の論理』（馬渡、一九九四）を精読しておこうという風に頭が働かないところが、いかにもモラトリアム大学生である。この時期にちゃんと勉強している人もいたというのに……とにかく先生のお言葉通り、研究室配属まで、勉強も放り出してよくもまあ遊び呆けたものである。おかげで三月、柁原先生の前に再び現れた学生の脳みそは、系統分類学的な皺が一つも刻まれていない綺麗なものだった。研究室に配属される今時の四年生と当時の私を比べると、恥ずかしさで消え入りそうになる。「何か研究対象にしたい動物はある？」という柁原先生の問いに、このような無念な脳みその学生がまともに答えられるはずもない。おそらく一瞬で私の脳内事情を察した柁原先生は、研究室の『原色検索日本海岸動物図鑑』（西村、一九九五）を私に手渡し、こうおっしゃった。

「好きな動物をピックアップしてください」

研究室に配属されれば、何かお勧めのテーマが与えられると思っていた私にとって、これは予想外であった。が、生来の「珍しい生き物好き」にとって、不勉強ながら図鑑をペラペラとめくっていく作業は楽しかったし、自分で研究対象を選ぶことができる喜びもあった。理想的には、各動物の分類階級や、先に述べた斜体の学名の意味をきちんと把握した上で、分布域や分布深度、体長などを勘案し、自らの能力と趣向を比較し、的確に研究対象の分類群を選ぶのがスタイリッシュな学生というものである。しかし私は全くそのような思慮なく、口絵のカラフルな生体写真のみを見て決めようとしていた。そして、それはごまんと写真がある中で、奇跡的な確率だったかもしれない。とある写真で、私の指が止まったのだ。見覚えはあった。確か二年生のときの臨海実習でスケッチしたヤツだ。ヒトデに似ているが、腕はもっと細長い。「クモヒトデ」だ。

今でこそ蠕虫（ぜんちゅう）状の生物や固着性の生物の専門家が多いようだが、当時の馬渡研では、ヨコエビ、ウミグモ、貝形虫、タナイス、クモなどの甲殻類・鋏角類が趨勢（すうせい）を誇っていた。正直に言えば、私は甲殻類に心を惹かれていた。なにせカッコいいのである。機能的に洗練された附属肢の形態とその規則的な配列、カニ、エビなどの背甲の力強さ、高度に発達した眼球、どれをとっても形態的な美しさは一級品で、カッコよさ満点である。勿論、これは過分に主観的で、実際は他の分類群にも、魅力的なカッコいい生物なんて、いくらでもいる。しかしこのとき、カッコいい＝硬い骨格というイメージしかなかった不勉強な私には、カッコいい＝甲殻類の図式ができあがってしまっていた。一通り甲殻類を見終わった後、念のため他の生き物も見ておくか、とパラパラ図鑑を読み進めていて、私の目に飛び込んできたのがクモヒトデであった。そういえば二年前にスケッチしているとき、この生き物が硬い鱗に覆われていて「かっこいいな」と感じた記憶が蘇ってきた。それに加え、この生き物は動きがくねくねしていて、ぱっと見のイメージは柔軟だった。「硬さ」と「柔らかさ」を兼ね備えているのだ。思わぬ伏兵の登場に私の心は揺れたが、最後の決め手となったのは、自分がこの分類群について、「ほとんど何も知らない」ということであった。

どうせなら、他の人が知らない、「珍しい生き物」をやってやろうじゃないか、と思い、私は心の天秤をクモヒトデに傾けた。図鑑を貸していただいてから一週間後、私は椛原先生を再訪し、こう告げた。

「椛原先生、クモヒトデが、したいです」

コラム・北大での研究対象選び

海産無脊椎動物は多様である。三年生の時点で全動物群のデータを頭にインプットし、戦略的に分類群を選択できる強者は少ない（ちなみに、同期の嶋田君はこのときに既にある程度研究対象を絞っていたから天晴れなものである）。しかしどんな学生でも卒研の開始にあたり、研究テーマを決めなくてはならない。そこで、私のような特段何の希望もない学生が来たときのため、馬渡研では様々な研究対象選択法が考案されている。私は「図鑑選択法」の経験者だが、後に聞いた話では、「二分岐式選択法」なる方法が考案されていたらしい。これはいわゆるチャート式で、例えば「柔らかい vs 硬い」、「肢がある vs 肢はない」などの質問に答えるだけで、簡便にお好みの分類群にたどり着けるという優れた方法である。ちなみに、最初の質問で「硬い」を選び、次の質問で「肢がない」を選び、（その後おそらくサイズに関する質問があったと思うが）最終的に動吻動物門（Kinorhyncha）という優れた研究対象にたどり着いた学生がいた。馬渡研の、私の一年後輩の山崎博史氏で、彼はその後、動吻動物の系統分類学研究で学位を取得され、現在はドイツのフンボルト博物館でポスドク研究員をされている。「二分岐式選択法」の有効性の体現者と言えよう。この方法が現役かどうかは不明だが、知名度の低い動物を、一般社会の脚光を浴びるステージへと持ち上げる機会を与えた功績は讃えられるべきだろう。

5 コピー機の前に立つ日々

晴れて研究対象も決まり、無事馬渡研に配属されて二週間、私は大学図書館のコピー機の前にいた。この二週間、朝から晩までずっとコピー機の前だ。配属前に私が思い描いていた、北海道の海岸に行きまくり、クモヒトデを採りまくり、標本を集めまくり、図鑑か何かで同定して、嬉々として成果発表する！という日々とは大きくかけ離れていた。

遡って馬渡研に来た初日、クモヒトデの分類を卒研テーマに掲げたものの、早速何をしていいかわからない。「ここに行けばこういうクモヒトデが採れて、この文献で同定が可能で……」というような具体的な指示はない。これが系統分類学の研究室の普通である。如何に先生といえども、全ての分類群の研究手法に精通しているわけではない。よほど自分の研究対象に近くない限り、具体的な指導は困難である。当時、馬渡研では馬渡先生が「外肛動物（コケムシ）」を、柁原先生が「紐型動物（ヒモムシ）」をご専門にされており、どちらも棘皮動物であるクモヒトデとは系統的にも見た目にも近縁とは言い難い。しかし、だからと言って、勿論何の指導もないわけではない。分類群は違えど、基本的な研究手法に通じるところはある。その一つが、「文献のコピー」であった。

図鑑を著す、という作業は途方もない。まず、図鑑は分類学的な研究の集大成であるわけだから、関連文献の全情報が含まれなくてはならない。出版された図鑑にそのような文献情報が逐一掲載されていることはないが、実際には多大な文献の精査の上に成り立っている。そして全掲載種の識別点を、生物学的なバックグラウンドが少ない一般の人にもわかりやすくまとめる必要がある。さらに何よりも大変なのが掲載写真である。勿論標本写真でもよいのだが、図鑑には生体写真があったほうが読者の関心を引くことは間違いない。すなわち、研究、執筆、採集、生体撮影、などの全てをこなさなくてはならないのが図鑑を著す、という作業になる。そんなわけなので、図鑑というのは複数の専門家による合作となる場合が多い。裏を返せば、専門家が少ない分類群は図鑑が出にくいということになる。クモヒトデも例外でなく、専門の図鑑と呼べる書籍は非常に少ない。二〇〇二年に、日本の沿岸種をまとめた『ヒトデガイドブック』（佐波ら、二〇〇二）が出版され、この中で六〇種のクモヒトデが掲載されている。磯観察で非常に役立つガイドブックだが、深海域も含めると日本のクモヒトデは三〇〇種を超えることや（Okanishi, in press）、本ガイドブックではヒトデも同時掲載されていることを考えると、本邦で純粋な「クモヒトデ図鑑」はまだ発刊されていないということになる。

話を元に戻そう。こんな理由で、馬渡研にあって、研究に耐えうる情報を備えた自分の研究対象の図鑑が存在することは稀である。とはいえ、図鑑は先に述べた通り一朝一夕で作れるものではない。よって駆け出しの学生がまずすべきは「自分なりのカタログ作り」である。これまでのクモヒトデに関する文献を

図1・3　Insecta（昆虫）の“Zoological record”（1996年から2006年までの10年分）の表紙．小島純一博士（茨城大学）より拝借

網羅的に集めるという作業だ。文献に出現する学名を全てチェックし、その分布域や生態、学名の変遷などを全て整理することでこの「自分カタログ」が完成して、初めて研究を開始する基盤が整うのである。

文献収集について、少しここで触れておきたい。基本は関連論文からの子引き、孫引きである。文献、すなわち学術論文にはいくつかの種類がある。新規性のある科学的な発見を著し、査読を経て学術雑誌に掲載された論文を「原著論文（Original article）」と呼ぶ。この原著論文の中でも、特定の分野の先行研究史をまとめた論文を「総説論文（Review article）」と呼ぶ。他には、学位論文や短報論文など様々な種類が知られる（慶應義塾大学湘南藤沢メディアセンター　ライティング&リサーチコンサルタントHP “http://wrc.sfc.keio.ac.jp/?p=129”）。駆け出しの研究者がまず見つけたいのは総説論文だ。図鑑も広義には総説論文と言える。そしてその総説論文で引用されている論文を、全て手に入れるのである。勿論論文自体の精読も忘れてはならない。そして手に入れた論文の引用文献から関連分野（例

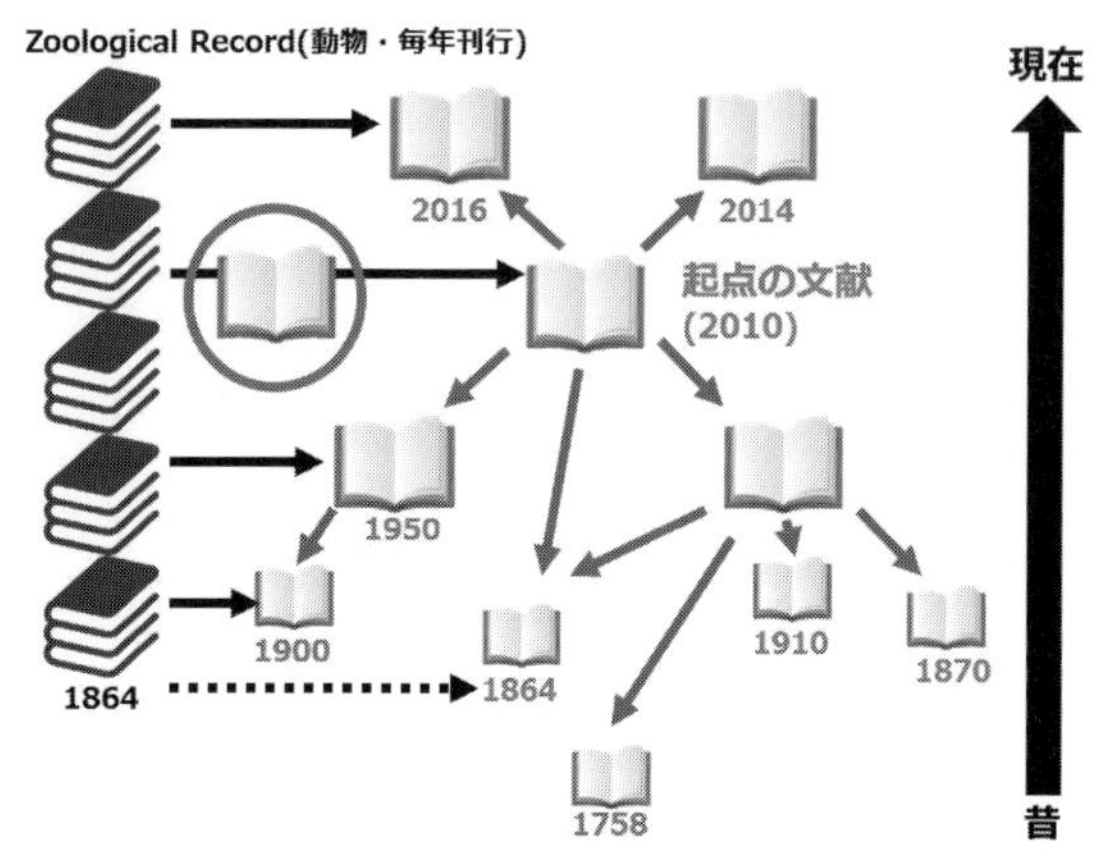

図1･4　文献の検索のイメージ．文献ネットワークに引っかからない文献（丸印）も，“Zoological Record” で拾えることがある

えばクモヒトデの系統分類に関するものなど）の論文をさらに手に入れていく。前者が「子引き」で、後者が「孫引き」である。その後の作業を「曾孫引き」というかは知らないが、これで理論的にはかなりの割合の論文が手に入ることだろう。ただし世の中には星の数ほどの論文があるので、この文献引用ネットワークに引っかからないマイナーな論文があったりする。そこで〝Zoological Record〟の参照も抜かりなく行っておきたい。これは、生物多様性から獣医学までの幅広い分野の論文に出現する動物の学名を、全てカバーした大変優れたカタログである（図1・3）。ありがたいことに、一八六四年から毎年分類群ごと（大体門のレベル）に発行されているため、孫引き法と併用してチェックしていけば、一八六四年以降の一通りの文献は集められることになる。『自然の体系 第一〇版』発行の一七五八年から一八六三年の間の情報は孫引き法だけになるが、最終的にはこのようにして、きっちりと文献を集めなくてはならない（図

１・４）。ちなみに、植物ではこの〝Zoological Record〟に相当するものとして、イギリスのキュー（Kew）にある王立植物園が発行している〝Kew Record〟がある。

クモヒトデの文献収集を促された私は、まずは思い出の『原色検索日本海岸動物図鑑［Ⅱ］』のクモヒトデの項の引用文献からスタートし、とにかく文献を集めまくった。杦原先生の「文献集めは、今しっかりやっておけば、ボディブローのように後からじわじわ効いてくる」という教えを胸に秘め、国内の文献検索サービスを駆使して、多様性生物学講座の共通の図書、理学部図書館、北海道大学中央図書館の蔵書を調べ、それでもなければ理学部図書館を通じて、国内、あるいは国外に文献複写を依頼した。約一か月かけて、「国内でクモヒトデの研究を一通り行う上で必要最低限」と思われる文献の収集が完了した。地道な作業ではあるが、「未知の謎に挑む」という人生初めての経験は、不思議とつらくはなかった。ちなみに、文献収集はそれから一〇年経った今でもなお続けている。見落としている論文というのは結構多いもので、漏らさず拾い切るのは一生仕事だろう。いずれにせよ、これでようやくスタートラインに立った。ここから文献をひも解き、「自分カタログ」作りがスタートである。

コラム・何語であろうがいつであろうが

『国際動物命名規約』（図１・５）によれば、学名が記された論文の掲載雑誌が科学的記録を提供する目的

図1・5　『国際動物命名規約 第4版(日本語版)』の表紙

で発行されており、十分な出版数によって誰でも望めば手に入るものであれば、なおかつその論文の内容に分類学的に不備がなければ、その論文の命名法的行為は認められる(『国際動物命名規約』章三、四参照)。そして、そこに言語の制限は規定されていない。これは、裏を返せば、分類学的研究を行う以上、あらゆる言語の論文に通じなくてはならないことを意味する。英語の論文にも尻込みしていた私は、ドイツ語やフランス語の論文をコピーしながら、「いずれこれらを読まなくてはならないのか……」と震えていた。四年生の時期からいきなりこれら全てに目を通したわけではないのだが、枛原先生の教え通り(前項参照)、あらゆる言語の、あらゆる時代の文献を、最初にしっかりと集めておいたおかげで、その後の研究がスムーズに進んだことは間違いない。現在ではインターネットが発達し、文献集めは飛躍的に楽になってはいるが、未だに紙媒体で手に入れなくてはならないマイナーな雑誌も存在する。分類学者は、妥協なき文献収集を運命づけられた職業だ。

6　初めてのサンプリング

　あれは四月の半ば頃だったと思う。コピーの腕前も大分上達したある日、札幌から車で一時間半ほどの忍路(おしょろ)へのサンプリング話が持ち上がった。メンバーは柁原先生、嶋田君、一年先輩の角井敬知(けいいち)氏（タナイスという微小甲殻類の専門家、現・北海道大学講師）であった。待ちに待ったサンプリング！　胴長と呼ばれる胸元まである釣り用具、箱眼鏡、バケツ、スコップなどを携え、一路忍路へ向かった。

　少し忍路について紹介しよう。忍路には、北海道大学水産学部の前身である東北帝国大学水産学科の付属施設として設立された、「忍路臨海実験所」がある。現在は北海道大学の北方生物圏フィールド科学センターに所属しており、札幌からほど近いこともあり、馬渡研御用達である。私は二年生のときにこの実験所で受講した臨海実習で、人生で初めてクモヒトデに出会った。

　四月の実験所周辺の海岸は、我々にもなじみ深いコンブやヒジキなどの仲間の、大型のホンダワラ類が繁茂していた。実験所からほんの五分も磯伝いにいけば、一抱えくらいの石がごろごろしている転石帯にたどり着いたと記憶している。私が見た文献には、クモヒトデは「転石下などに潜む」と書いてあったので、そこらへんの石を適当にひっくり返してみた。カニがカサカサと逃げて、石の裏の貝が慌てて這いずり回る。よーく目を凝らして見ると、一センチメートルに満たない小さなものが蠢いている。これを手に取ってさらによく見てみると、小さな甲殻類であることがわかる。初めは石をひっくり返す度に新しい生き物が見られて楽しかったのだが、肝心のクモヒトデは一向に見つからず、段々飽きてくる。しかもそのうち潮も満ちてきて、採集が困難になる。おかしい。二年前の臨海実習では誰かが採集していたのに（自分で採集したわけではなかった）……そのときふとホンダワラ類に目が留まった。強靭な根部で石に張り付いている。もしや、と思い、その根っこを引き抜いてよーく観察してみると……いた！　複雑に分岐した根部は人の指のように小さな礫などをしっかりと掴んでいて、その隙間を縫うように、長い腕のクモヒトデがうねうねと動いている。こんなところにいたのか！　一旦居場所がわかると後は立て続けに採れるものである。残りの時間で追加個体を得て、初の採集成果は「上々」で幕を閉じた。

コラム・磯に採らえば……！

普段何気なく目にしている磯に、たくさんの生き物が潜んでいることをご存じだろうか？　転石帯で石をひっくり返してみると、ムラサキクルマナマコ、トゲイトマキヒトデ、バフンウニ、オウギガニ、カリガネエガイ、チゴケムシ、ヨツメヒモムシ、チンチロフサゴカイなどなど、驚くほど多様な生物をその下に見ることができる（図１・６、１・７）。また、一見何もいないように見える岩の表面をよーく見てやると、模様のように見えていたものが、実は密集したイワフジツボやクログチガイの絨毯であることがおわかりいただけるだろう（図１・８）。春先にシュノーケリングなどで潜ると、まず目立つのはホンダワラ類などの海藻で、他に生き物はいないかのような印象すら受ける。しかしこの海藻を淡水で洗ってみると、ワレカラや

図1･6　磯採集で転石の生物を探る様子．龍谷大学臨海実習，2015年4月2日畠島にて．矢頭は箱メガネ

図1･7　転石裏の生き物．京都大学臨海実習第一部＋第四部，2013年8月7日畠島にて．矢頭は①チンチロフサゴカイの巣，①′チンチロフサゴカイの一部，②巻貝，③ヒザラガイ，④コシダカウニ

図1・8　畠島の岩場の表面に付着する生き物．画面左上がクログチガイ．左下がイワフジツボ

ヨコエビなどの、夥しい数の微小な甲殻類が逃げ出てくるはずである。これらは全て、海藻を生活の拠り所としている。少し視点を変えてやるだけで、磯は多彩な生き物の宝庫だということに気づかされる。

7 クモヒトデってどんな動物？

そろそろ本著の主人公である、クモヒトデについて説明しよう。分類学的には棘皮動物門クモヒトデ綱である。綱の学名の〝Ophiuroidea〟は〝ギリシャ語で「蛇」を意味する〝ophi〟と、「尾」を意味する〝oura〟の合成語である。標準和名には、学名を直訳した「蛇尾綱」が与えられている。基本的な体制は、体の真ん中の「盤」と呼ばれる丸い部分から、原則五本の細長い「腕」が生えた形で、この腕がくねくねと動く様は確かに蛇の尾を想起させる。

図1・9　ユウレイモヅルに見るクモヒトデの一般的な体制．スケールは1 mm

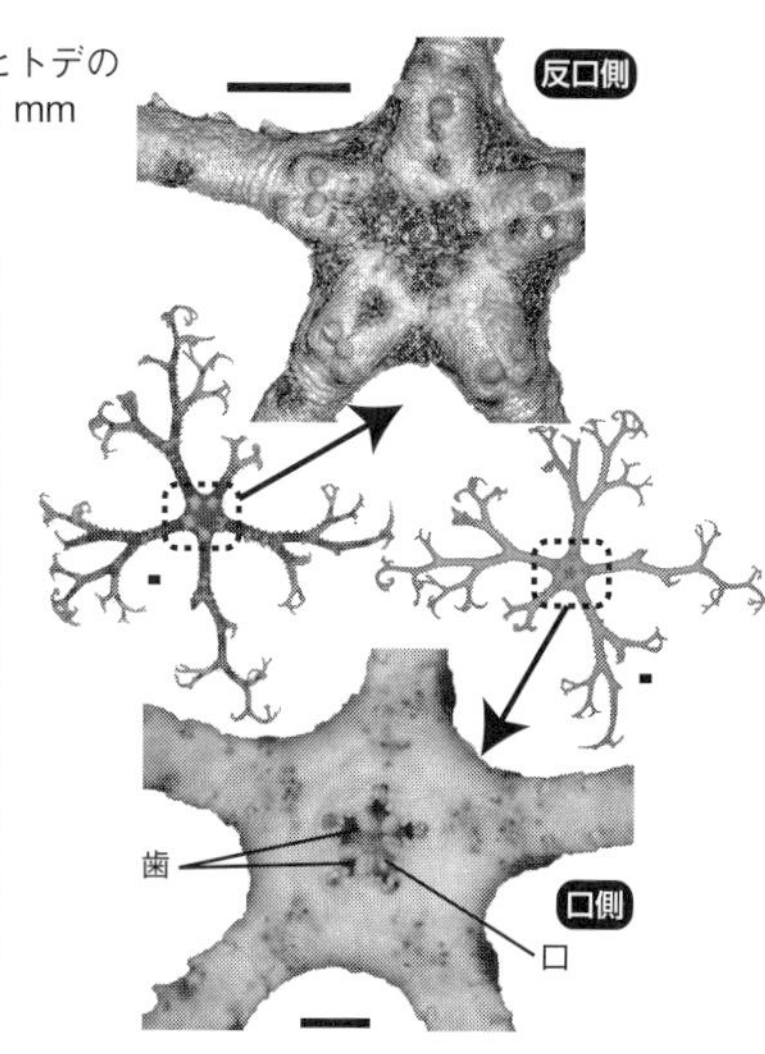

図1・10
八放サンゴに絡みつくニシキクモヒトデの様子（上段）と，その1個体（下段）．写真撮影（上段）：今原幸光（黒潮生物研究所）．スケールは1 mm

盤の反口側は鱗や皮が覆っており、この中には通常、生殖腺や胃が詰まっている。盤の口側の真ん中に腕の数に対応した顎があり、この顎に囲まれた部分が口と呼ばれている、肛門はなく、口が肛門を兼ねている（図1・9）。この柔軟な腕を使って様々な環境に生息することができ、あるものは体を折り畳んで岩やコンブの根の隙間に隠れ、あるものは深海の広大な海底に夥しい数で密集する（Fujita and Ohta, 1990b）。またあるものは盤を砂や泥の中に埋め、腕だけを出して有機物を集める（Fujita and Ohta, 1990a）。さらに、サンゴなどの他の動物に絡んで暮らすものもいる（図1・10）。分布域も、極域から赤道域、潮間帯から大深海（八一〇五メートル）と幅広く、このような多様な環境に進出するクモヒトデの種

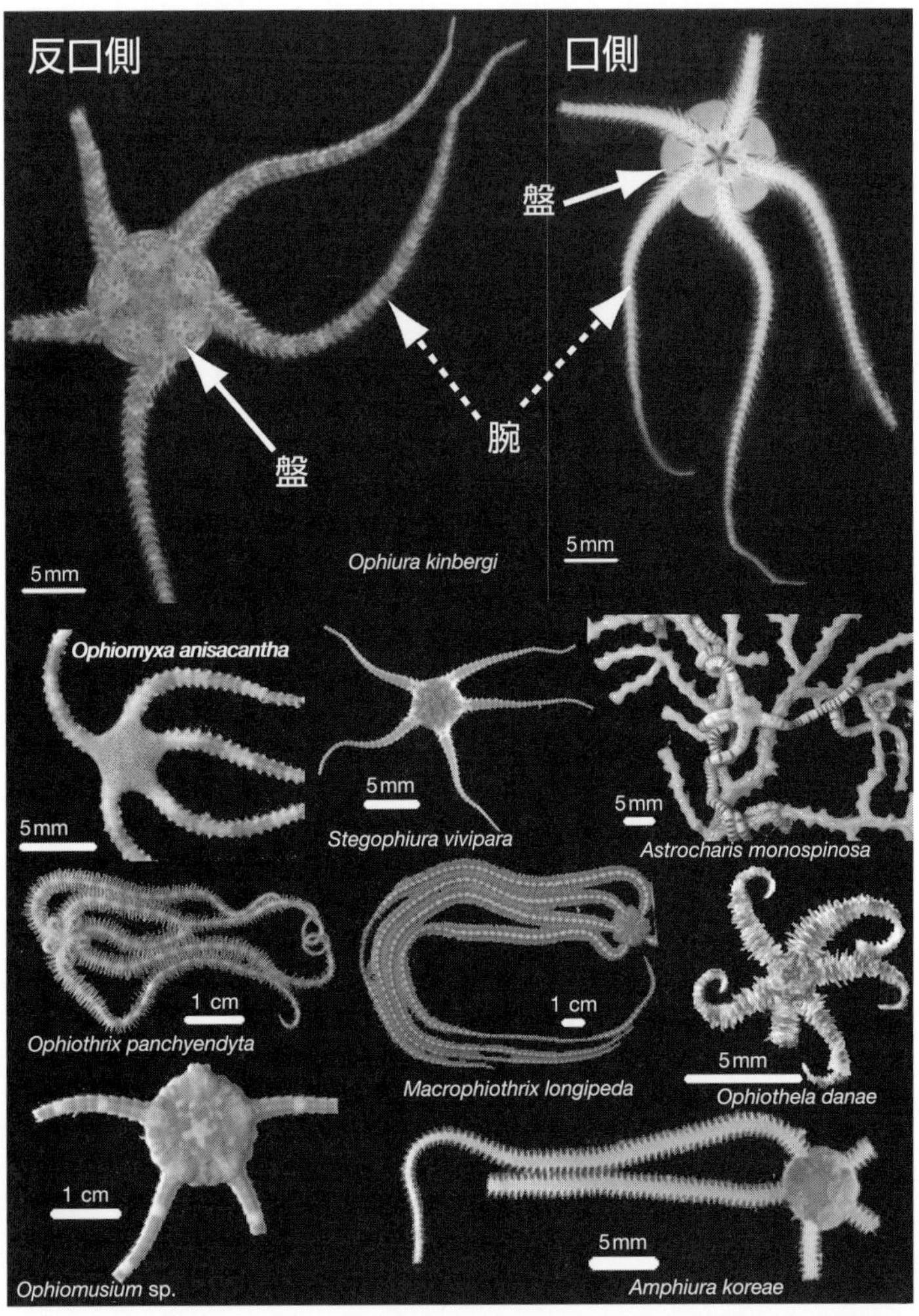

図1･11　様々なクモヒトデ類. *Astrocharis monospinosa* は藤田敏彦(国立科学博物館)による撮影

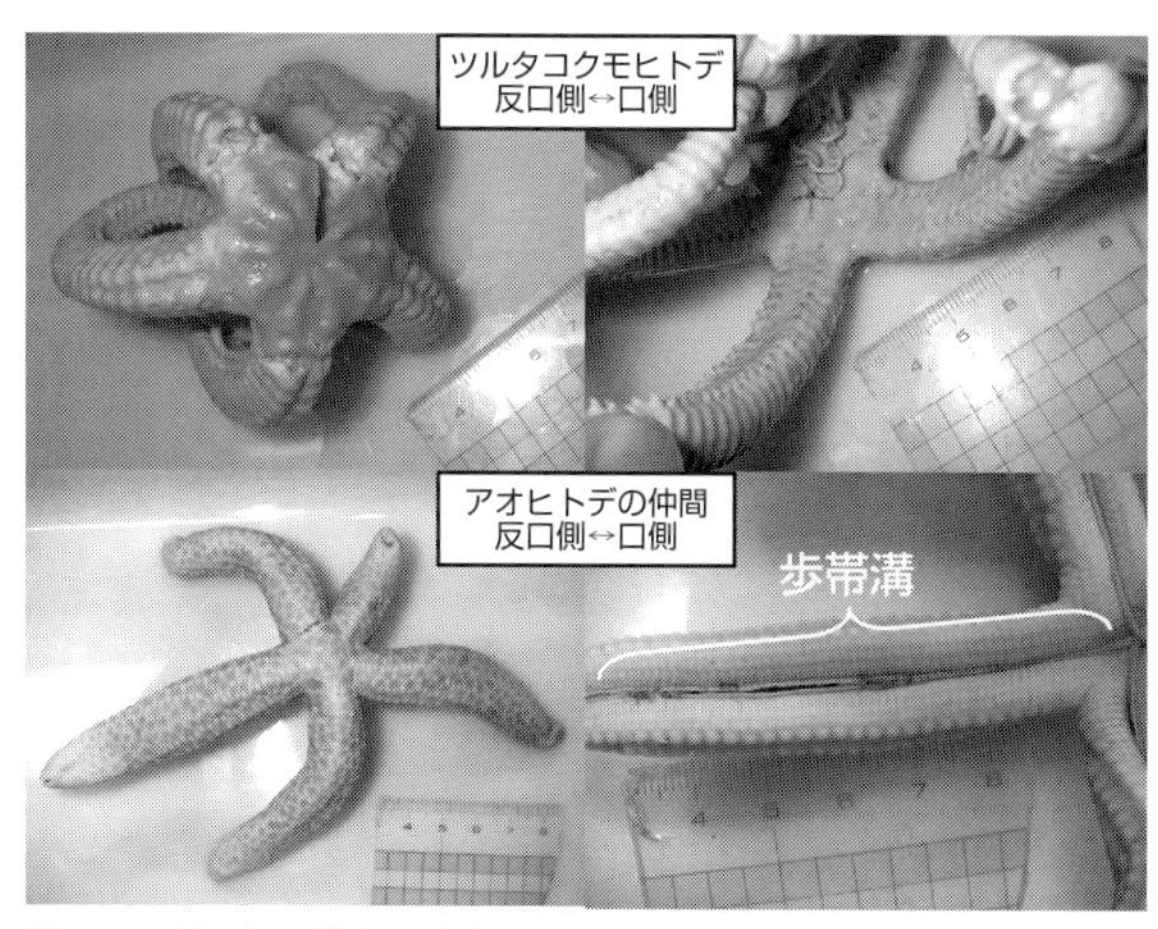

図1・12　腕と盤の境界が明瞭に見えないツルタコクモヒトデ（上段）と，アオヒトデ（下段）

数は約二一〇〇種に上り、これは現生の棘皮動物の綱の中では最多と言われており（Stöhr *et al.*, 2012）、その形態も様々である（図1・11）。

そして多分、クモ「ヒトデ」という名前のせいだろう。「クモヒトデはヒトデですか？」と聞かれることがある。「違います」。クモヒトデとヒトデは棘皮動物門の中で綱の違いで分けられている、全く別の分類群である。ここで少し、クモヒトデとヒトデの違いを見てみよう。クモヒトデの基本的な体の仕組みは星形である。体の真ん中の「盤」の形は五角形、五葉形、丸形と様々で、多くの場合、この盤は腕と明瞭に区別できる。この腕と盤が見分けられることがクモヒトデとヒトデの違いである、との紹介を目にすることがあるが、実はこれは本質的ではない。確かにその違いでほとんどのクモヒトデとヒトデは区別できるが、クモヒトデの中にも腕と盤の境界が不明瞭な種もいるし、逆に、ヒトデの中にも腕と盤の境界が明瞭な種もいる（図1・12）。クモヒトデとヒトデを

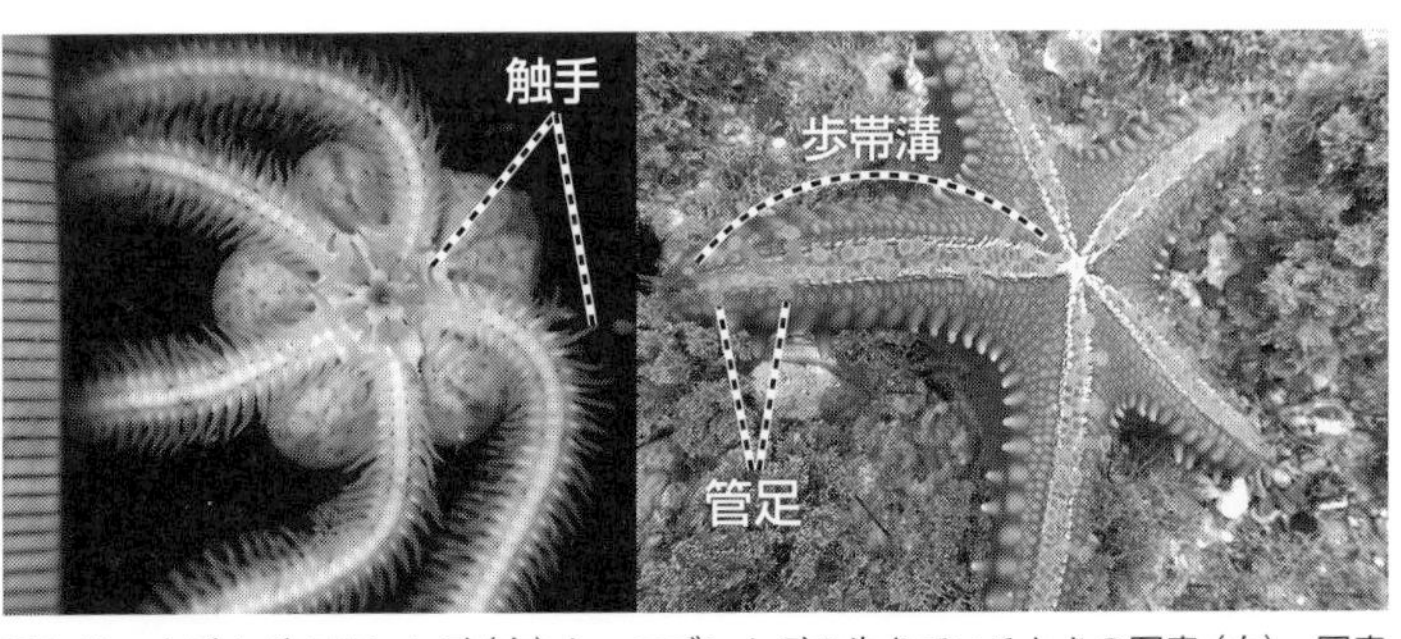

図1・13　ウデナガクモヒトデ（左）と，コブヒトデの生きているときの写真（右）．写真撮影（右）：河村真理子（京都大学）

見分けるには、腕の口側を見てやることだ。クモヒトデの腕の口側には「触手孔」と呼ばれる開穴があり、ここから、水管系と呼ばれる棘皮動物の体中に巡らされている水の管の末端が、体の外に飛び出ている。これらは概して先端が尖り、表面の小さな穴から粘液を放出するためネバネバしている。これを使って餌などを捕らえることが多いため「触手」と呼ばれている。他の棘皮動物でこれに対応するものはその先端が吸盤状となり、移動のための「足」の役割を果たすため「管足」と呼ばれる（図1・13）。対してヒトデでは、腕の口側に歩帯溝と呼ばれる溝があり、そこから管足の列が腕の外に伸びる。クモヒトデには歩帯溝はない。単純な違いに見えるが、実はこの歩帯溝の有無は両者の腕の中の骨格のつくりの違いに起因しており、クモヒトデとヒトデの決定的かつ本質的な違いである（図1・12、1・13）。海岸で星形の動物を見つけたとき、一応腕の口側を見て、クモヒトデかヒトデかを確かめてみよう。ちなみに、クモヒトデは触手で移動することは少なく、腕自体を器用に動かしながら移動するため、管足で移動するヒトデやウニなどと比べるとかなり速い。

他にも、盤の部分にもヒトデとクモヒトデの違いがある。口を構成

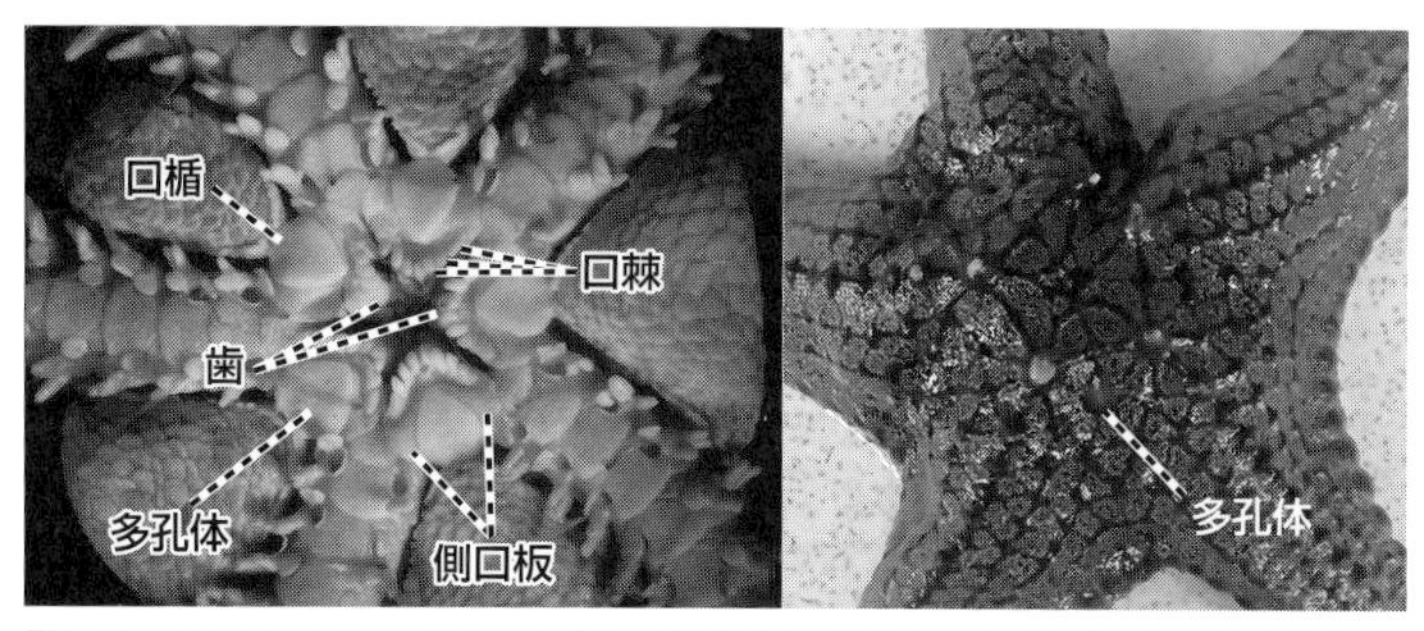

図1・14　イタワレアミメクモヒトデの口側の様子（左）と，コブヒトデモドキの反口側の様子

する顎は口板（こうばん）、副口楯（こうじゅん）、口楯などの組み合わせより形成されており、顎の先端、すなわち口板の先端には様々な形の「歯」が並ぶ。この歯の形状や配置はクモヒトデの分類を考える非常に重要な形態的特徴となる。また、口板や側口板の側面には口棘（こうきょく）と呼ばれる突起が並ぶことがあり、これらは食べ物の咀嚼（そしゃく）に使われると考えられている（Boos, 2012）（図１・14）。棘皮動物には多孔体と呼ばれる多孔質の板が体のどこかにあり、ここから体の中の水管系に海水を取り込む（コラム「棘皮動物②」参照）。例えばヒトデでは体の反口側に、鱗などに混じってひときわ大きな多孔体があるが、クモヒトデの場合は、五つある口楯の一つが多孔体の役割を果たす。すなわち、ヒトデでは体の反口側に多孔体があり、クモヒトデでは口側に多孔体があることになる（図１・14）。これも、両者を分ける重要な違いの一つである。ちなみに、クモヒトデやヒトデを水槽に入れて自然な状態で置いてやったとき、口側を盤の下側にする姿勢をとる。海で彼らを見かける姿は、反口側である。

　最後にクモヒトデの解剖学的な話をしよう。全ての棘皮動物の体は皮膚に覆われている。ウニの棘もよーく観察すれば非常に薄い皮膚に

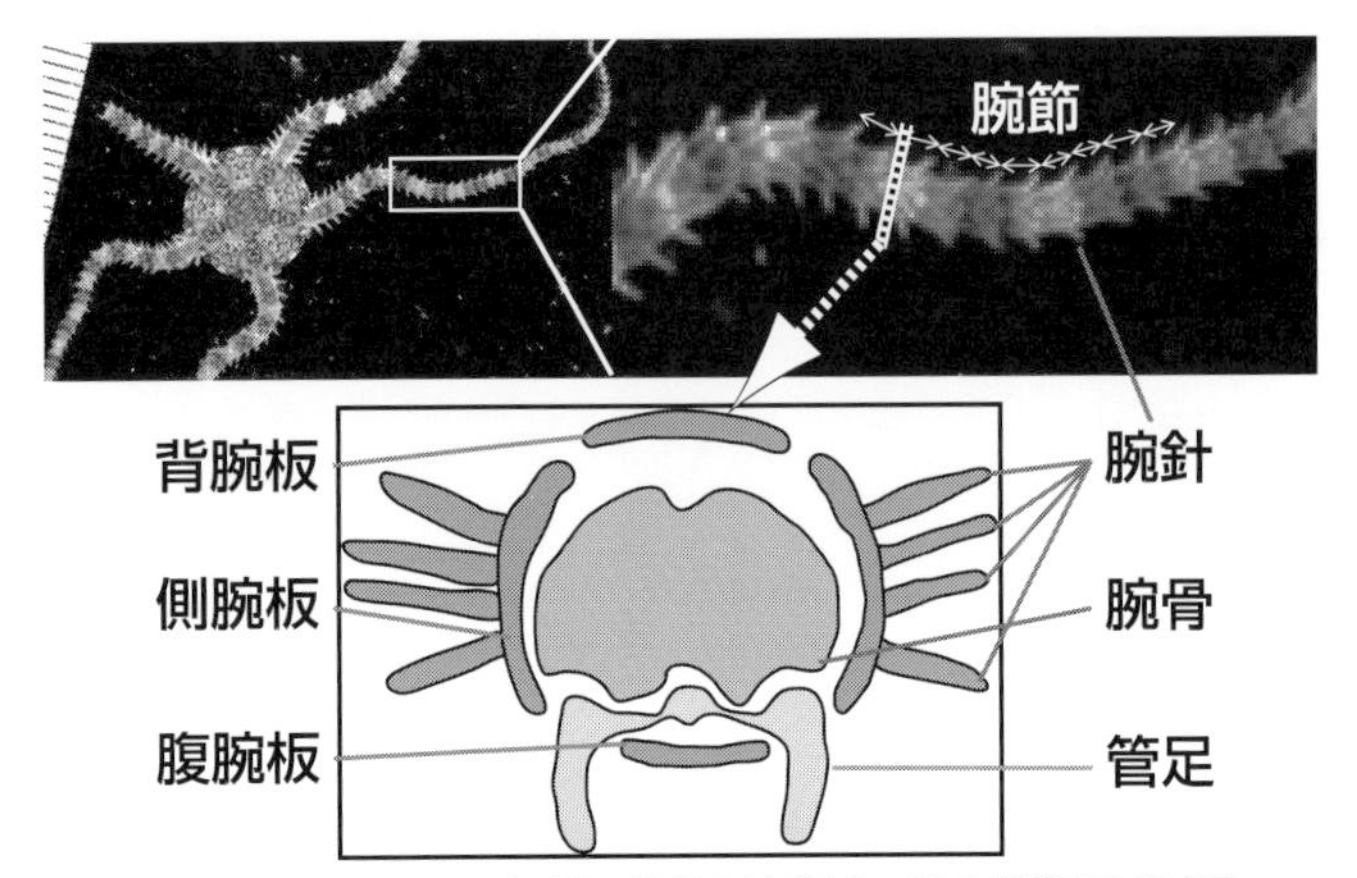

図1・15　クシノハクモヒトデの腕の拡大図（上段）と，腕の横断面の模式図

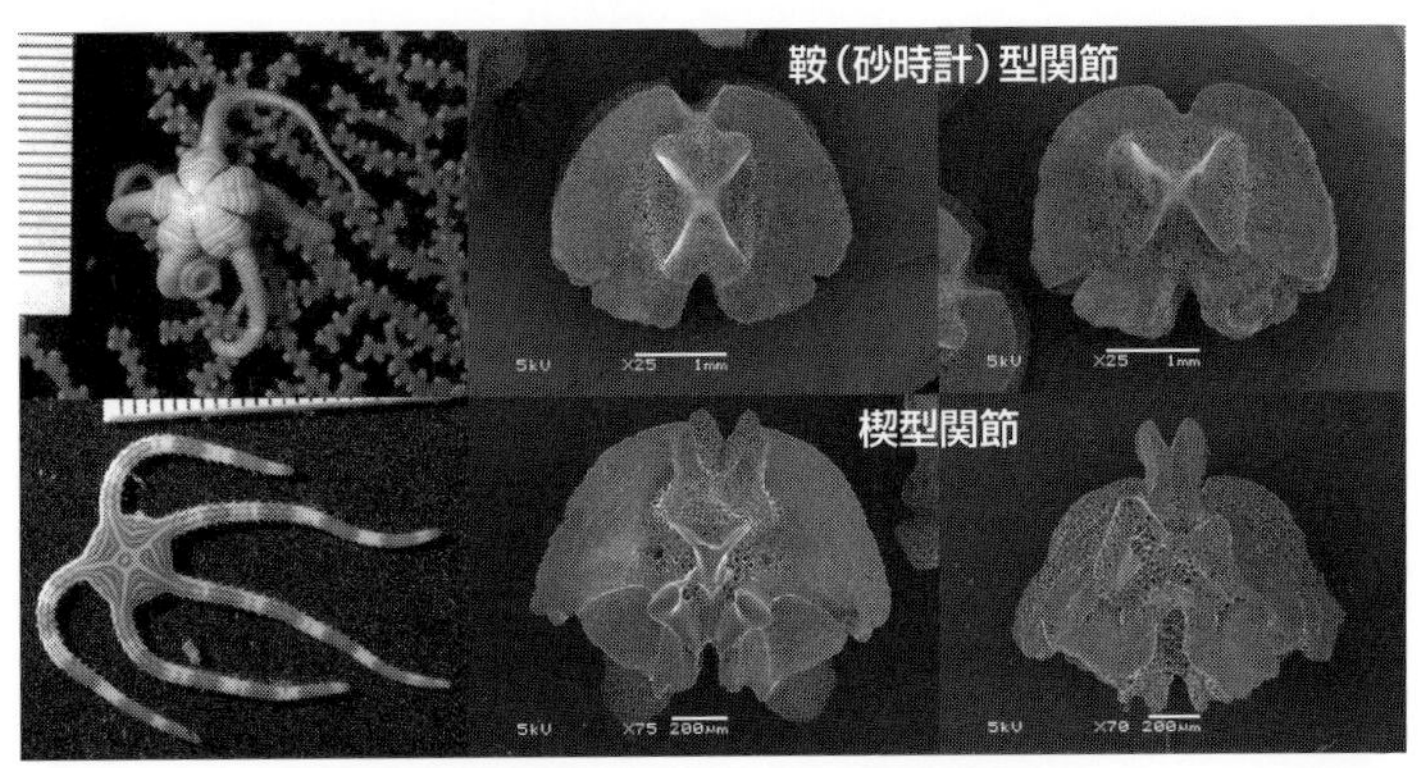

図1・16　シゲトウモヅルとその腕骨の鞍（砂時計）型関節構造（上段）と，メナシクモヒトデとその楔型関節構造（下段）

覆われている。クモヒトデにおいても、体を覆う鱗や顆粒、棘などの様々な形の小さな骨片(こっぺん)は全て皮に覆われている。これらの骨片は、特に種階級を識別するための重要な特徴なのだが、これらが埋もれてしまうほど皮が発達している種も存在する。腕のつけ根付近には生殖裂孔と呼ばれる穴がある。この穴の奥は体腔と呼ばれる盤の内側の

空隙につながっており、その体腔の壁に生殖腺が付いている。生殖様式が判明しているクモヒトデの大部分は雌雄異体で、ウデナガクモヒトデ（*Macrophiothrix longipeda*）などでは生殖期になると生殖腺の色が変わるため、外側から見ても区別がつく。またこの時期には放精・放卵を行い、生殖裂孔から精子か卵を放つ。腕は明瞭な節構造を持ち、一つひとつの節を「腕節」と呼ぶ。各腕節は、「側腕板」、「背腕板」、「腹腕板」、「腕針」、「腕骨」よりなり、腕骨をその他の骨片が囲む形になっている（図1・15）。複数の腕針が側腕板に関節している。腕骨は、基部側と先端側にそれぞれ独特の関節構造を持っており、これらが互いにぴったりと関節する。この関節構造は、鞍（砂時計）型関節と楔型関節に大別される（図1・16）。この関節の形や、腕の切断面の形などによってクモヒトデの腕の動きは制限されている（Litvinova, 1994）。この腕骨の表面には成長輪が刻まれているが、年輪か季節輪かはっきりした答えは出ていないようだ（Gage, 1990; Dahm and Brey, 1998）

　このように、私のにらんだ通り、クモヒトデの体はいろんな「かっこいい」魅力的な形態があふれていた。忍路で採集した個体を皮切りに、私の顕微鏡を覗く日々の幕が上がった。

コラム・棘皮動物①

ウニ、ヒトデ、ナマコをご存じでない方は少ないだろう。言わずと知れた海岸生物の代表格である。しか

図1・17　ムラサキウニ（殻径約4 cm）の解剖写真．赤道面で2つに殻を割ったもの．口側（左側）の真ん中には白い口が，反口側（右側）には黄色い生殖巣が確認できる．ウニの口は，発見者のアリストテレスがランタン（洋風提灯）にたとえたことから，「アリストテレスの提灯」と呼ばれる

し、これらの生物が親戚同士であることは、意外に知られていない。ウニ、ヒトデ、ナマコは同じ「棘皮動物門」に属し、それぞれウニ（海胆）綱、ヒトデ（海星）綱、ナマコ（海鼠）綱という独立した綱を形成している。これらに、ウミユリ（海百合）綱とクモヒトデ（蛇尾）綱が加わり、計五つの綱から棘皮動物門はなる。クモヒトデの外見や特性は上述した通りだが、ウミユリ綱もなかなかに知名度が低いグループである。おそらくウミユリ綱との遭遇頻度が最も高いのはダイバーであろう。水深一〇メートルほどまで潜り、大きな岩の隙間を覗いてやると、運が良ければ、ウミシダと呼ばれる、本当にシダのような外見の生き物に出会えるはずだ。これがウミユリ綱である。一見すると、全く共通点のなさそうなこれらの五つの綱であるが、詳しく体の仕組みを見てやると、実は①五放射相称（星形）の体を持つ、②石灰質の骨片（骨格）を持つ、③水管系を持つ、④キャッチ結合組織を持つ、といった共通の特徴がある。このうち最もわかりやすいのは①である。ヒトデは星形。クモヒトデも、くねくねの腕をまっすぐに伸ばすと、やはり星形。ウミユリも、植物の枝のような形をしているが、これは腕が分岐するためにそう見えるだけで、根本の部分を見てやると、やはり星形であ

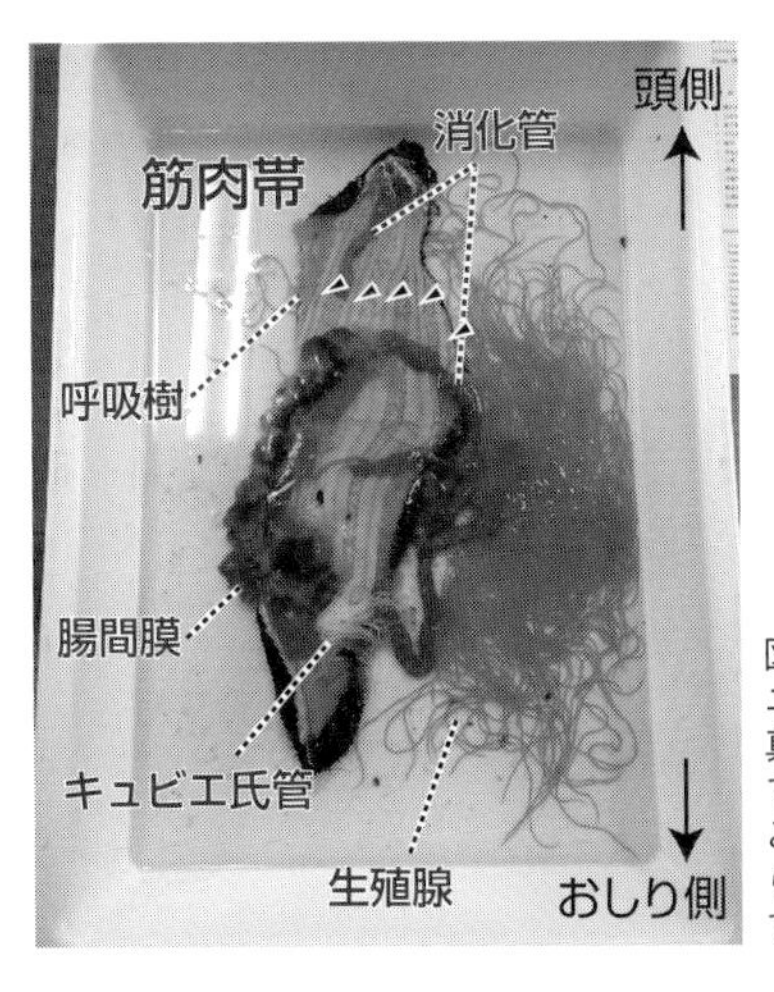

図1・18
ニセクロナマコ（体長約25 cm）の解剖写真．あらかじめメンソールで麻酔をかけてある．矢頭は筋肉の帯を示しており，これが体の側面に5本確認できることから，ナマコの体は星形であることが理解できる

る。ウニについては、すしネタで出される姿を思い浮かべてほしい。あの黄色い部分は実はウニの生殖巣で、ウニの硬くて丸い殻の内側に裏打ちされている。ウニを食べる際には楕球形の殻の赤道面上に沿って切り目を入れて上下にパカッと割るのであるが、断面を上から見てやると、この生殖巣が星形に均等に並んでいる（図1・17）。ナマコが最もわかりにくい。普通に見れば棒状である。この棒状のナマコを、金太郎飴を切る要領で、思い切って輪切りにしてみよう。ナマコの皮膚の裏側には、体の先端（頭）から後端（おしり）まで筋肉の帯が一直線につながっている（図1・18）。輪切りの切断面を見ると、この筋肉帯が五つ、星形に配置しているのである。つまり、ナマコもちゃんと星形。このように、一見すると全く似ていない生き物も、解剖などによってその特性をしっかり理解してやることで、本当の親戚関係がわかってくる。リンネはもともとナマコを蠕虫状のグループとして、ゴカイやミミズの仲間としていた。しかしその後このような解剖学的な研究や発生学的な研究が進むにつれて、ウニやヒトデとの共通性が明らかとなったのである。

8 同定を試みる

忍路から持ち帰ったクモヒトデであるが、案外タフで、一晩エアレーションなしで海水に入れておいても、翌日元気にプラスチック容器の底を這いまわっていた。器用に腕を動かす様は実にキュートで、しばらく眺めていても飽きなかったが、ペットにするためにわざわざ柁原先生に忍路まで連れて行ってもらったわけではない。当然研究材料にするのである。私の卒研の当初の目的は「基本的なクモヒトデの同定ができるようになること」であった。学部生の一年間でできることは限られている。後述するように、この頃には既に大学院進学を考えていたので、夏場は院試（大学院入試）の勉強に追われてしまう。限られた時間で私が柁原先生と相談して立てた卒研の目標は「クモヒトデに詳しくなろう」だった。そのために、まずはこのクモヒトデの同定ができるようになる必要があったのだ。頑張って集めた文献によると、クモヒトデを同定するためには、体全体を観察しなくてはならず、当然、生きたままではくねくね動きまくるので十分な観察は成し得ない。瓶の底を這いまわる可愛いクモヒトデを、心を鬼にして標本にしなくてはならなかった。

生物には、それぞれの特性や、研究目的に応じた標本の作製方法がある。生物を、生きたままの姿に保つために、なるべく新鮮なまま生命活動を停止させ、その後の腐敗を防ぐための処理を施すことを「固定」という。この固定の後に、生物を半永久的に保存し標本とする。分類群によってはこの固定が非常に難しく、きちんとした処理を行わないと、まともに形態観察ができない価値のない標本になってしまう。

クモヒトデは、英名を〝Brittle star〟といい、直訳で「脆いヒトデ」という意味である。これは、クモヒトデが刺激を受けた際に、腕を簡単に自切してしまう様にちなむ。本体から切り離された腕はその場でしばらくぐねぐね動いており、おそらくトカゲのしっぽ切りよろしく、外敵の気をそらす役目を果たすのだろう。クモヒトデにとっては生きるための戦略だとしても、種によっては盤径と腕長の比が重要な分類形質となるため、こちらとしては腕がブチブチに切れては商売あがったりである。そこでクモヒトデの固定を行う際には、まずこの自切に気を配る必要がある。加えて、クモヒトデで最も観察したい部分は、盤の口側である。前述した通り、口は様々な骨片の組み合わせで形成されているため、その一つひとつが貴重な分類形質となる。しかし、大抵のクモヒトデは、弱ってきたりピンチを感じたりした際に、この口を守ろうとするためか、口の前のあたりで腕をこんがらがらせてしまう。そうなってしまうと口の様子を観察するのが一苦労だし、何よりも観察する際に水平に置きにくくなってしまう。どうすればよいかと思案する私に柁原先生がある本をお渡しくださった。

『標本学――自然史標本の収集と管理』という本である。様々な自然物の採集から固定、保管までの方法がまとめられた良書で、国立科学博物館で魚類の研究をされていた松浦啓一先生が編著されている。この中で、私が後に五年間指導を仰ぐこととなる藤田先生が、棘皮動物の標本について執筆されていた。それによると、クモヒトデの最も良いとされる標本の形は「彗星型」。これは、少しでも標本を省スペースに整理しようという目的と、体全体を容易に観察できるようにするための目的を、同時に叶える優れた整形法である（例えば、図1・16）。しかし生きたままでは彗星型を保つことは難しいので、普通は海水とほぼ等張の塩化マグネシウム水溶液に浸し、麻酔をするという。早速、分量通りに麻酔液（塩化マグネシウム六水和物七三・五グラム／真水一リットル）をつくり、クモヒトデを浸すと……最初は少しもがくようなしぐさをしたものの、一分と経たないうちに完全に脱力してしまった。なんとあっけない。後は盤を突っつこうが、腕をつまみ上げようが全く抵抗する素振りがない。この状態で彗星型にして写真を撮ったら、次は固定である。なるべく平たいシャーレなどに薄く固定液を浸し、その中にそっとクモヒトデを入れ、再び素早く彗星型にする。この素早くがポイントで、通常、数分もすれば体が硬直してカチカチになるので、もたもたして中途半端な形のまま固定されてしまうと、やり直しはきかない。これで固定は完了である、後は耐水ラベルに産地、採集年月日、生物名を書いて、七〇パーセント以上の濃度のエタノール入りの瓶に一緒に入れれば、標本の完成である（図1・19）。これで好きなときに取り出して観察ができる。

意気揚々と実物と文献の比較を始めてから数時間が経過したが、全く同定が進められない。私が最初に取り掛かったのは検索表による属の検索であった。実はクモヒトデには一九六〇年にニュージーランドのFell博士が全二五五属への検索表の論文を著していた（Fell, 1960）。検索表とは、その分類群の特徴となる形質のみを取り出して、その形質状態だけを判別して、どんどん分類群を落とし込んでいき、最終的に目的の分類群にたどり着けるようにしたものである。これがあるとその分類群の同定は各段に楽になることは間違いなく、先輩からも、「これがあるなら楽勝じゃん！」と励ましをいただいた。実際の所、少し古くはあるがこのFellの検索表は現役でも使える良書である。しかし実際に検索を始めてみたものの、

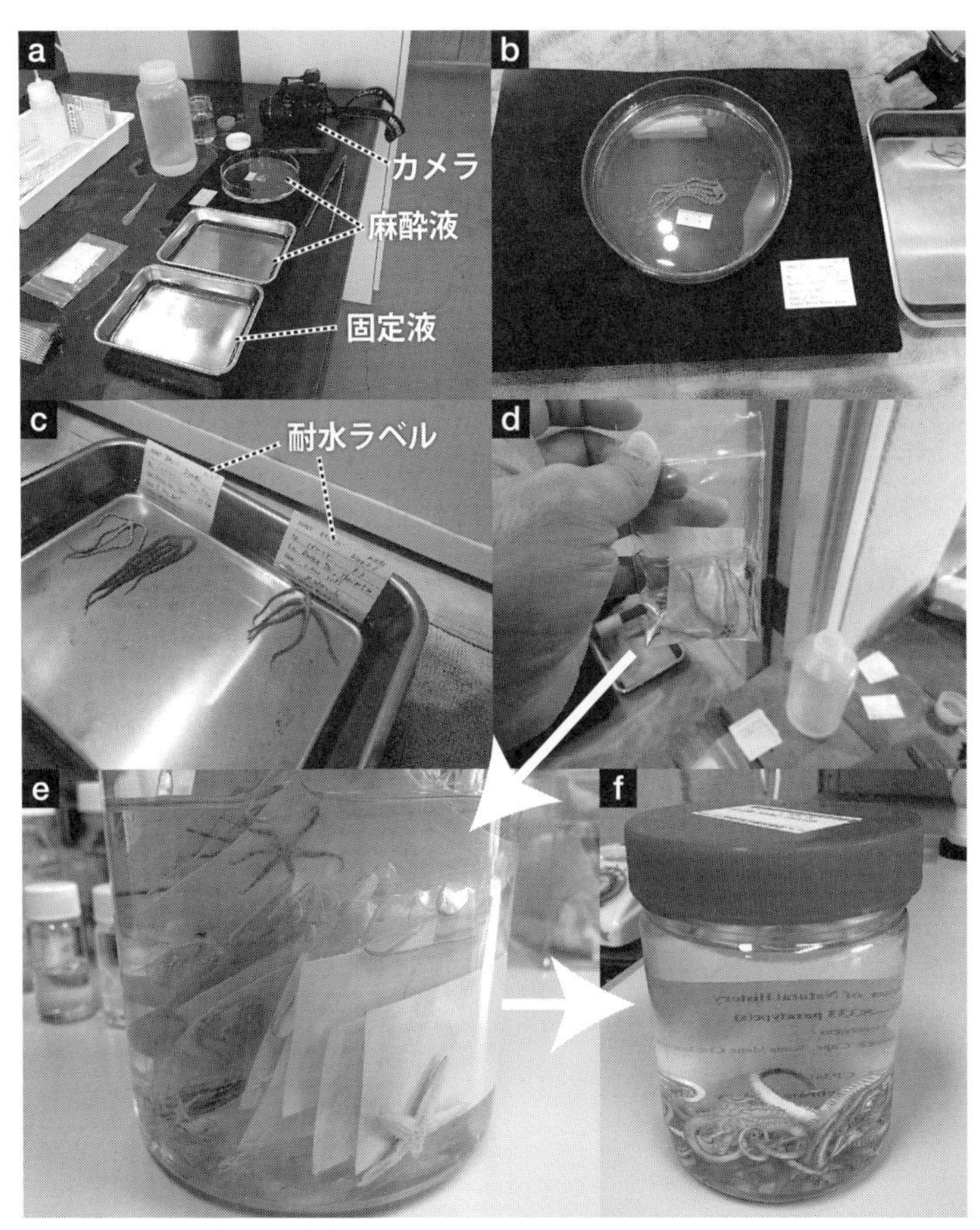

図1･19　クモヒトデの標本作成の過程．a：標準的な撮影設備．b：撮影用シャーレの塩化マグネシウム水溶液にクモヒトデを浸し，撮影する．c：ラベルと一緒に固定液（ここでは99％エタノール）に浸し，数分待つ．d：ユニパックに密封する．e：ユニパックごとポリ瓶に入れる．f：対応するラベルと一緒に個別に保存瓶に移して完成

ポンと簡単に同定が進められるわけではなかった。図鑑に拠る同定と、論文に拠る同定は、かなり性質が異なる。図鑑の特徴は何と言ってもその分類群の写真が掲載してあるところである。代表的な形態のものを抜き取ってあるとはいえ、やはり視覚的に多くの情報が得られる写真は、大きな同定の助けとなる。さらに記述してある形質も、「腕の長さは○○センチメートル～○○センチメートル、体色は赤褐色に黒の文様……」といった具合に、その種を特徴づけるポイントがうまく整理されている。これは一重に、著者らによる網羅的な研究の成果によるものだが、論文ではこうはいかない。検索表を含む論文では、まず形態の用語がわからないところから始まる。普通の辞書でもなかなか的確な訳に行き当たらない。前述した骨片の名前に代表されるような専門用語が、英語で書かれているわけである。現在はウェブ上の辞書がそれなりに発達しているため、ある程度の訳にたどり着けるが、当時はそういうウェブ英語辞書も登場して間もない頃で、まだまだ専門用語は未整備であった。そしてなによりも、論文を難解にしている最大の理由は、形態の記述の表現にある。例えば、「腕針は比較的長い」、「盤表面はなめらか」、「腕基部の触手孔は非常に大きい」といった具合で、いったい、何に対して「比較的」長いのか？　なめらかでない状態とはどんな状態なのか？　手元にある標本一つだけでは、どうにもならないことばかりである。ここでやっと、「比較する」ことの重要さに気づいた。ものを分けるということは、何かを比較し、その相違点、あるいは、類似点を見つけるということに他ならない。何か他に比べるものがないと、「何が異なっていて、何が同じなのか？」という、同定の基本すらままならないのである。

そこで杙原先生に相談して、北大の総合博物館に連れて行ってもらうこととした。理学部の隣に併設されている総合博物館を探すと、点数は少ないものの、いくつかのクモヒトデ標本を見つけることができた。これらをすぐに研究室に持ち帰り、忍路産の標本と見比べる日々が始まった。それでも相変わらず形態用語はわからないままで、ある一つの形態形質について一日中悩み、検索表を見比べてみて、一つが終わるとまた別の形態形質について悩む。一週間経ってもちっとも進展がない。たった一種についてこんなに悩んでいて、果たして卒研なんて終わるのだろうか……と焦りを募らせる中である事件が起きた。

私がクモヒトデをやりますと宣言していた一方で、嶋田君は「顎口動物」なるものの採集を試みていた。これは、海岸の還元的な環境（酸素が少なく、腐敗臭がする黒い砂の層）に生息する蠕虫状の動物で、体の前方の喉にあたる部分に、発達した顎を持つという特徴を持つ。極めて発見例が少なく、二〇〇〇年の時点で世界に一〇〇種程度しか記録がない（白山、二〇〇〇）。少なくとも私が北大に在籍していた当時は日本からの公式の記録はなく、発見されればそれだけで論文になるような生物である（注）。嶋田君も文献を収集する傍ら、時間を見つけては石狩浜に赴き、還元層の砂を掘りだしては研究室に持ち帰り、海水氷法によって顎口動物を見つけようと努力していた。何とも天晴れである。

私が標本との格闘を始めてほどなくして、そんな彼が「見つけたらしい」という噂が研究室内に流れた。なんと、嶋田君が早くも顎口動物を発見したというのである。「マジでいたの？」「四月で卒研終わりだよな」などと口々に呟きながら嶋田君が作ったプレパラートを覗き込む研究室メンバー。結果は、残念ながら別の生物だったようだが、同期があっという間に卒研を終えてしまうということに若干の焦りを感じた自分もいた。そうだ、同期といえども、ライバルにもあたるわけである。一所懸命研究を進めているのは自分だけではない。協力できるところは協力するが、切磋琢磨で互いに高め合うためには、「競争」という意識も大事なのだ。意識を新たに褌（ふんどし）を締めなおし、来る日も来る日も文献複写と形態観察に勤しみこの形質はどうだ？　あの形質はどうだ？　しかし、何かが違う、と繰り返していたある日、ついにその瞬間は訪れた。忍路から採ってきた標本が、検索表によってある属へと、何の矛盾もなく同定できたのである。何度見ても間違いない。それはスナクモヒトデ属 *Amphipholis* だった。目的の分類群まで検索することを「落とす」と言うが、確かに、空に放たれたバスケットボールが音もなくゴールネットを揺らすように、何の引っ掛かりもなく、スナクモヒトデ属に「落ちた」というのがふさわしい表現だと素直に感じてしまうほどのあっけなさだった。そしてその *Amphipholis* は、例の『原色検索日本海岸動物図鑑』にちゃんと載っており、その中のスナクモヒトデ *Amphipholis kochii* という種にあっさり落とすことができた。「図鑑に載ってるなら、最初からそれを見ればいいじゃないか！」という声が聞こえてきそうだが、属までがわかっている状態で図鑑を参照するのと、何もわからない状態で参照するのとでは全く出発点が違う。また、図鑑にはあくまでも「代表的な種」のみが掲載されていることも多いため、（特にクモヒトデのようなマイナーな生物において）正確な同定を行うためには、やはり論文によるチェックが必要となる。しかし、ひとたび同定ができると、そこからは図鑑の情報は非常に有用である。スナクモヒトデの分布域に北海道が含まれているし、改めて写真と見比べてみても、色彩もよく標本と合致している。間違いない！　柁原先生に、「同定できました！　*Amphipholis kochii* です！」と報告し、「それはよかったねえ！」と一緒に喜んでもらえたことを覚えている。自ら採集してきた標本の名前を、自ら同定する。単純な作業かもしれないが、それまでに経験した勉強と違い、誰にも真似できない、オリジナルな知識とスキルを、確かに身に付けたという高揚感に、しばらく酔いしれたことを覚えている。かくしてスナクモヒトデは、自分が初めて同定した忘れられない種として、私の心に刻み込まれた。ちなみに本種は、盤の反口側が細かい鱗に覆われ、輻楯が互いに離れているという形質を持って、近縁種から区別される。

注：顎口動物は、二〇一五年に、静岡県下田からと和歌山県白浜から立て続けに発見された（柴田・八畑、二〇一五：Achatz and Sterrer, 2015）。

コラム・様々な標本の作り方

水生生物の麻酔や固定に使われる溶液は様々である。海産無脊椎動物で最もよく使われている溶液は、上述した塩化マグネシウム水溶液であろう。生物によって必要とされる濃度は異なるが、幅広い分類群に対して効果が望める。例えば軟体動物などにもこの溶液を使うようだが、巻貝などは蓋をぴったり閉じてしまうため、冷蔵庫などに入れて低温状態にする方法を併用することで、より麻酔の効き目を高めるなどの工夫を施している。また、メンソール（Menthol）も優秀な麻酔薬として使われる。例えばナマコなどは、塩化マグネシウムよりも、メンソールの結晶を海水の上にふりまいて一晩置いておけば、触手をだらんとした状態になり、刺激に対して無反応になる。ナマコを解剖する際は麻酔をしておかないと、メスを入れた時点で体を収縮させてしまい、せっかく切った体の中身がうまく観察できない場合がある。ナマコを本格的に麻酔したい場合は、塩化マグネシウム、メンソール、エタノールを特殊に配合した液を用いる。また、少しずつ海水に淡水を加えていくという方法や、温暖な場所に住んでいる種に対しては冷蔵庫や冷凍庫に入れて低温にする方法も試すことがある。他には最近、夏場の日射しが強い日に車のボンネットに海水ごと置いておくという方法も教えてもらった。これは低温とは逆に高温にするという単純な方法であるが、ホシムシなど体の中に重要器官をしまってしまう分類群は、この方法によってうまく体の外にそれらを裸出したまま麻酔されるということである。

固定液も様々で、昔から多用されてきたのはホルマリンである。これは、生物組織への浸透速度や固定の精度が極めてよく、様々な生物に用いることができる。特にクラゲやイソギンチャクなどの水分を多く含む生物での固定がうまくできるため、これらの分類群の研究者は今でもホルマリンを愛用している。しかし、ホルマリンは強い刺激臭を伴うため扱いにくく、保存液ではないため、固定後に七〇パーセントエタノールなどの保存液に移す手間がかかる。さらにDNAを分解する作用があることが指摘されている。対してエタノールはDNAがよく保存され、際立った刺激臭もなく（お酒が苦手な人には厳しいかもしれないが）、何より十分な濃度が保たれれば（一応）そのまま保存液の役割も果たすので、新鮮な保存液に移すまでの時間が空いても影響は少ない、といった利点が注目されており、一部の分類群では、エタノール固定が主流になりつつある。しかし、エタノールには強い脱水作用があり、軟組織が萎んでしまうため、組織学的な研究には不向きである。組織観察には、「ブアン液」がよく用いられる。これは、ホルマリン、ピクリン酸、氷酢酸（通常、それぞれ一五：五：一の割合）の混合液であり、動物の組織を生時に近い状態で保存してくれる。さらに、ピクリン酸による脱灰作用によって、組織切片法での薄片作成時に妨げとなる骨組織が分解されるというメリットもある。

このように、麻酔、固定、保存をとってみてもこれだけ多様な方法が存在するのである。さらにそれぞれの動物に固有の整形法などがあることを考えると、動物の数だけ標本作成のテクニック、すなわち職人技があると言えよう。

9 Von voyage !

馬渡研の大先輩にあたる等脚類の分類学者である下村通誉博士（二〇〇九）が、「……頭の中の霧が晴れたかのように種同定を行えるようになった……」と書かれているのだが、今思えばまさにこのイノベーションが、私の脳内でも起きたようである。スナクモヒトデの同定をきっかけに、突如としてクモヒトデの形態が理解でき、他の種の同定能力も段々と上がってきた。こうして、「クモヒトデに詳しい人」への第一歩を踏み出した私の下に、さらなる飛躍のチャンスが舞い込んできた。乗船調査への参加である。

広島大学生物生産学部の附属船「豊潮丸（とよしおまる）」は、学生の調査・教育を目的とし、様々な生物生産に関する調査航海を、年に四〇回近くも行っている（豊潮丸のＨＰ〝http://home.hiroshima-u.ac.jp/toyoshio/〟より）。この調査航海は瀬戸内海を中心として、日本海、南西諸島までを航行範囲としており、そのうちの五月の末の「南西諸島におけるプランクトン・ベントスの調査航海」への参加のチャンスをいただけたのだ。と言っても、勿論私個人への話ではない。生物生産に関する調査では、底引き網や、海底の採泥器、プランクトンネットで採集される生物の組成を調べるのだが、各生物を同定するために専門家が乗り合わせる必要がある。馬渡研に、その専門家枠三人分を用意してもらえたのだ。そこに、タナイスの角井先輩と、当時博士課程三年であった、ヨコエビの系統分類学者の富川光先輩（現・広島大学准教授）、そして私が入れることとなった。調査航海では当然深場の調査も行い、深海生物もたくさん採れる。深海生物と言えば、今ではダイオウグソクムシで有名になっている通り、珍しい生物の宝庫である。この目で、幼い頃からの夢であった珍奇生物を見るチャンスではないか！　そして、深海のクモヒトデを採りまくるチャンスでもある！　加えて、さらに重要な乗船目的があった。豊潮丸には約二〇人の専門家が乗船するのだが、そのリストの中の「藤田敏彦」なる人物にお会いするのである。後の私の師匠となる人だ。

話は三月の後半に遡る。「クモヒトデがしたいです」と告げた私は、その一〇日後くらいにもう一度柁原先生の元を訪れた。すると、柁原先生は私の大学院進学の意思を確認した上で、「来年から東大に行きなさい」とおっしゃった。当然、院も北大に進むものと思っていた矢先の突然の提案に面喰らったが、理由は簡単で、東京大学の大学院は国立科学博物館（科博）の研究室と連携しており、そのうちの一つ、海産無脊椎動物分類学研究室の先生が、クモヒトデの専門家だというのだ。その専門家こそ、藤田敏彦博士である。科博と言えば、明治四年に文部省博物局の観覧施設として湯島聖堂内に設置された展示場を祖とする、日本唯一の国立の科学博物館である。動物・植物・地学・人類・理工の五つの主研究グループを持ち、中でも動物研究部は、日本の動物系統分類学の中心地の一つである。その科博で大学院生ができるというのであるから、自然史を志す学生にとってはこの上ない環境と言えるであろう。しかし、当時私はそ

図1・20　呉港に停泊する三代目豊潮丸．写真撮影：高橋芳枝（北海道札幌市）

のことにいまいちピンと来ておらず、椛原先生がおっしゃるのだから、そこに行ったほうがいいのだろう、と漠然と考えるくらいであった。ただし、東大の大学院に入るには、勿論赤門をくぐるための院試を突破する必要がある。そこで、藤田先生に直接連絡を取り、東大大学院受験のための準備を進めているところだった。従って、豊潮丸航海調査は、クモヒトデをはじめとする深海の珍奇生物に出会えるだけでなく、受験先の藤田先生に直接お会いして受験に関するお話と、そして何よりクモヒトデ研究の基礎を伺うことのできる大チャンスだったのだ。

　時は流れて五月末。私は豊潮丸の係留ステーションがある広島県呉港にいた。はるばる北海道から広島空港に飛んだ我々は、角井先輩の仲介で、当時広島大学の院生だった、寄生性のカイアシ類という甲殻類の専門家の上野大輔氏の所属していた竹原ステーション（水産実験所）で一泊させてもらい（結構呑んだ）、呉の係留ステーションに到着したという次第であった。我々が乗船した第三代豊潮丸は総トン数三二三・八八トン、広い甲板と各種計測設備を備え、長期の乗船調査に耐える練習船であった。特筆すべきは食堂と居室の位置関係で、二段ベッドが二、三脚備えられた船室が食堂を囲むように配置しており、研究者・学生は、皆ことあるごとにこの食堂で顔を合わせるのである。実は、三二三・八八トンは、調査研究船からすると、それほど大きいわけではない。その後乗船することになる中央水産研究所の蒼鷹丸(そうようまる)や、長崎大学水産学部の練習船長崎丸などは、一〇〇〇トンに迫る大きさで、客船並みの規模を誇る。それでも、初めて目にした豊潮丸の雄大な姿は、私の脳裏に焼き付いている（図1・20）。空に映える純白の船体に、操り人形の糸のようにたくさんのケーブルが端々に張り巡らされている。おそらくこれで研究設備と船内が連絡しているのだろう。また船の中に足を踏み入れてみると、甲板は木製であった。近寄ってみると木材のいい匂いがしたが、甲板に海水が溜まらないようにするための工夫であろう。端々から「特別な」航海の雰囲気が漂っているようだった。調査期間は約一週間。これからどんな日々が待っているのだろうと想像すると、二日酔いの頭にかかっていた靄(もや)が一気に晴れていく思いだった。荷物積み込みなどの乗船準備を手伝っていると、富川先輩が、私に、そっと耳打ちしてくださった。

「あの甲板にいる背の高い人が、藤田先生だよ」

コラム・アネロン ニスキャップの思い出

航海と言えば、人によっては手放せないのが酔い止め薬である。船は、酔う。調査航海の話をすると、船酔いは大丈夫？ と聞かれるのだが、大体あまり大丈夫でない。特に小さな船は揺れやすく、時化（しけ）の中を行くときは、ベッドに貼り付いてひたすら船酔いに耐え、嵐が過ぎるのを待たなくてはならい。正直、「死んだ方がマシだ」と思った回数は数えきれない。そんなときに頼りになるのが酔い止めである。数ある中、最強の呼び声が高いのが「アネロン ニスキャップ」だ。私もアネロンには幾度かお世話になっており、これを飲めば基本的にはすっかり酔わなくなり、本当にヤバそうなときでも普通に作業ができるという優れものだ。その強力な効果の反面、頭がぼうっとして眠くなる、やたらと喉が渇くという副作用もあるので、波がない日にうっかり飲むと、せっかくの穏やかなクルージングの一日をぼうっと過ごすことになってしまう。

ちなみに、多くの酔い止めは酔ってから飲んでも効果は薄いと言われるが、私はこれを別の意味で実感したことがある豊潮丸調査の実質最終日（五月二六日）、それまでアネロンを服用し続けて酔い知らずの絶好調であった私は、「ひょっとして自分はもう薬なしでも酔わないのでは？」という陶酔的かつ自己破壊的な考えに取りつかれ、アネロンを飲まないという暴挙に出た。そして思いっきり酔った。これはまずいと、最後の一粒のアネロンを服用したが、既に強烈な船酔いを罹患していた私は吐き気に耐えきれず、朝食を吐き出してしまった。涙目で流しの（ほんとはトイレに吐かないといけない）吐しゃ物を見ると、なんとそこに、飲んだばかりのアネロンのカプセルが出てきてしまっているではないか。酔ってからでは効果は薄いと知りつつも、それでもそれなりの効果を見込めるのではないか、と藁にもすがる思い（とはこのことだと心から思った）で、もう一度飲み込もうと思いそのカプセルを掴んだ瞬間、既に外壁が胃液で浸食されていたであろうカプセルはばらばらに崩壊し、中の顆粒状の有効成分が目の前で水に溶け、排水溝へと消えていったのだった。次の港まであと半日、この状態を味わわなければならないことが判明したときのあの気持ちを「絶望」と呼ぶのだろう。最後の希望を失った私は、酔いのおかげで甲板でなかなか立ち上がることができず、常に片膝をついた状態で座していたことから、上野さんや角井さんに「ターミネーター2」と呼ばれる羽目になった。

※薬の副作用には個人差があります。

10　師匠との出会い

甲板で初めてお目にかかる藤田先生は、背が高くすらっとして、精悍な印象であった。この年の科博の枠も我々と同じ三名で、巻貝の専門家の長谷川和範先生、ヒザラガイや無板類の専門家の斎藤寛先生、そしてクモヒトデの専門家の藤田敏彦先生だった。ちなみに、ヒザラガイや無板類は、貝やタコと同じ軟体動物の仲間である。科博組は三人で談笑されており、話しかけるのに勇気を要したが、富川先輩のご紹介もあり、挨拶をさせてもらえた。正直、何を話したのかは覚えていないのだが、前日の呑みすぎが祟って青息吐息の私を、富川先輩が「彼、二日酔い気味なんです」とフォローしてくださると、藤田先生はうれしそう（だったと私は今でも信じている）に、私の背中をバシッと手で押し、闘魂を注入してくださったことをよく覚えている。

この調査での豊潮丸航海のルートは、広島→屋久島→沖縄、沖縄→奄美などの南西諸島→呉という具合であった。五月二二〜三〇日の九日間にかけて、一日に大体一〜二回の底引き網などによる生物採集調査を行う。調査水深は概ね一〇〇〇メートル以浅で、網の投入から揚収まで遅くても数時間である。その後のソーティングや標本固定などの手間を考えても、少なくとも全く寝られないということはない。実は私は沖縄で五月二七日に下船し、その後、東京を経由して科博の研究室を訪問し（藤田先生は豊潮丸に継続して乗船するので科博には不在だが）、帰北の予定にしていたので、乗船日程は実質六日であった。しかしその六日間は、私の人生の中でもトップクラスに「濃い」ものとなった。北大、科博勢の他には、主席研究者である、カイアシ類をはじめとするプランクトンの専門家の広島大学の大塚攻（すすむ）先生、その研究室の院生六名（上野さん含む）、広島大学水産学部の、寄生虫の専門家の長澤和也先生、和歌山県立自然史博物館（当時）の、八放サンゴの専門家の今原幸光先生、北九州市立いのちのたび博物館の、等脚類の専門家の下村通誉先生、JAMSTEC（国立研究開発法人海洋研究開発機構）の、放散虫の専門家の坂井三郎先生などなど、総勢一九名のそうそうたる顔ぶれであった。この他に、名古屋大学の院生の方が乗船されたが、私と入れ替わりだったため、ほとんど話してはいない。毎夜、調査後に、酒を呑んでは腹が捩れるまで笑いあった楽しき思い出は、今でも鮮明に思い出せる。冗談でなく、本当に腹が捩れるかと思ったし、三か月分は笑ったと自負している。

楽しい思い出はさておき、ここで船での調査について触れておこう。二〇〇六年の豊潮丸調査では、ほとんど写真を撮っていなかったので、これまでに私が参加した他の乗船調査の写真を織り交ぜつつご説明させていただきたい。乗船調査では、海洋環境の測定や地質調査といった様々な海洋観測のための機器を扱う。我々は勿論海洋生物を採集するための機器を使うが、それらは海洋生物の生態によってさらに種類が違ってくる。海洋生物は、生態的に大きく「プランクトン」「ネクトン」「ベントス」の三種類に分けられる。プランクトンと聞くとつい小さな生き物を思い浮かべがちだが、それは間違いである。プランクトンとは「波力に逆らうだけの遊泳力を持たず、水中または水面に浮いて生活している生物」の総称である。身の丈二メートルに迫るエチゼンクラゲ（最近、この言い方は越前のイメージに良くないということで「大型クラゲ」と呼ばれるようになっている）も、プランクトンなのである。クラゲ、カイアシなどに代表されるプランクトンであるが、その他にもホヤ、ヤムシなどの動物や、ケイソウなどの植物の他、甲殻類、貝類など様々な動物の幼生も含まれる。これに対してネクトンは「波力に逆らって自身の力で移動することができ、水中や水面で生活している生物」の総称である。この定義から、ネクトンのほとんどは動物であり、それも魚類や海生哺乳類、遊泳力の高い軟体動物などがこれに当てはまる。ベントスは「海底付近で生活している生物」の総称となる。ベントスは、クモヒトデの他、ぱっと思いつくだけで、カイメン、イソギンチャク、サンゴ、クラゲムシ、渦虫、貝、ゴカイ、ホシムシ、ユムシ、ヒモムシ、甲殻類、線虫、動吻動物、クマムシ、半索動物、ヒトデ、固着性ホヤ、ナメクジウオなどなど……相当に多様な生物を含むカテゴリーである。勿論この定義では海藻なども含まれる。

前置きが長くなったが、この中で私が欲しいのは勿論ベントスである。ベントスを採集するための代表的な漁具と言えば、「ドレッジ」、「そりネット」、「採泥器」などが挙げられる。ドレッジとそりネットは、いわゆる底曳き網である。ドレッジの方がやや小型で、金属の板でできた箱のような掻部の後ろに網がついている場合が多い。ドレッジは地表から数十センチくらいに住む生物を泥ごと採ってくる、あるいは岩場であれば岩を削って岩ごと採ってくる、などの荒々しい採集が（ある程度は）可能である。あまり長く曳くと中身がいっぱいになってしまうので、五分ほどしか曳かない。対してそりネットは、その名のごとく、そりのように地表を滑り、その表面の生物を採るためのもので、ドレッジに比べると大型で三〇分ほど曳網するのが普通である。これらの採集機器では、泥が多少は洗われてしまうのだが、泥や小さな砂の隙間にもたくさん生物が潜んでおり、これらをターゲットにしている専門家にとっては、この泥こそが重要な試料である。そこで、なるべく海底の泥などを攪乱のない状態で採ってこようというのが採泥器である。豊潮丸では「スミス・マッキンタイヤ採泥器」を用いている。これは、閉じると筒を縦に割ったような形になる「爪」が海底側に備えられた漁具で、これが海底に着くとその爪が閉じ、海底の泥をかかえこむようにしっかりと筒の中に持ち帰ることができる漁具である。これらの漁具は、海底まで落ちてもらわなくてはならないのだから、当然重く設計されている。そのため、甲板から人間の力で海中に放り投げるのは至難の業だ。そこで、安全かつ簡単にこれらの漁具を水中に沈めるために、多くの調査船にはAフレームという設備が備えられている。文字通り「A」の形をしたフレームで、A形が立脚したまま前後に倒れる仕組みになっている。このAのてっぺんの部分に滑車が吊るされており、そこからワイヤーを介して

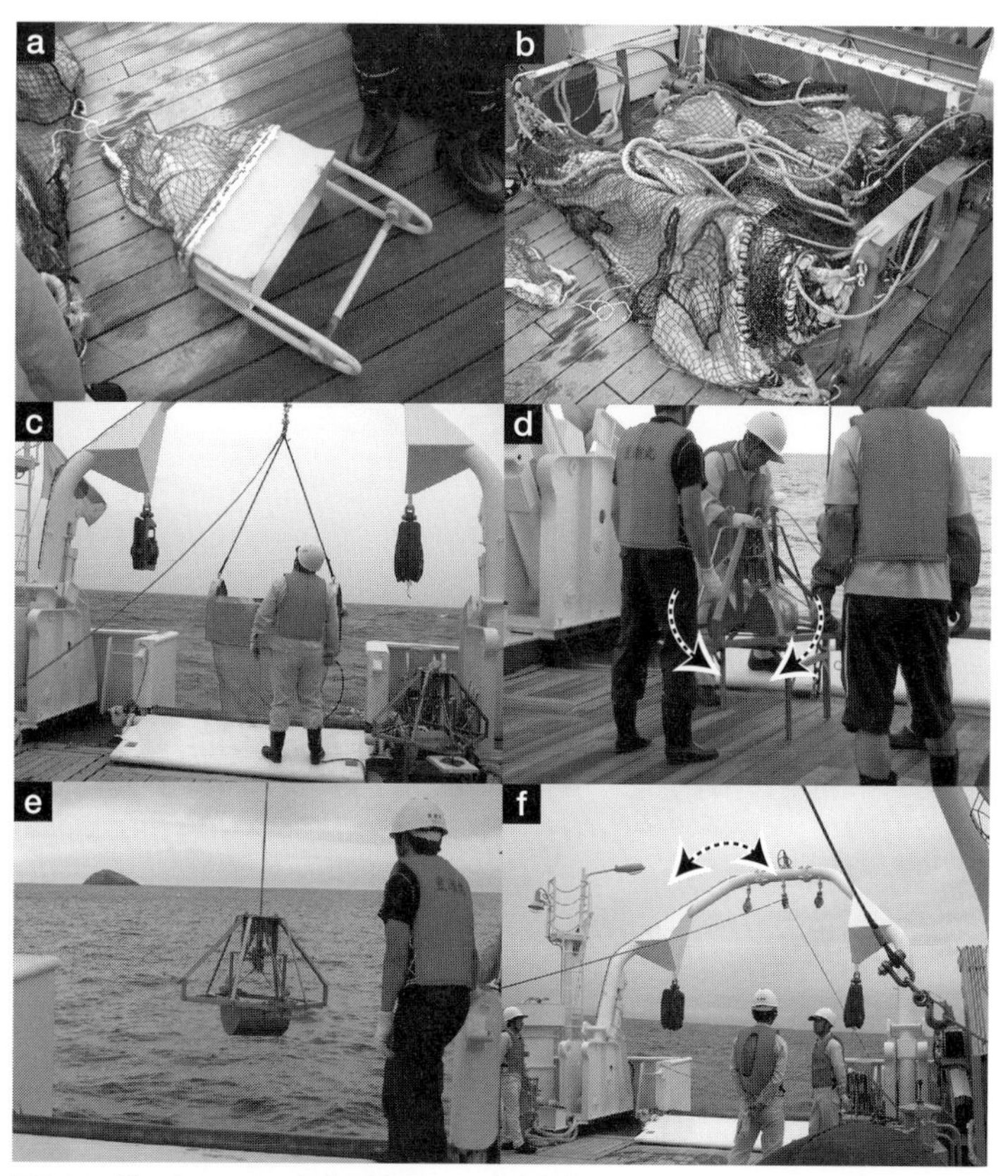

図1・21　様々なベントス採集用漁具．a：生物採集用ドレッジ．b：そりネット，c：船上に揚収されるそりネット，d：スミス・マッキンタイヤ採泥器．海底で，矢印の方向に爪が閉じる．e：海底質を採集してきた採泥器．f：Aフレーム．矢印の方向に動く

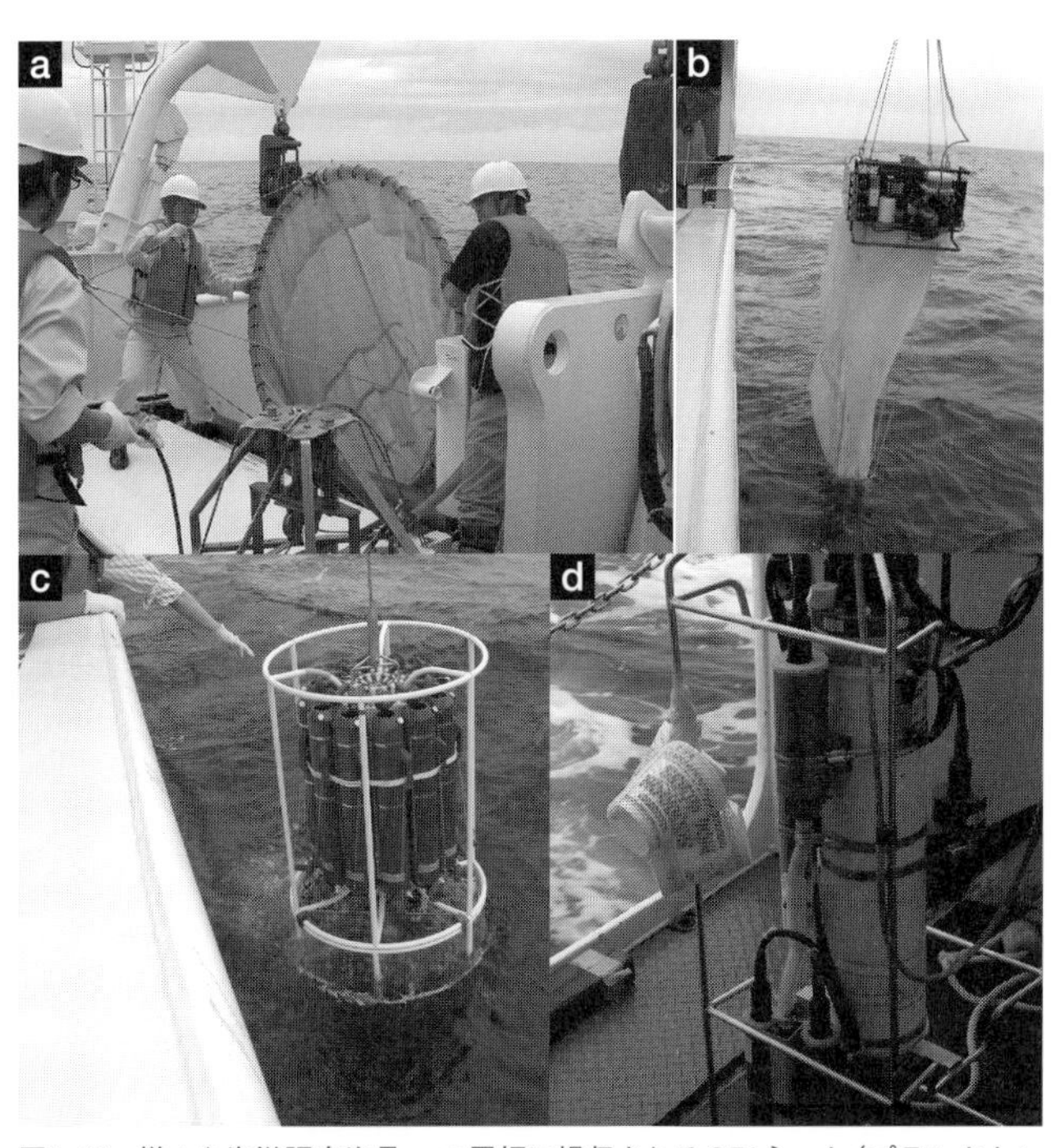

図1・22　様々な海洋調査漁具．a：甲板に揚収されるORIネット（プランクトンネット）．b：鉛直多層式プランクトンネット．c：ロゼット採水システム．d：CTD．括りつけられているのは，深海で水深によってぺちゃんこに縮められるための憐れなカップラーメンの容器

漁具を吊り下げたままAフレームを倒すことで、漁具を船外まで運べるという仕組みだ（図1・21）。この他、詳しい説明は割愛するが、海表層のプランクトン（＋ネクトン）を採集するための「ORI（Ocean research Institute）ネット」、垂直に曳いて、任意の深度のプランクトンとネクトンを採集するための「鉛直多層式プランクトンネット」、任意の深度の水を採集するための「ロゼット採水システム」、水温、水深、塩分、溶存酸素濃度など、様々な海洋環境を測定するための「CTD（Conductivity Depth profiler）」なども豊潮丸をはじ

めとする多くの調査船に搭載されており、研究者に利用されている（図1・22）。

このような機器の使用は常に危険と隣り合わせである。まず落水には最も注意を払いたい。波が高いときに甲板で作業する場合は、なるべく体を低くして、船の縁からは離れる。海ではいつ、どんな波が来るかわからないので、大波に当たって船体が大きく揺さぶられると、船外に放り出される危険性がある。潮が速い海域で落水すると、どんどん流されてしまうため昼間でも大変危険である。基本的には、どんな理由があろうと、落水事故があった場合は、調査はそこで中止となる。また、揺れる船内では常に何かに掴まって移動しなければ、転んでけがをする危険性がある。このため、船内のいたるところに取っ手が取り付けられている。何トンもある調査器具は、油圧で動く重機で吊り上げたりするが、宙づり状態の器具には、揺れると危険なので近づいてはいけない。また、器具の投入に関わる場合は、絶対に、その下に手を置いてはいけない。底引き網などが曳網中に海底で引っかかると、ウインチの牽引力と船の推進力が合わさって、大変な力がロープにかかることになる。万が一ロープが切れ、その切断面が水面近くだった場合、張力から解放された鋼鉄のロープはすさまじいスピードで鞭のようにしなりながら船体に向かう。このロープに当たれば、人体などひとたまりもなく、腕くらいなら簡単にちぎれると言われている。何度か漁具が何かに引っかかって、変な状態で上がってきたことがある。そういうときは甲板員総出でこの事態収拾にあたり、緊張感が漂う。そのとき研究者は余計な手だしをしないほうがよい（図1・23）。ロープへの張力（＝漁具への水圧）は、水深が深くなればなるほど大きくなるため、基本的に、曳網作業中にロープの延長線上にいてはいけない。もし、滑車やロープの下を通る際には、素早く通り過ぎる必要がある。ま

図1・23　ビームトロール（底引き網）が逆さまになって上がってきた様子

た、甲板に出る際にはなるべく肌の露出は避け、ヘルメット、救命胴衣、長靴、軍手を必ず着用しなくてはならない。

　このような危険を伴う作業であるが、苦労を乗り越えて得たサンプルは、宝の山である。二〇〇六年の豊潮丸に話を戻すと、例えば出港したその日に愛媛県沖の伊予灘で引いたそりネットやドレッジでは、クシノハクモヒトデ *Ophiura kinbergi* がいきなり大量に得られた。忍路での苦労は何だったのかと、いるところにはいるのだなと、拍子抜けした思い出がある。初めて見る奇妙なクモヒトデに目移りする中、実は一番印象に残っているのは生のウミユリである。少し説明したように、ウミユリは棘皮動物の一つの綱で、まさに百合のような形の珍妙な生き物である。典型的な古生代型の生物で、化石に多産する姿が現生のものとほとんど変わらないことから、生きた化石と呼ばれている（図1・24）。今でこそ、こんな風に偉そうにウミユリについて説明している私であるが、当時はこのウミユリの所属すら、あやふやにしか理解できてない愚か者であった。それならそれで、余計なことは言

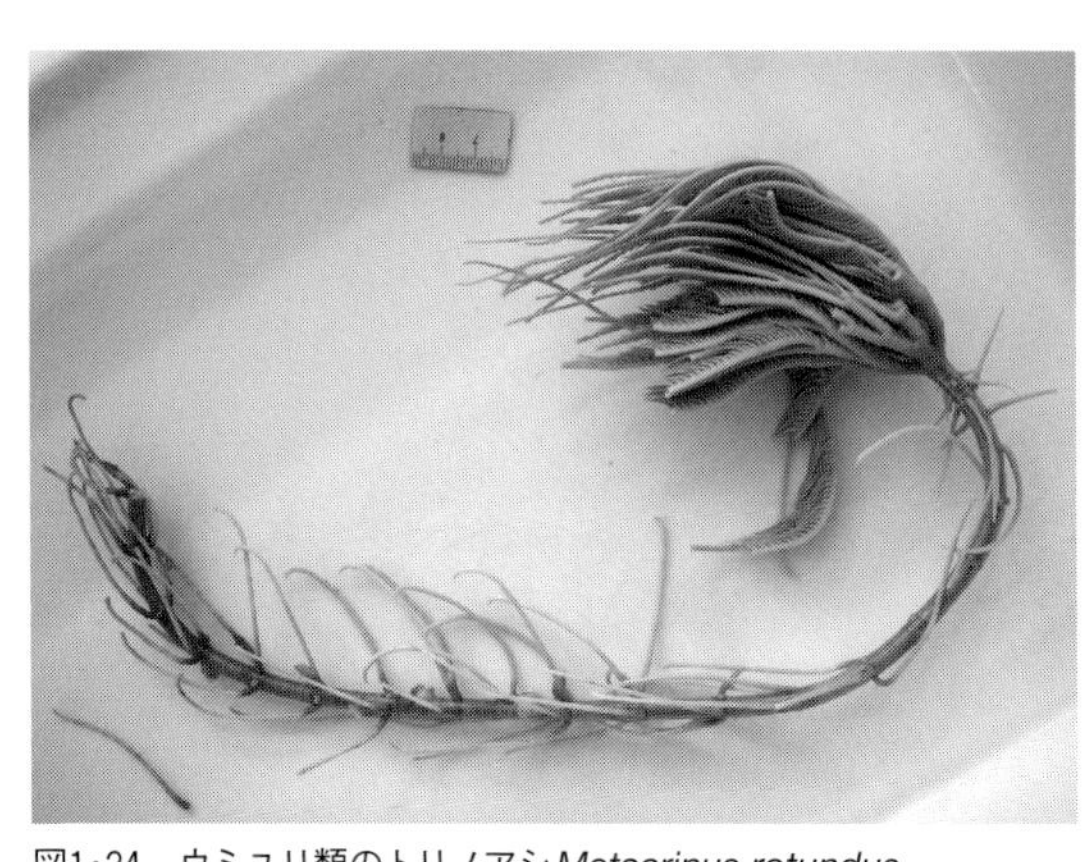
図1・24　ウミユリ類のトリノアシ *Metacrinus rotundus*

わずに、じっと藤田先生のウミユリの処理を横で見ていればよかったのだが、恐れ多くも私はこんなことを口走ってしまった。

「これって植物ですか?」

これは、うどんを作り続けて三十年の師匠に、「うどんって中華ですかぁ?」と尋ねるに等しい。藤田先生はこのとき極めて冷静に、「いやいや違う違う、これは棘皮動物だよ。クモヒトデと一緒だよ」と教えてくださったのだが、内心「ウミユリを植物と思ってる大変なヤツがうちを受験しようとしている」と思われたらしく、その後藤田研で話題になったらしい。「立体事件(コラム参照)」と双肩を並べる私の愚エピソードとして、藤田研の歴史に刻まれている(らしい)。そんなこんなで、沖縄で下船するまでの間、計六回の底引き網調査を共にしながら、色々とお話を伺わせていただいたのだが、おそらく藤田先生の私に対する第一印象は「勉強不足なヤツ」で決定づいたに違いない。

コラム・ウミユリはいつ「生きた」化石になった?

生きたウミユリが科学的に発見されたのは、実は最近のことである。一八六四年に、ノルウェーの牧師でクリスティアニア大学に所属していたマイケル・サルス(Michael Sars)が、息子のゲオルグ(Georg Sars)と共に、深海五五〇メートルより、ドレッジでウミユリを発見した。その頃、学会には、水深三〇〇ファゾム(五四八メートル)以深には生物は存在しないという仮説が広まっていた。これは、イギリスのエジンバラ大学の天才自然史学者エドワード・フォーブス(Edward Forbes)が唱えたもので、彼は、その生涯をささげたエーゲ海でのドレッジ調査のデータをまとめた結果、「水深が深くなるにつれて動物相がきれいな一次直線を描きながら多様性(種数)を減らしていき、その直線が、水深五四八メートルで〇(ゼロ)となる」、という、「水深三〇〇ファゾム以深は無生物帯説」に行きついた。しかし一八六四年には、三〇〇ファゾムという数字はどんどん更新され、最終的には一〇〇〇ファゾムを超える海底に設置された海底ケーブルに固着性の単体サンゴなどが発見されたことから、もはや無生物帯説の破綻の色は相当に濃く、サルスの生物採集記録自体は、さほど注目には値しなかったはずだ。問題はウミユリが採集されたという事実である。当時ウミユリは化石しか発見記録のない絶滅分類群と考えられていたのである。それが生きた姿で白日の下にさらされたわけであるから、深海は無生物地帯であるどころか、生きた化石が生息する、(古)生物学にとって前代未聞の環境であることが証明されたのだ(西村、一九九二)。こうして「絶滅種」から「生きた化石」への転身を遂げたウミユリであるが、実は現代の深海に生息するに至った経緯には、壮絶な生き残りの歴史があったようである。古生代から中生代にかけて、浅海深海問わず大繁栄を迎えたウミユリであるが、そのあまりに受動的な生活では、その後出現した強力な捕食力を持つ硬骨魚類などに対抗する術がなく、さんざん捕食されたようである。特に浅海に住んでいた種はそのような捕食に耐えることができず一億年前を境にぱったりと浅い海から姿を消し、追いやられるように深海に分布域を限るようになったようだ（大路、二〇〇一）。

11 クモヒトデを採りまくれ！

クモヒトデ採集の効果的な手段の一つにスクーバダイビングがある。ファンダイビングなどでの潜水経験がおありの方もおられるかもしれないが、水深数十メートルというのは、実はあまり科学的な調査がなされておらず、新種がわんさか取れることも珍しくない。勿論、それらを見つけるためには熟練の技と、生物を見分ける「鑑定眼」が必要なわけであるが。

調査も残り二日と差し迫った五月二五日に、慶良間諸島の座間味島に寄港した。この日は、島周辺で、スクーバ調査を行った。勿論、私はスクーバの免許はおろか、装備も持っていなかった。しかし島に渡らない理由はないので、スクーバチームと一緒に渡島し、浅瀬でのシュノーケリングを行うこととなった。北海道でも磯でクモヒトデが採れたのだから、南国諸島ならなおさら採れるであろう、というこの目論見は見事に崩れ去った。石をめくれど見つからないのである。さらに、忍路調査のときは膝くらいまでの高さの転石が海面から頭を出してごろごろしていたが、どういうわけか座間味では、転石は海面下一メートルくらいにあり、完全に潜らないとひっくり返すことができない。シュノーケリングだったので、海底の石をひっくり返せなくはないが、浮力で体が浮いてしまいうまく作業ができないし、やっとひっくり返した石の下にクモヒトデはゼロである。おまけにこの日はスコールで、日光がさえぎられた状態では如何に南国でも体が冷えに冷え、船に戻った頃にはすっかり衰弱してしまっていた。この南国の洗礼で私が学んだことは二つ。一、潮汐を意識せよ、二、事前準備はしっかりと、である。

まず、海には潮汐がある。地球上の水は月と太陽の引力によって二方向に引っ張られているので、場所によって海水面の高さに常に偏りが生じている。地球は自転しているので、一日二回、月の引力の影響が大きい場所と小さい場所を通過する。その際、海水面が高くなったり低くなったりするのである。これは「潮汐」と呼ばれ、海水面が低いときを「干潮」、高いときを「満潮」と呼ぶ。従って磯観察を行う場合には、潮が引いてなるべく遠くまで歩いて行ける干潮時を狙うのが基本だ。これに対してダイビングでは、流れが少なくなる「潮どまり」の時間帯に行うのが基本となり、これは満潮と干潮の間となる。今回の座間味での調査はダイビングのためにこの潮どまりを狙ったのであろう。潮は引いておらず、海底の石をひっくり返すのに非常に苦労したというわけだ。また、石の下にクモヒトデがいなかったのはどういうわけかと言うと、それは恐らく生息環境の問題であろう。忍路の海岸の転石にはコンブの根の隙間などの、クモヒトデが潜みやすい環境が整っていた。対して、あまり記憶が定かでないが、座間味の海岸の転石はなんだかつるっとしており、その表面にクモヒトデが潜むような隙間はあまりなかったはずだ。このような環境下では、石の表面でなく、海底に敷き詰められた石と石の間の方がクモヒトデにとっては住み心地が良いはずである。しかし海底の石一つをひっくり返すのも一苦労な肺活量しか持たない私にとっては、さらにその下の石まで掘り進めるのは到底不可能なミッションであったし、そもそもクモヒトデのそんな特性もまだ理解していなかった。さらに、磯採集では、それ相応の装備を整えなくてはならない。例えばクモヒトデを捕まえようと思って網を持って行ってもあまり意味はない。クモヒトデが泳ぐことはほとんどないし（なくはない：Hendler and Miller, 1991）。無理やり海底を這うクモヒトデを網で掬ったとしても、網に絡まったクモヒトデは、もがいて腕をばらばらにしてしまうだろう。クモヒトデを採るには、ピンセットなどを携行し、石などをひっくり返したときに逃げようとするその盤を摑み、ユニパックやプラスチック容器などのひっかかりがない容器に入れる必要がある。腕を摑むとすぐにそこから自切してしまう。加えて、体が浮かないように、ある程度のおもりがあってもよかったかもしれない。このような磯採集の基本中の基本をおろそかにして、何かが得られようはずもない。思えば忍路では椛原先生や角井先輩が潮汐などをキチンとチェックしてくださっていた。豊潮丸でガタガタ体を震わせながら、野外調査の厳しさと、自然に対する自らの無知を思い知ったのであった。

しかし、ダイビング組の成果は上々だったようで、藤田先生が南国らしい多種多様なクモヒトデを採取されていた。しかも、それらのサンプルを全て私の卒研の試料に提供してくださった。比較的同定の容易な、図鑑にも載っているような普通種ばかりで、これらはその後の同定の際の比較標本や解析試料として非常に役に立った。その後も航海は順調に続き、翌日の五月二六日に三度の曳網調査を行った後、沖縄の糸満港で船中泊し、私は五月二七日に下船した。その間、クモヒトデの麻酔のかけ方や写真撮影法、固定法まで、藤田先生のプロフェッショナルの技を間近で見せていただいた。また、藤田先生のご厚意もあって一〇種以上のクモヒトデを共同研究の試料としていただくことができ、大満足の成果であった。最終日は糸満から科博（新宿）を経由し、その日のうちに北海道に戻った。日本の南端から北端への大移動でへとへとであったが、札幌のアパートに戻ってみると何とも寂しく、さらなる乗船調査を渇望している自分に気づいた。

コラム・魚屋さん

「魚屋（さかなや）」という単語を耳にすれば、ほとんどの人が食用の魚の販売店を思い浮かべるだろう。分類学者は違う。分類学の世界では、○○の専門家を、「○○屋」と呼ぶことが多い。つまり、魚類の専門家は「魚屋」、カニの専門家は「カニ屋」、貝の専門家であれば「貝屋」といった具合である。○○に入る分類群の階級に規定はないので、「今回の調査は甲殻類屋がいないな～」とかいう風に使われることもある（※「甲殻類」はカニよりも上位の分類階級）。また、「分類屋」、「化石屋」といった具合に、学問分野の呼称にもなる。私もいつかは「テヅルモヅル屋」から「クモヒトデ屋」、そしてゆくゆくは「棘皮屋」と言われるようになりたいものである。ちなみに、さすがに門のレベルを超えることはないようで、「後生動物屋」とか、あるいは「動物屋」と呼ばれている人には会ったことはない。誰がいつこの呼び方を始めたのかはわからないが、なかなか便利なワードである。

12　院試と卒研を突破せよ

豊潮丸調査が終わると、季節は徐々に夏に移り変わっていった。北大キャンパスには緑が生い茂り、本州の梅雨とは無縁でカラッと爽やか。短いながらも、一年で最も良い季節が到来するのである。しかし裏腹に私の心の湿度は増加傾向にあった。四年生になった理系大学生に降りかかる夏の試練、「院試」が近づいているのである。

受験を肚(はら)に決めたときの私の学力は、過去問に対して「何を言っているのかさっぱりわからない」と言うしかない状態であった。もう設問の意味からわからないのである。それでも八月末の院試は近づいてくる。豊潮丸のサンプルで順調にクモヒトデの知識を蓄積しつつあったのだがそれを一時中断し、自身の学力を顧みて、他の同期より少し早く、七月上旬から勉強を開始した（八月に入って始める人も少なくなかった）。北大の総合図書館に通い詰める熱き日々であった。詳しく述べてもしょうがないので割愛するが、結果的に二か月の勉強期間を設けて正解であった。実は院試の一〇日くらい前まで過去問すら解けない状態が続き半分鬱になっており、「岡西君、あと二週間で本番なんだけど、あの理解度で大丈夫なの……？」と多様性講座のポスドクの方に心配されるほどであった。実際、馬渡研では大勢が、私は落ちると思っていたらしい。ところが院試一〇日前くらいを境に、突如過去問が理解できるようになり、その「院試ハイ」とでも言うべき謎の知的興奮状態をキープしたまま一気に知識を詰め込んだ結果、試験をパスしたのである。私の合格の報を耳にした馬渡先生が初めに発した言葉は今でも忘れない。「ウソだろ⁉」であった。

奇跡的（？）に院試をパスした私が次に突破すべきは卒研である。豊潮丸で藤田先生にいただいたサンプルについては、集まりつつあった文献と比較しながら、秋頃にはそれなりに同定が終わっていた。目的の「クモヒトデに詳しくなること」はかなり達せられたはずである。しかしこれだけでいいのだろうか？せっかく手元にいくつか材料があるのだから、何かもう少し進んだ研究をすべきではないのだろうか？私が卒研を始めた二〇〇六年は、ちょうど「分子系統解析」の設備が色んな研究室に導入され始めた頃であった。馬渡研でも学生・教員問わず盛んに分子系統解析を実施していた。そこで、今後の研究で分子系統解析を避けては通れまいと踏んだ私は、隣席のコケムシの専門家の広瀬雅人先輩（現・東京大学特任助教）に、分子系統解析の教えを乞うこととした。

少し分子系統解析について説明しておく必要があるだろう。分子系統解析とは、現生種のDNAの配列を比較し、それらの系統（類縁）関係を推定する解析手法である。系統関係を表す方法はいくつかあるが、中でも汎用的なのが「系統樹」である。本書では、特に断りがない限り、分子系統解析＝DNA配列の比較に基づく系統樹の作成という意味で使わせていただきたい。系統樹は、生物が一つの祖先を出発点として種分化（ある一つの種が二つの種に分かれること）を繰り返し、現在のような多様な種の構成に至った進化の歴史を、祖先種を根、種分化を枝分かれ、現生種を葉とした樹に見立てて表現したものである。分子系統解析の登場以前は、系統樹は形態や発生学的形質に基づいて描かれていた。しかしその方法では、形質を選ぶ際の主観性を取り除くことができず、系統樹に関しては、その樹形に関する研究者の論争が絶えないこともしばしばであった。そこに二〇世紀の後半に登場したのが分子系統解析であった。

分子系統解析が扱うDNAはデオキシリボース、リン酸、塩基から構成される、核酸と呼ばれる有機化合物である。基本的にはアデニン（A）、グアニン（G）、シトシン（C）、チミン（T）の四種類の塩基の部分がそのDNAの役割を決めていると言え、この組み合わせがそのまま生物の遺伝情報となっている。形態では、どこからどこまでを別の形質とするか判断に迷う場合があるが、DNAの塩基は四種類と決まっているため、まずコンピュータ解析と非常に相性が良い。また、形態では取り出せる形質はせいぜい数十個から多くても一〇〇くらいであるのに比べ、DNAでは一遺伝子領域の解析によって、数百規模の塩基対を形質として比較できる。さらに、DNAの情報は客観的であると言われる。前述したように、形態形質では研究者によって選ばれる形質やその重みづけが異なりうるのだが、DNAはどの研究者が行っても、同じ遺伝子領域を扱っている限りは、同じ配列が得られるはずである。加えて、一つの遺伝子の変異が複数の形態の変異を引き起こす例が知られており、形質は互いに独立でない。これに対してDNAの塩基対の変異が他のDNAに影響するという現象は知られていない。このようにそれぞれの形質が独立であるという点から見ても、DNA配列は系統樹の構築に適しているのである（例えば、上島、一九九六）。

このような理由で、分子系統解析は登場以来、飛躍的な速度で系統・分類学界をあまねく席巻したので

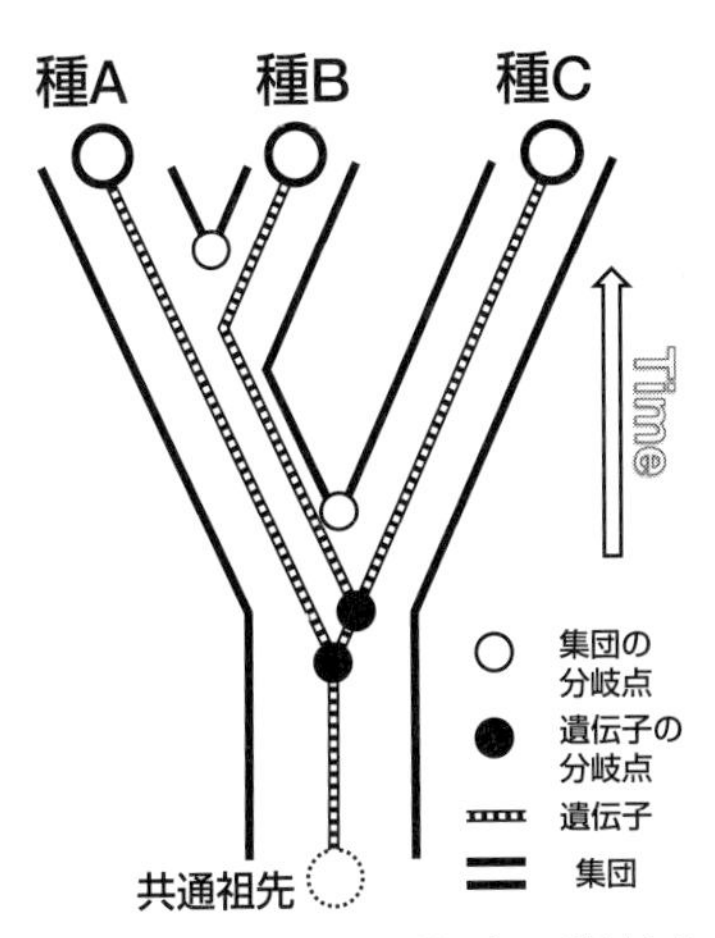

図1・25　遺伝子の系統（点線）と種（集団）の系統（実線の枠）

あるが、DNAが描く系統樹が完全ではないことも、敢えてここに述べておきたい。分子系統解析では現生種のみを用いて祖先のDNA配列を復元する。この点にしっかりと留意していないと、思わぬ落とし穴にはまる。例えば、遺伝子の分化の速度と集団（種）の分化の速度は一定ではなく、前者の方が後者に比べて早いと言われている。もし実際の種分化の過程と遺伝子の分化の過程が異なっている集団の分子系統解析を行った場合、分子系統解析はあくまでも遺伝子の系統樹を描くことになるので、実際の種の系統と異なる可能性が生じてしまう（図1・25）。これは一例だが、このような分子系統解析に関する利点・欠点が述べられた参考書は多々あるので、さらに詳しく勉強したい方は、『分子進化と分子系統学』や『分子系統学への統計的アプローチ』の一読をお勧めする（根井、二〇〇六：藤ら、二〇〇九）。ちなみに、私が系統解析を始めた頃は、解析の規模は遺伝子単位だったが、現在では解析機器の発達に伴い、ゲノム（生体中の、生命活動の営みに必要な全ての遺伝子）を網羅する規模の系統解析も行われ始めている。

閑話休題——私の卒研に話を戻そう。分子実験では、数マイクロリットルの試薬量の違いが結果を左右する。目に見えないＤＮＡを扱うため、試料の管理を怠ると、すぐに試薬の在り処がわからなくなったりする。元来大胆（大雑把）な性格の私には少々不向きであった感も否めなくはなく、分子実験もすんなりとはいかなった。まず、分子系統解析の解析手順は大きく、（一）生物の組織の中からＤＮＡを取り出す「ＤＮＡの抽出」、（二）特定のターゲット遺伝子領域の配列を増幅する「ＰＣＲ反応」、（三）増幅した配列の塩基を蛍光し、解析機器で配列を検出可能とする「シーケンス反応」、に分けられる。これらの詳しい説明は『バイオ実験イラストレイテッド』シリーズなどの実験指南書に譲るが、この中でも特に重要なのがＰＣＲ反応であろう。簡単に解説すると、ＰＣＲ（Polymerase Chain Reaction）反応とは、生体内でＤＮＡが増幅される反応を、ＤＮＡと試薬の混合液に規則的な熱変化を加えることで、人工的に再現する反応である。これにより、特定の遺伝子領域を増幅することができるが、この領域を決定するために、「プライマー」と呼ばれる、二〇〜二五 bp（base pair: 塩基対の数のこと）程度の塩基配列の断片を用いる。このプライマー配列のデザインがＰＣＲの成功の八割を占めると言っても過言ではないと私は思っている。まず私は、当時の最新のクモヒトデの分子系統解析の論文 Smith *et al.*（1995）で使われたプライマーの配列を発注し、実験を行ってみた。結果は散々。ここでの結果とは、ゲル電気泳動のことである。ＰＣＲによるＤＮＡの増幅結果は、ゲル（寒天）の中にＰＣＲの産物を流し込み、電気を流すことで確認する。水中ではリン酸の水酸基（-OH）の水素イオンが電離するため、ＤＮＡは負に帯電している。従って電気が流

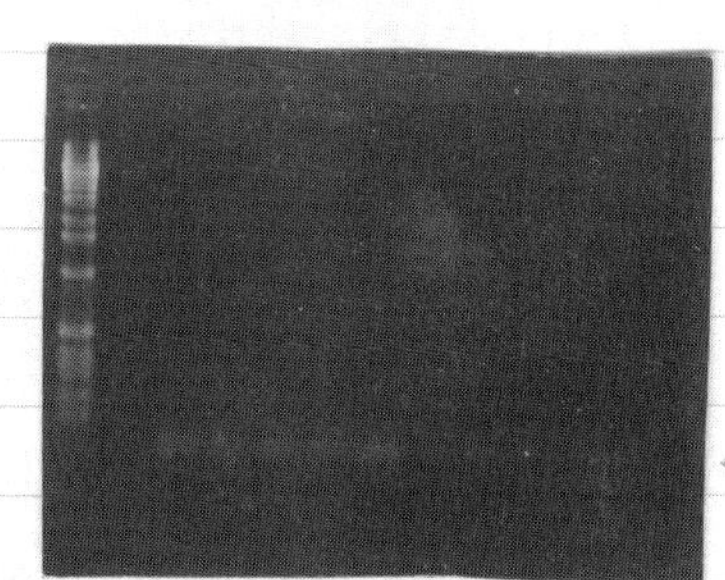

図1・26　初めての分子系統解析の結果．うっすら下の方に出ているバンドはプライマーダイマーと呼ばれる，プライマーなどの短いDNA断片．これが出てもうれしくない．一番左のレーンのバンドの束は，マーカーと呼ばれる市販のDNA配列．あらかじめ長さがわかっている複数のDNA配列がバンドとして見えており，このマーカーの位置と自分の実験結果を見比べて，標的配列のDNA断片の長さを測る

れると、ＤＮＡは正極に引っ張られる。そこで、非常に細かい繊維の網目構造であるゲルの中のＤＮＡに電気を流すと、断片が長いほど、網目構造に引っかかりやすくなる。従って、同じ時間電気を流せば、短いＤＮＡ断片の方が、長い断片よりもゲル内を速く移動する。この性質を利用して、一定の時間でＰＣＲ産物をゲル内で電気的に移動させれば、最終的なゲル内でのＰＣＲ産物の到達位置からそのおおよその断片長が判断できる。これを「電気泳動」と呼ぶ。ゲルには片側にウェルと呼ばれる穴が開いており、ここにＰＣＲ産物を入れることができる。そして、ゲルにＤＮＡと結合して紫外線に対して蛍光反応するようになる試薬を混ぜておけば、電気泳動の過程でＤＮＡとその試薬がゲル内で結合する。この方法により、ＰＣＲ産物が、ゲル内で光るバンドとして視認できるのである。

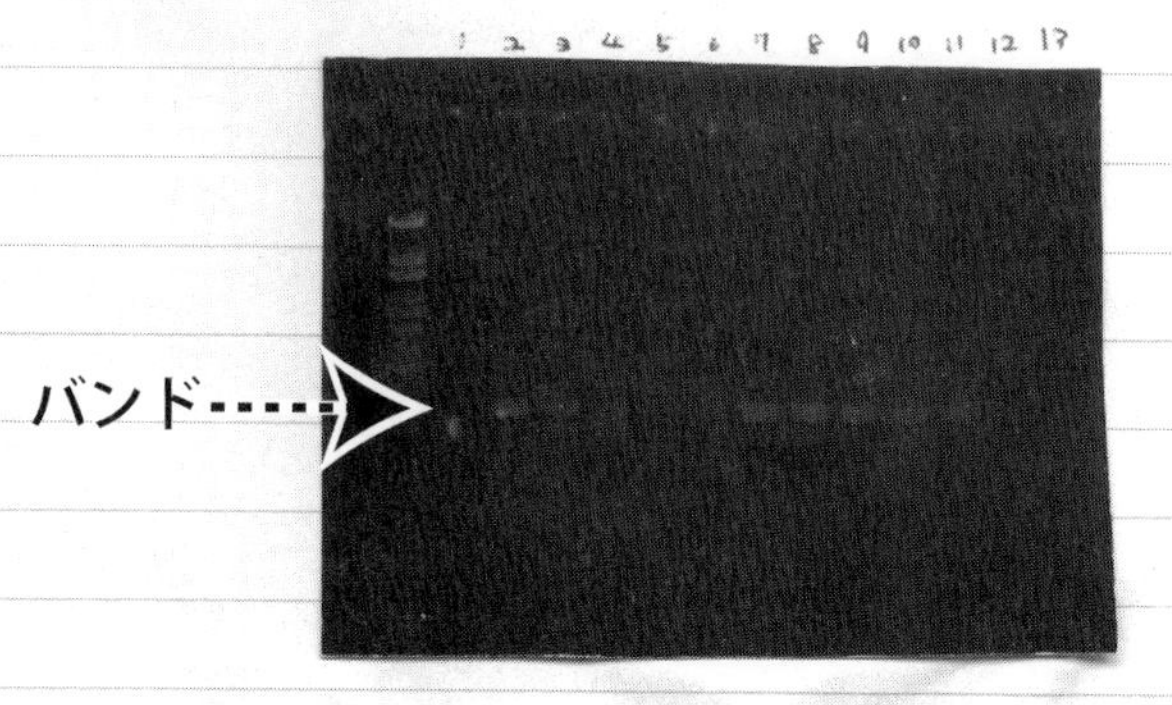

図1・27　ユニバーサルプライマーによる実験結果．やや薄いが，明らかにプライマーダイマーとは異なるバンドが横一線に並んでいる．ちなみに，3, 4番レーンではバンドが二重に見えている．これは，余計な配列まで増えてしまっているので実は失敗なのだが，このときは初めて得られた香港の夜景に歓喜し，それどころではなかった

さて、Smith *et al.*（1995）のプライマーを用いた初PCRはどうだったかというと、結果は真っ暗で何のバンドも見えない。大失敗である（図1・26）。実験サンプル数に対する成功率が高くなると、PCR産物は、それは美しく輝く。私はこの状態を「香港の夜景」と呼んでいる。これに対して真っ暗だったときは「絶望の夜景」である。実験温度や試薬の濃度、さらには元々のDNAの濃度など、様々に条件を変えてみるも、ことごとく「絶望の夜景」の繰り返しであった。一か月近くチャレンジし続け、失敗回数が一五回に達し、まさにお先真っ暗になりかけた私に、同じ多様性講座で当時ポスドクをされていた加藤徹博士（現・北海道大学助教）から「ユニバーサルプライマー」なるものが手渡された。DNA配列は生物間で異なるとは言え、

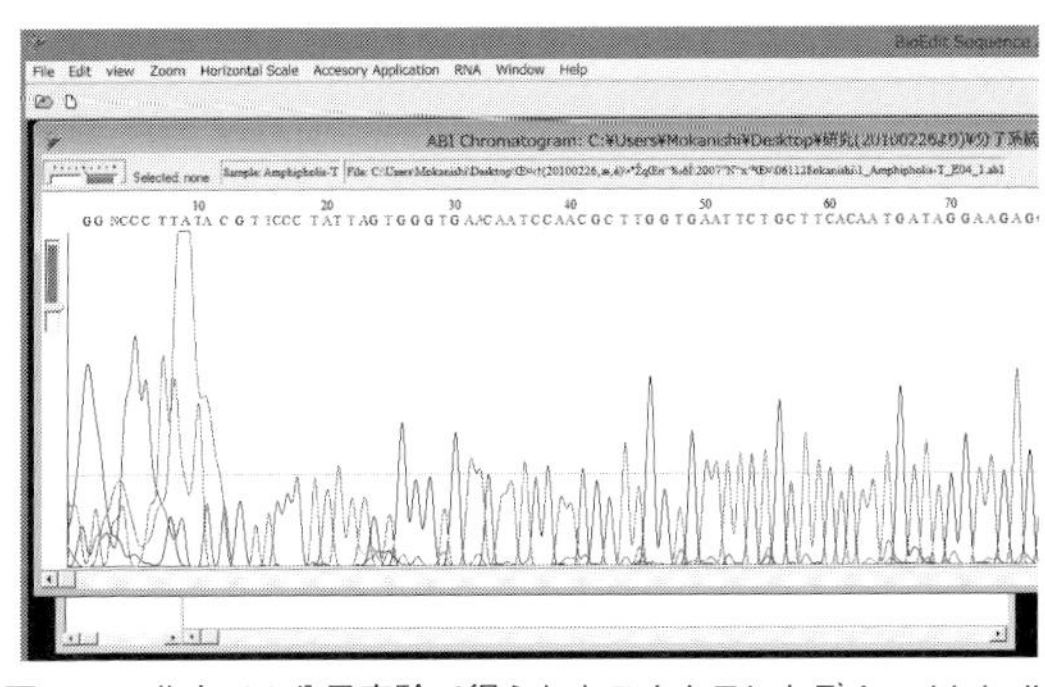

図1・28　北大での分子実験で得られたスナクモヒトデ*Amphipholis kochii*の塩基配列の波形

生命活動の根幹にかかわる部分はそう簡単に変わらず、分類群を超えて共通性が高い。ここをプライマー配列に設定すれば、多くの分類群で共通してPCRに使える。これをユニバーサルプライマーと呼ぶ。そんな代物があったのか！　と思い、分けてもらったプライマーで実験を行ったところ、なんと「香港の夜景」が得られたのである（図1・27）！　プライマー交換の威力に感嘆しつつ、PCRに成功したサンプルたちを、今度はシーケンス反応にかけて、実験室のシーケンサー（配列解析機）にセットした。後はワクワクしながら一晩待ち、翌日に結果を見てみると……おお、配列が波形としてアウトプットされている！　成功である。A、T、G、Cのそれぞれに対応した緑、赤、黒、青の波形が、交互にピークを作りながら、ずらっと横一線に並んでいる（図1・28）。これが、クモヒトデのDNA配列である。このピークを一つひとつ、他のピークと混じっていないか確認しながら、塩基配列を決定するのである。失敗から始まった実験であったが、それだけにうまく結果が得られた喜びはひとしおであった。こうして、卒研で得た試料に関するデータがあらかた出揃い、私が「クモヒトデに詳しい人間」になれたかどうかを確かめるための、卒研発表の時期が近づいた。

北海道大学の卒研発表はポスター形式である。後から知ったのだが、これはどちらかと言えば珍しいようだ。一般に研究発表は、「口頭発表」か「ポスター発表」のどちらかに大別される。口頭発表はパワーポイントなどのスライドを使って、発表（一〇～一五分程度）と、それに続く質疑応答（三～五分程度）を行う。これに対してポスター発表は、高さ一メートル以上もある巨大なポスターをパネルに貼り、発表者はその前で、聴衆に説明するという形式である。私の知る限り、多くの大学の卒研発表は口頭発表で、今の所属の茨城大学がポスター発表なのを知って、また珍しいと思った次第だ。このようなポスター発表を課せられた卒研では、直前になってポスター刷り合戦が始まることが多い。意外に、一発でうまくいかなかったりする。私の場合は、自分のPCのパワーポイント（でポスターを作った）のバージョンが印刷用のPCのバージョンにうまく合わなかったようで、印刷してみて初めて変な模様が入ることに気づき、新しく作り直す羽目となった。幸い軽微な修正で済み、致命傷には至らなかったが、もっとギリギリ、発表当日の朝まで印刷にかかりきりだった人もいたようだ。卒研当日は聴衆でひしめいて大盛況であった。

私の卒研の内容は、とにかく手元に集まったクモヒトデの標本を片っ端から同定し、分子系統解析も行って、系統関係も構築してみようというものだった。紙面の都合上省いたが、私は豊潮丸航海の後、北海道の南方の襟裳岬や、東方の厚岸でも磯採集を行い、ウミグモの研究をされていた高橋芳枝先輩が採集された日本海の標本をもらったりして、総計一二八〇個体のクモヒトデを手元に集めていた。これらを一一科一五属二一種に同定し、そのうち八科一一属一七種を用いた分子系統樹も作成した。分子系統樹は、いくつかの科の分類を支持しない結果を示した。分子系統解析の話は後の章に譲り、ここでは詳しくは述べないこととする。こんな感じで、実にオーソドックスな系統分類学的研究であったが、何人かの方々が私のポスターを見に来てくださり、貴重なご意見もたくさんいただいた。そして、何とか問題なく北海道大学生物科学科を卒業できる運びとなった。

北大に入学して系統分類学に出会い、野外でのサンプル収集、文献収集と同定、そして分子系統解析という一通りの作業を経験することができた。北大に通っていなければ、馬渡研に出会っていなければ、今の研究者としての私は、きっとなかっただろうと思う。北海道で出会った人や、経験したこと、そのいずれが欠けても私の人生は全く別のものになっていただろう。系統分類学に出会うきっかけを与えてくださった杙原先生をはじめ、北大で出会った全ての人々に、改めてここで感謝の言葉を送りたいと思う。

さて、思わず締めに入りそうになってしまったが、本書はここからが本番である。私の本格的な研究は、科博で始まった。いよいよ、本書のタイトル「深海生物テヅルモヅルの謎」に挑む、ある学生の物語の幕開けである。

コラム・棘皮動物②

棘皮動物は本当に不思議な分類群である。前コラムで大雑把な体のつくりに触れたが、今度は体の内部、

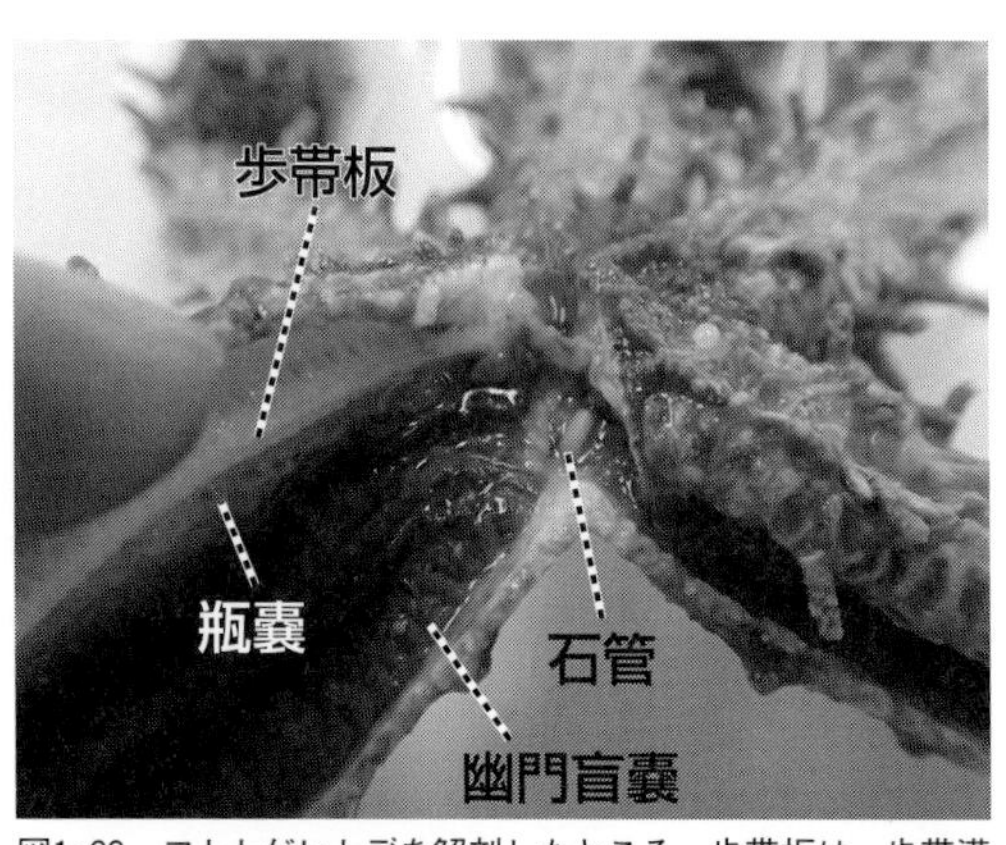

図1・29　フトトゲヒトデを解剖したところ．歩帯板は，歩帯溝を構成する骨格の一部，瓶嚢は水管内の圧力を調整する器官，幽門盲嚢は消化管である

水管系について紹介しよう。クモヒトデとヒトデの違いのところでも少し触れたが、彼らは管足（クモヒトデでは触手）と呼ばれる柔らかい器官を使って移動や食事をする。この管足、我々の髪などのように、体の表面から生えているわけではない。これは水管系の末端である。棘皮動物の体の中には「水管」と呼ばれる、我々で言うところの血管のような管が張り巡らされている。この管の末端が触手や吸盤のような形になって、体表の穴を通って体の外側に出たものが管足、あるいは触手である。この水管の中には、ほぼ海水と変わらない成分の液体が満たされており、あちこちに心臓の弁と同じような仕切りがある。また、ところどころに瓶嚢と呼ばれる、ちょうどスポイトと同じ形をした圧力調整器官がある。この仕切りや瓶嚢をうまく使うことで、水管内の膨圧は自在に調整されている。膨圧を自在に変えられるといいことがある。これで管足を動かすことができるのだ。もし我々の指のように、管足の内部にみっちり筋肉を発達させようとすると、それを作るにも動かすにも大変なエネルギーを要する。これに比べて、膨圧で動かすだけならば、水管を縮められるだけの筋肉が、表層だけにあればよいので非常にリーズナブルである。この水管に水を取り入れる外界との入

口が多孔体である。例えばヒトデでは、多孔体は体の内側ですぐに「石管」と呼ばれる石灰質の管に通じており、さらにそのすぐ後に柔らかい水管に連絡する。そしてそれが口の付近で体中に放射状に枝分かれしている（図1・29）。

ナマコをいじめていると内臓を全て吐き出してしまうことがある。腸、呼吸器、腸間膜など、本当に「全て」である。それなのに、数か月するとナマコの内臓はまた完全復活する。これは水管のおかげだ。彼らは水管があれば歩くことができるし、物質を体中に循環させられるし、水管を通じて酸素や栄養分を取り込むことができる。腸が復活すれば、口の周りの触手（これも水管）を使って、砂を食べる生活にすぐさま復帰できる。彼らにとって、水管とは足であり、消化管であり、心臓であり、肺であり、腸であり、口であり、そして手でもある。このように水管は、棘皮動物に独特の、なくてはならない大切な器官である。

第2章 テヅルモヅルを収集せよ

1 博物館に所属する

国立科学博物館は、大学とは大きく異なる環境であった。まず学生の数が少ない。私が院生として藤田研に所属した当初、東大の連携大学院として在籍している学生は、私を合わせてたったの三人であった。当時新宿にあった科博分館の研究部は東大としか連携していなかったので、これが全て。組織の中に、学生が三人しかいないのである。うち一人は会社勤務と研究の掛け持ちだったので、ある意味「純粋な」院生は私を含めて二人であった。また、私が入学した二〇〇七年の四月は、藤田先生の所属する海産無脊椎動物研究グループの特別展示「相模湾の生物　きのう・きょう・あす」の開催時期であったため、藤田先生はそちらの方にかなりの時間を割かれ、あまりお会いすることはなかった。ということで、北大でたくさんの学生に囲まれていた私にとっては、急に周りに人がいなくなってしまったのである。今にしてみれば誰にも邪魔されない最高の研究環境だが、当時の私には環境変化に対する戸惑いの方が大きかった。とりあえず、「テヅルモヅル類」に研究対象を絞るというテーマだけは決まっていた。テヅルモヅルの説明に関しては、コラム（「テヅルモヅル」ってどんな分類群？）を参照してほしい。本書を手に取った方の中には、子供の頃から深海生物大好きな私が、大学で満を持してテヅルモヅル研究に着手した物語を想像された方もいらっしゃったかもしれないが、そんなことは全くない。私がテヅルモヅルを研究テーマに選んだ経緯は以下の通りである。

院試合格が決まった日にたまたま東京にいた私は、藤田先生に、合格祝いで居酒屋に連れて行ってもらったのだが、そのときに、藤田先生がちらっと「テヅルモヅルとかいいと思うんだよね……」というお話をされていたのだ。前述したように、私は甲殻類にも似たカチカチ感が楽しめるからクモヒトデを選んだのである。これに対し、テヅルモヅルは皮が厚く発達してブヨブヨのヤツが多く、いかにも「難しい分類群」のオーラを放っていたので、正直あまり乗り気でなかった。しかし、その後半年の間、藤田先生のお言葉をなんとなく頭の中で反芻するうちに、自己催眠のように「まあ、いいかな」→「悪くないかも」→「すごくいいのでは？」と段々と気持ちが変化していき、藤田研に所属した頃には「私がテヅルモヅルをやらずして！」と言い放てるくらいに、気概だけは一人前になっていたのである。

こんなわけで、妙な勢いでテヅルモヅルを研究対象とすることに決まったのであるが、まずやることと言えば、やはり文献収集なのであった。しかし、修士の目標はこれまでのように「クモヒトデに詳しくなる」ではダメで、「テヅルモヅルに関しての古今東西の研究を完全に押さえ、その上で何か新しい発見を為す」くらいに据えなくてはならない。つまり、文献に関して言えば、抜けなく、きっちりとテヅルモヅルの論文を集めなくてはならないのだ。幸いなことに、藤田先生の長年の努力により、クモヒトデ類に関する相当数の文献が収集されていた。この中から、テヅルモヅルに関するものを片っ端からコピーする日々がまた始まったのである。また、博物館の利点はなんといってもその莫大な標本の数々である。歴代の科博の先生方が集められてきたコレクションには、相当に珍しいものも含まれている。環境は確かに変化したのだ。それも良い方向に！　フィールドワークに行かなくても、科博の標本ベースで仕事をするだけでも、何らかの成果はあげられるに違いない。まずはそれを目指そう。……その私の目論見は見事に外れる

図2・1　国立科学博物館自然史標本棟の液浸標本庫のテヅルモヅル類の整理中の標本棚

こととなる。

同定ができないのである。確かに博物館には多数の標本があった(図2・1)。恐らく何十種と。北大で得たノウハウを活かして、文献と標本をにらめっこで比較し続けた。しかし、そのノウハウが全くと言ってよいほど役に立たない。皮がブヨブヨで、これまでに見ていた骨片が、そもそも見えないのだ。あるいはあったとしても、ほとんど同じような大きさの骨片が、均等に体表を覆っているだけ(図1・9)。おまけに、文献をつぶさに見比べていくと、研究者によって着目している分類形質がバラバラなのである。

ここでやっと気づいた。自分は今「分類」をしているのだと。北大では「同定」をしているにすぎなかった。卒研で扱ったのは分類についてある程度決着がついている簡単な分類群だから、研究を始めたばかりの学生でも種名を決められたのだ。しかし、実際にある分類群を網羅しようと思うと、研究が中途で、種内の個体変異などがはっきり把握されないまま種名が乱立している分類群にも突き当らざるを得ない。そしてそれに真剣に向き合うことこそが、真の「分類学」的な作業なのだ。今まではそれに当たらなかっただけで、今、まさにテヅルモヅル類において、私は「分類学」に対面したのである。周りに学生がいない孤独感も相まって、私は早々に落ち込んだ。勿論藤田先生はお忙しい中で色々と環境を整備してくださっているのだが（なんと専用のデスクトップPCを買い与えてくださった！）、先生とて完全に把握できていない分類群——だからこそテーマとして与えてくださったのだが——の答えを、自分で見つけなくてはならないのである。研究を始めたばかりの学生に突き付けられたこの暗中模索の課題は、彼を途方に暮れさせるに十分だった。

何を甘えたことを、と言われても仕方がない思考回路である。なぜならば、手探りであることが研究の本質で、「謎だらけ＝やりがいがある」と本来は捉え、奮起すべきだ。しかし私がこのように失望感を抱いたのには、もう一つ理由があった。実は分類学は、おそらく生物系の中でも最も論文が出やすい分野の一つである。突き詰めて言えば、新種が一種でも見つかれば、論文にできる（それが良いか悪いかは別として）。私は卒研のデータは成果にしなかったが、分類の世界では、一年の段階で論文がある修士学生も少なくない。科博に来た当初は、まずは科博の標本の中に新種を発見して、論文を書こうと思っていた。というのも、一年後、修士二年の五月の時期には「学振DC」の申請があるからだ。「学振」とは「日本学術振興会」の略で、研究に使うための科学研究助成事業、いわゆる「科研費」を研究者に交付している文部科学省の組織である。この学振は、毎年、博士課程に入学する学生と、博士取得後五年以内の若手研究者のうち、特に優秀な者に給与と研究費を供与する「特別研究員制度」を設けている。前者は「学振DC」、後者は「学振PD」と呼ばれ、これらは現在の若手研究者の登竜門とも言われており、このどち

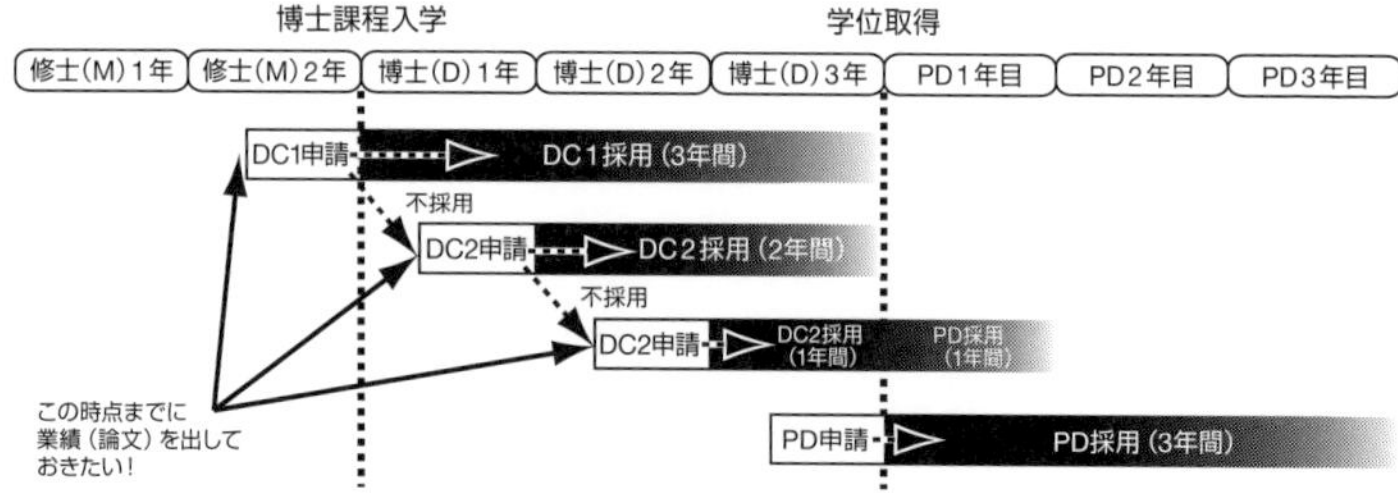

図2・2　学振特別研究員申請のスケジュール

らかを経験している研究者の割合はかなり高い。従って、本気で研究者を目指す学生は、まずは、ほとんどがこのDC採用を目指す。そして、DCに採用されるためには、申請の段階（五〜六月）で業績を積み上げておく必要があり（勿論業績が全てではないが）、その業績の最たるものが論文なのである。DCの申請書の業績欄に論文を載せるためには、雑誌に論文を投稿して採択されている必要があるが、投稿から採択までは短くても三か月はかかるのが普通である。ということは、遅くても修士一年の年明けくらいには論文を完成させ、投稿しなくてはならない。そうして逆算していくと、修士に入ってすぐに論文を書き始めないと間に合わないことになる（図2・2）。それならば、科博の標本を片っ端から使って卒研のときの分子系統解析をさらに進めて論文にすればいいじゃないか、という話になるかもしれないが、論文化を目指した「本気の」解析をしようとすると、今度は修士一年の学生にはとても研究費を工面できない。北大のときは、お試しということで、研究室の試薬などを少し使わせてもらっていた。さらに、博物館の標本は古いものが多く、形態観察はできても長年の保存液の干渉によってDNAが壊れてしまっていることが多い。このように、早く論文を書きたいと考えている私にとって、標本を見ても進展がない修士一年の春は焦りが募るばかりの、本当に苦しい時期だったと記憶している。しかし、それでも私の心の拠り所となっているイベントがあった。「乗船調査」である。

科博に来てすぐに、乗船のチャンスが舞い込んだ。中央水産研究所の調査船「蒼鷹丸」のベントス調査に、アルバイトとして乗せてもらえることになったのである。しかも期間は一か月。横浜出港→東北沖→津軽海峡→日本海→小樽→オホーツク海→釧路沖→東北沖→横浜という、北日本をほぼ一周するコースである。豊潮丸調査では、一週間弱であんなに楽しかったのだ。今回は一か月！　相当に楽しいに違いない。それに、これだけ大規模な調査ならば、DNA解析用のサンプルや、新種がたくさん採れるに違いない。しかも途中で小樽に寄港するため、札幌の懐かしき面々にも再会できるはず！　楽しみだらけだ。私の中で蒼鷹丸航海は、孤独の鬱憤を払うための起死回生のイベントとして輝き続けていた。航海が始まる七月中旬まではそれを心の支えとして、とにかく文献収集や標本観察に打ち込んだ。超微細構造が観察できる走査型電子顕微鏡（SEM）の使い方も覚え、骨片などを観察した。それでも相変わらず分類はわからないままだったが、蒼鷹丸航海で得られるはずのサンプルでスタートダッシュを切るための下準備と思い、ひたすらに観察データを集め続けた。そして、いよいよ航海が始まり、終わった。

得られた成果は「一種」であった。

コラム・ＤＣを目指す？

本来、ＤＣを目指すために論文を書く、という考えは本末転倒である。ＤＣとは、研究職に就くことを真面目に見据えている将来性のある学生を研究に専念させるための制度であって、申請時点での研究計画と業績を判断材料にするわけで、ＤＣの申請時期に合わせて研究計画を立てるべきではない。しかし、それでも私は、院生がＤＣに合わせて研究を進めることを咎める気にはならない。学生にとって、金銭問題はやはり大きい。多くの博士課程の学生が、生活費をアルバイトで賄いながら、博士号の取得を目指して研究を進めている。勿論ＤＣを取らずに研究者になっている人だってたくさんいるわけだが、生活面が保証され、かつ研究費ももらえるＤＣでいられることは、金銭面だけでなく、精神面的にも、相当救われるはずである、と私は思っている。勿論奨学金という手はあるが、これはなかなかの借金である。ただでさえ博士に職がないこのご時世に、卒業した瞬間に数百万円の債務を負うのである。お金は、人を豊かにもするし荒ませもする。アルバイトをしながら、「この時間を研究に充てられればなあ」と思うとやるせなくなり、研究自体へのモチベーションも段々と下がってしまう気持ちは、痛いほどよくわかる。それでも歯を食いしばって研究に打ち込み、ＤＣに一縷の望みを託そうとしている博士課程の学生に、「ＤＣに間に合わせるために論文を書くなんて、言語道断だ」とは、私は口が裂けても言えない。

ただし、ＤＣのために指導教官が代わりに論文を書く、という方針には、私は反対を表明しておきたい。たとえ、データは百パーセント学生が出したものだとしても、論文の文章は学生が書くべきだ。少なくとも第一稿は完全に学生が書き上げ、そこから指導教官との議論を経て、徐々に論文を完成に近づけていくべきである。そうでないと、文章をもって人に論ずる、という過程の重要性が学べなくなってしまう。また、あえてはっきり言ってしまえば、相当な時間をかけて、原稿を一から完成させようとしている学生と、それに真摯に向き合い、勝るとも劣らない時間をかけて添削を行っている教員に対して、不公平とは言えないだろうか？　まずはDCを取ってから、博士課程でじっくり、という方針で成功している例もあるかもしれないが、それでも私はそのような方針には違和感を覚えざるを得ない。いずれにせよ、DCは確かに博士を志す学生にとっては憧れの制度には違いないが、かと言って過度にそれを意識しすぎるのは、教員にとっても学生にとっても問題である。

2　孤独との戦い

実際には三種が採れた。しかしそのうち二種は既知種で、DNA解析用の標本が科博にあったので、実質的な成果は、DNA解析用の標本が一種であった。そして、それは、どうやら新種ではないようだった。心待ちにしていた蒼鷹丸航海がほぼ空振りに終わったショックは大きかった。これは航路の問題で、蒼鷹丸の設備、スタッフに不手際があったわけでは勿論ない。むしろ、蒼鷹丸は調査船として非常に充実した環境を提供してくださり、航海自体は大変勉強になることばかりで、船長をはじめとする船員の皆様や、主任研究員の森田貴己氏、藤本賢氏、皆川昌幸氏には、本当にお世話になったことだけはここに書き記しておきたい。しかしやはりサンプルが得られなければ意味がない。アルバイト代は大変ありがたかったが、もしそれをサンプルと引き換えにできるのであれば、喜んでそうしただろう。空手のまま小樽に入港し、札幌で旧友に再会した夜、よく朝まで飲み明かした懐かしの居酒屋で、私は泣いた。こんなはずではなかった。意気揚々と東京に進出し、華々しく凱旋するはずだった。それが、何の成果も出せずにいる。そのことが悔しくて、それまで抑えていた孤独、将来の不安、東京での慣れない暮らし、などの鬱憤が、一気に涙としてあふれ出るのを、私は止めることができなかった。そして、誰も私を慰めなかった。慰めようがないし、それは、私が自分で選んだ道なのだ。少しは救われると期待した札幌での一夜が明け、そして私を取り巻く状況は何も変わっていなかった。相変わらず目の前には現実だけがある。これが、研究するということなのだ。誰の力も当てにすることはできない。自分の力だけで解決するしかないのだ。全てのぜい肉をそぎ落とした、本当の私の独力、私自身の価値が、今試されようとしているのかもしれない。ぼんやりとそんなことを考えながら、札幌を発つ電車に乗って再び小樽へと向かった。

小樽を発った後の航海でも、テヅルモヅルはほとんど何も得られなかった。科博に持ち帰った成果はほぼ無に等しい。結局、何も変わらなかった。私の表層意識に「就職」の二文字が色濃く浮かび上がってくる。実際、船から戻り、藤田先生に就職に関する相談をし始めていた。藤田先生は私の自由にすればいいとおっしゃってくださった。でも、このまま何もせずに終わるのは嫌だった。せっかく打ち込めると思った学問なのだから、終わらせるのなら、もう少しだけ、何かを為したかった。そう考えると少し気持ちが楽になり、自分がいまできることを改めて考えよう、という気持ちになってきた。そこで、一つの分類群

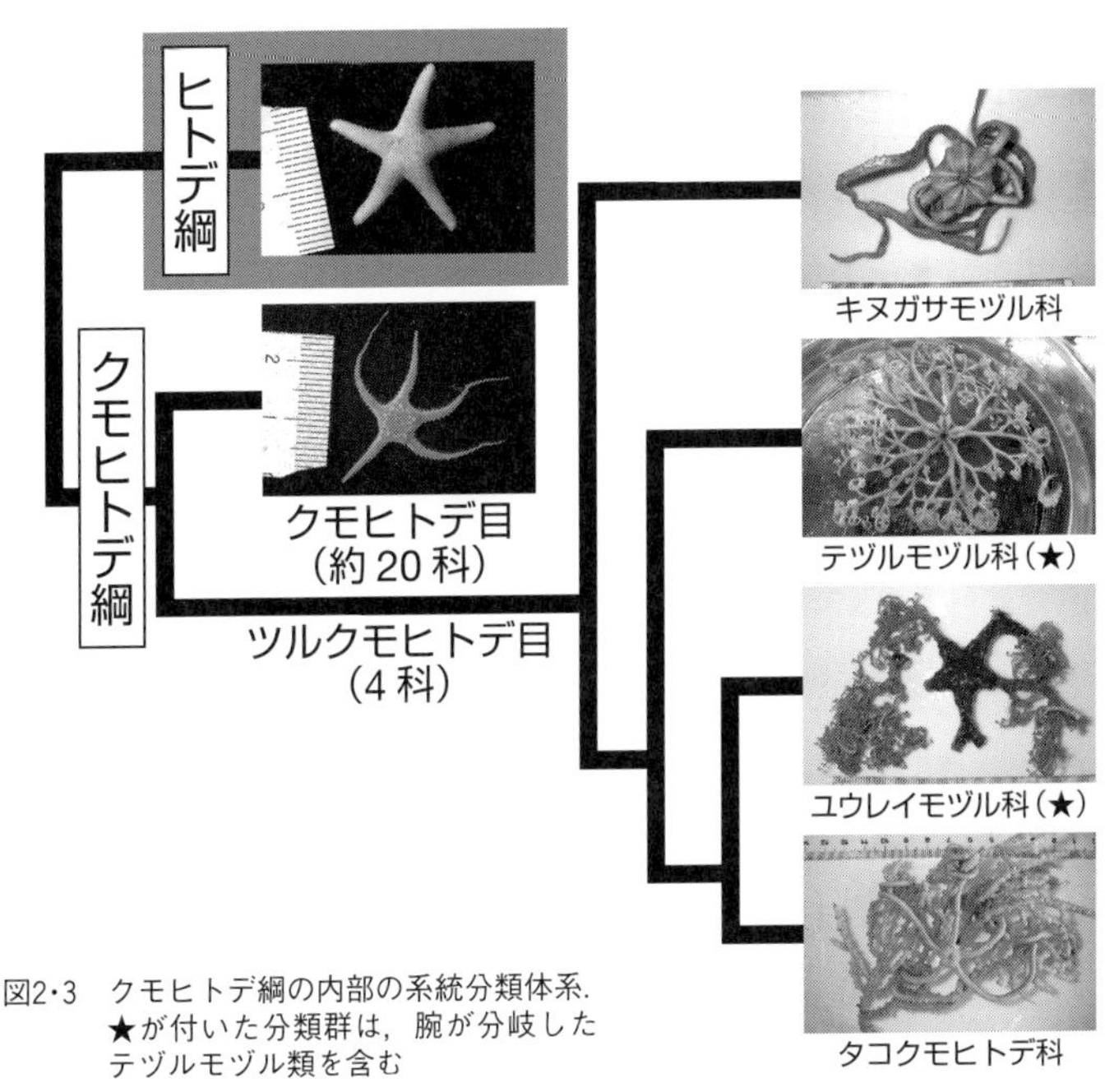

図2・3　クモヒトデ綱の内部の系統分類体系．★が付いた分類群は，腕が分岐したテヅルモヅル類を含む

に対象を絞り、「徹底的に」それを調べてやることにしたのである。それでだめならば、もう就職活動をしよう。修士一年の秋ならばまだ間に合う。それまでは、分類学の世界に没頭しようと、心に決めた。

色々と吟味した結果、私は「タコクモヒトデ科」を研究対象とすることに決めた。ここで少しクモヒトデ全体の系統分類についてご説明しよう。クモヒトデ綱は大きく、「クモヒトデ目」と「ツルクモヒトデ目」に分類される。この本のタイトルにもあるテヅルモヅルはツルクモヒトデ目に属する。クモヒトデ目はいわゆる普通のクモヒトデで、浅海から深海まであらゆる海域に生息する。私が卒研で分子系統解析に用いた一七種は、全てこのクモヒトデ目である。対してツルクモヒトデ目は、多くが水

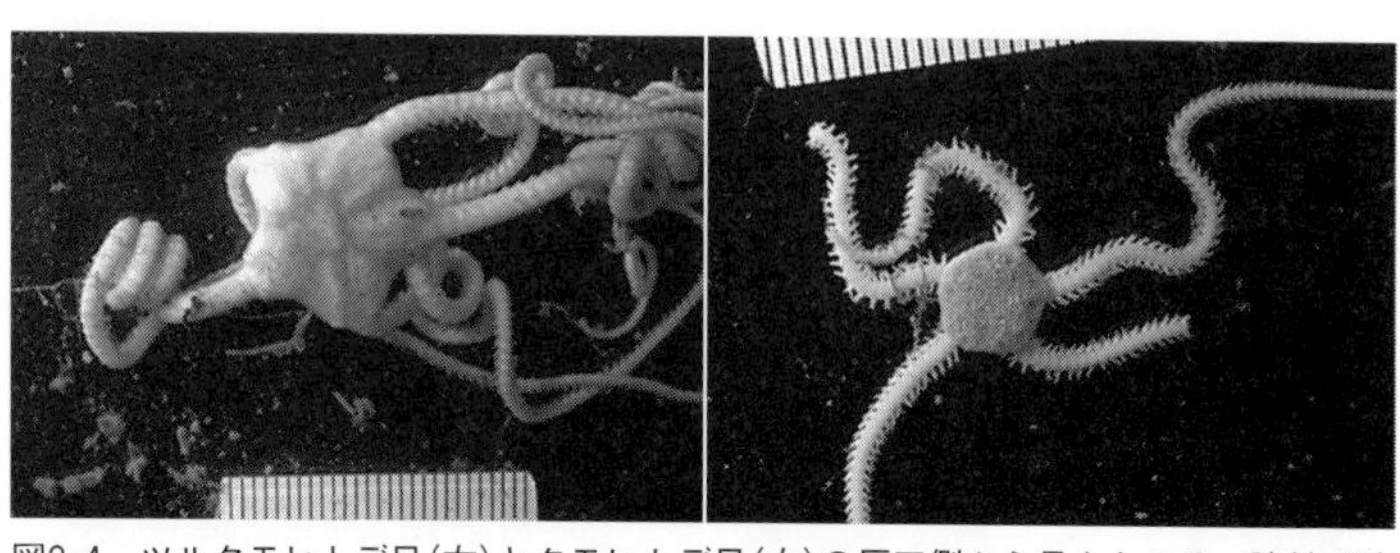

図2・4　ツルクモヒトデ目(左)とクモヒトデ目(右)の反口側から見たところ．腕針が腕の口側にあるツルクモヒトデ目では腕がぬるっとして見えるが，腕針が側面にあるクモヒトデ目では腕がフサフサして見える

深一〇〇メートル以深の深場に生息するグループである。クモヒトデ目と比べるとどちらかと言えば採集される機会は稀である。ちなみに、クモヒトデ目とツルクモヒトデ目の最も簡単な見分け方は、腕針の配置である。ツルクモヒトデ目では腕針が腕の口側に配置し、クモヒトデ目では側面に配置する。なので、反口側からこれらを見比べると、前者では腕が「ぬるっ」としており、後者ではなんだか「フサフサ」して見える（岡西、二〇一三）（図2・4）。ツルクモヒトデ目の中に目を向けると、私が研究を始めた当初は、形態に基づいて「テヅルモヅル科」、「タコクモヒトデ科」、「ユウレイモヅル科」、「キヌガサモヅル科」の四つの科が知られていた。このうちタコクモヒトデ科は、「タコクモヒトデ属（*Ophiocreas*）」、「ヒトデモドキ属（*Asteroschema*）」、「ヒメモヅル属（*Astrocharis*）」、「*Astrobrachion*（オセアニアの属で和名なし）」の四属を含むが、体表面が一様な形の骨片や皮に覆われており、クモヒトデの分類の大きな指標の一つとなる骨片、特に顎を構成する骨片が確認しにくいという点から、おそらくクモヒトデの中でも最も分類が難しいグループの一つであった（図2・5）。加えて、研究者によって形態を見る精度が違い、例えばある研究者が同種と考えている範囲の形の違いでも、

図2・5　タコクモヒトデ科の体表面の形態．a-c：盤の反口側の様子．*Asteroschema oligactes* は棘状の骨片に（a），*Ophiocreas alutinosus* は厚い皮に（b），*Asteroschema tubiferum* は顆粒状の骨片に（c），それぞれ覆われる．d：*Ophiocreas glutinosus* の口側の様子．スケールは1mm

別の研究者は別種としているため、四属に五〇種近くを数える大分類群（ツルクモヒトデ目の中では）に膨れ上がっていた。まさしく分類が混乱している状態にあったのである。

私がこの分類群を選び以下のことを「徹底的に」やってやろうと考えた。一つは「文献情報の精査」で、これは過去のタコクモヒトデ科に関する全記載文を詳細にチェックし、そこに書かれている形態情報を整理し、まとめるというもの。もう一つは、これまで見られてこなかった体表の微小な骨片の形を、SEMを使ってつぶさに観察してやろう、というものである。このデータをまとめ、DNAでなく、形態情報に基づいて系統樹を描いてやろうと考えたのだ。思い立ったのが蒼鷹丸を下船してすぐ、真夏真っ盛りの時期だったので、秋までの二か月弱の間が勝負だった。

まず、文献に関しては、英語の他、ドイツ語、フランス語の論文を調べる必要があった。というのも、ドイツの著名な分類学者ルートウィヒ・デーデルライン（Ludwig Döderlein）とフランスの動物学者リーン・ケーラー（Rene Koehler）が、二〇世紀前半にタコクモヒトデ科を含むツルクモヒトデ目に関する大論文を発表しており、これがそれぞれドイツ語とフランス語だったのである（Döderlein, 1911, 1927; Koehler, 1930）。初めは辞書を片手に翻訳に取り組んだが、天性の語学センスの欠如が進行を妨げてすぐに二か月ではどうにもならないと判明したので、別の方法を考えることとした。天下のＩＴ企業たるGoogleの力を借りるのである。ドイツ語とフランス語をひたすら電子媒体に起こし、Google翻訳に打ち込むのだ。アルファベット言語から日本語への翻訳は、かなり無理がある。少なくとも私がGoogle翻訳を使った二〇〇七年当初は、まともな日本語変換がなされた試しがなかった。しかしアルファベット圏言語からアルファベット圏言語へは高精度で翻訳がなされ、アウトプットされた英語は、ほとんど問題なく読めた。翻訳されずに残される形態の専門用語だけであれば、辞書を引く作業もそれほど時間はかからない。同時に、ＳＥＭによる微細な骨片の観察も始めた。タコクモヒトデ科は、表面が厚い皮に覆われたタコクモヒトデ属（*Ophiocreas*）の分類が特に難しく、「皮のたるみ具合」、などといった主観的な分類形質が用いられていた。しかしそのような形質は、成長によって変化してもよさそうなものである。何か他に形質はないだろうかと観察を続けていたところ、あるとき、タコクモヒトデ属の一種の*Ophiocreas glutinosus*の皮の中に何かが埋まっているのを発見した。それは、一ミリメートルにも満たないごくごく微小な骨片であった。ふいに私はナマコの話を思い出した。ナマコも厚い皮に覆われた棘皮動物であるが、その分類形質には皮

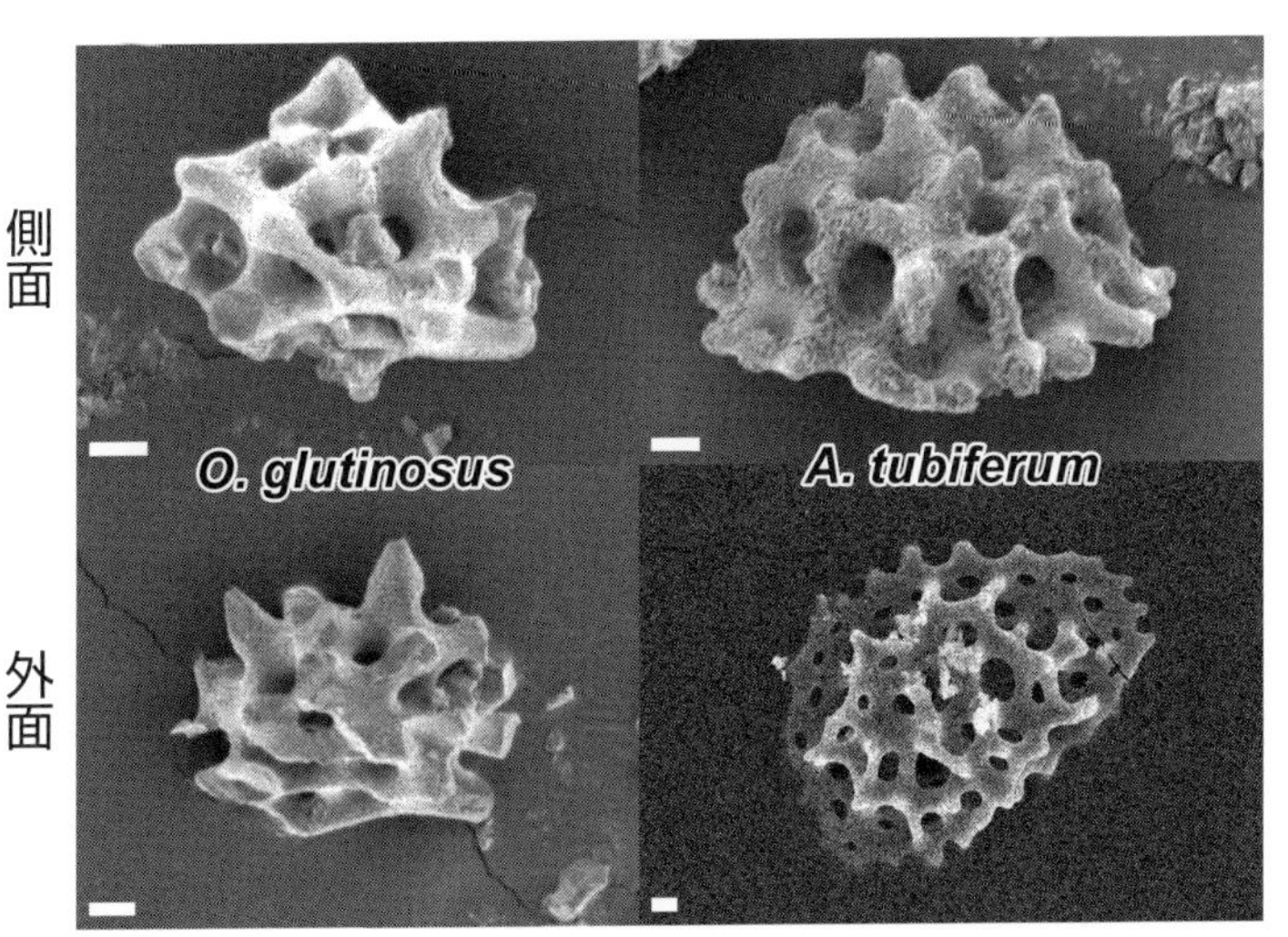

図2・6　*Ophiocreas glutinosus* と *Asteroschema tubiferum* の体表の骨片のSEM画像．上段が側面，下段が上面からみた様子．スケールは0.1 mm

の中の微小な骨片の形状や配置などが用いられている。もしや、と思い、タコクモヒトデ属の皮の厚い種の表皮を切り出し、キッチンハイターに漬けて溶かしてやると、非常に小さな骨片が残ったのである。これを乾燥させて取り出してやることで簡単に観察することもできた（図2・6）。例えばデーデルライン（一九一一）は、*Ophiocreas glutinosus* を記載した際に、その皮には一切の骨片は含まれない、と記載しているが、そんなことはないようである。また、この骨片の形は、タコクモヒトデ科のヒトデモドキ属（*Asteroschema*）の体表面を覆っている骨片の形に酷似しているようだ（図2・6）。これは使えるかもしれない。従来使われていた形質だけでなく、このような形質も全て絞りだし、丹念に形質を洗い出していった。

九月の中旬頃、タコクモヒトデ科の全種の形質の抽出が完了した。元来、形質が少ない種であったので、得られた形質はせいぜい十数個であったが、それでも解析はできる。科博の所蔵標本を含めて形質を数値化し、同室の、もう一人の東大の連携大学院の院生であった穿孔性二枚貝の専門家の芳賀拓真先輩に、当時の系統解析の中心的ソフトウェアだった〝paup*〟にデータを打ち込んでもらい、系統樹を作成した。

アウトプットされたのは、何もわからない系統樹であった。

コラム・「テヅルモヅル」ってどんな分類群？

腕が分岐するクモヒトデ類のことをテヅルモヅルという。水中で腕を広げると、大きなものでは一メートルをゆうに超える圧倒的な存在感の持ち主で、それだけに、これまでこのグループに関する分類学的な研究には注目が集まってきた。古くはLamarck（1816）などはテヅルモヅルを一つのグループとしてまとめていたが、Müller and Troschel（1842）などは、腕の分岐は系統を反映しておらず、テヅルモヅルと腕の分岐しないツルクモヒトデは仲間としてまとめられることを認識していたようである。そして私がテヅルモヅルに携わった頃には、テヅルモヅル類は、ツルクモヒトデ目の中のテヅルモヅル科とユウレイモヅル科に含まれる腕の分岐するグループ、となっていた（図2・3）。名前のインパクトから「テヅルモヅル」という単語はよく使われるのだが、これは何かのまとまった分類群を表した言葉ではなく、ツルクモヒトデ目の各系統にバラバラに存在する、腕が分岐する種、ということになる。

そこで、タイトルに「テヅルモヅル」を含めておいて恐縮だが、本書では、特に断りがない限り、私が大学院で扱った分類群は「ツルクモヒトデ目」という言葉に統一させていただきたい。

3 一筋の光明

一応、藤田先生にも系統樹をお見せしたが、同様にこれでは何もわからないね、というお答えだった。古い文献の記載には現在の記載に使われているような形質が全て載っているわけではなく、取り出せた形質が少なすぎたのであろう。また、成長による形質の変化が加味できなかったのも痛いところだ。総合的に考えて、やはり現時点でタコクモヒトデ類の形態による系統解析を行うのは無理があったようだ。

万策尽きた。結局、私は分類学に縁がなかったのであろう。やれることはやったはずだ。時期も時期だし、そろそろ諦めをつけて、就職活動でも始めるとするか……そんな風に考え始めたとき、ふと引っかかることがあった。そういえば、一応これでタコクモヒトデ科の全種の記載を見たことになる。しかし、今までに片っ端から観察した科博のタコクモヒトデ科の標本の中に、その知識を総動員しても、どうにも同定できない変な標本があることに気づいた。記憶を頼りにもう一度標本庫を漁ってみた。あった。二〇〇三年六月の豊潮丸航海で、奄美諸島一六〇メートル沖で採られたそれは、形態からはヒトデモドキ属（*Asteroschema*）であると思われるのだが、どうも体の表面を覆う骨片の形が、既知の種と異なる。本属は三五種を含む、ツルクモヒトデ目の中では比較的種数の多い属だが（Okanishi and Fujita, 2009; Parameswaran

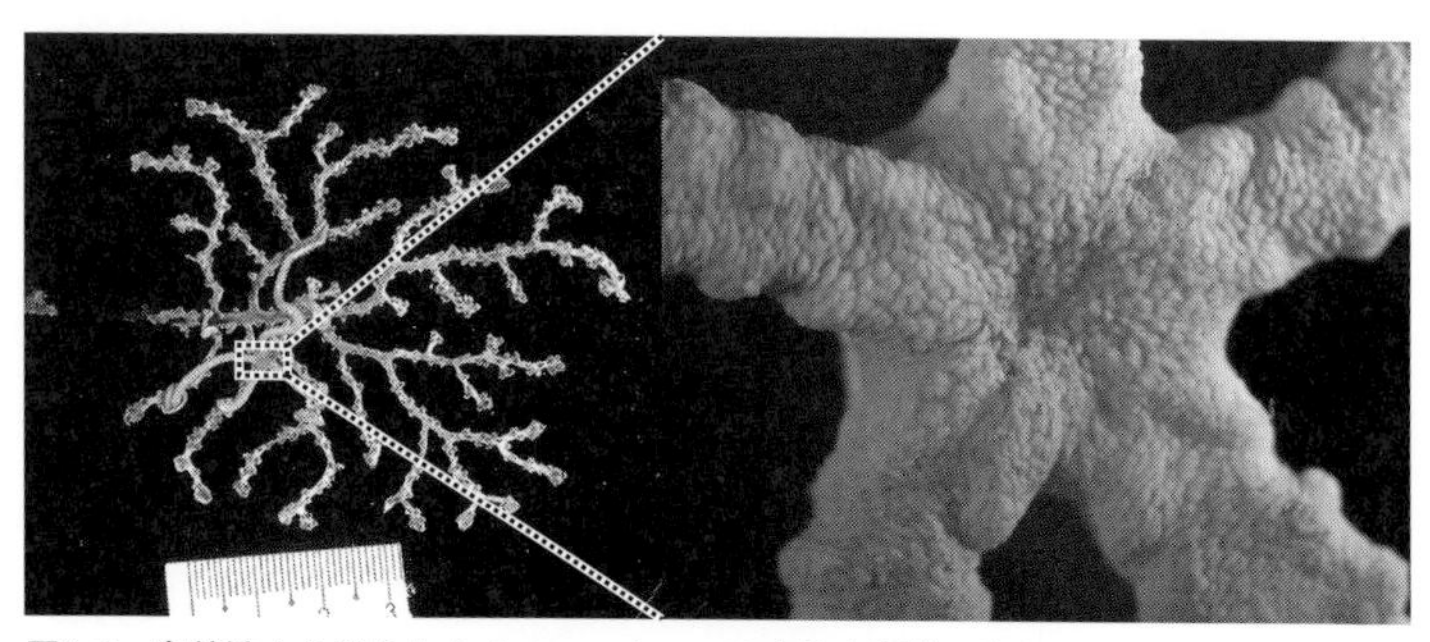

図2・7　奄美沖から得られた*Asteroschema*の奇妙な個体．生きているときはサンゴに絡まっており（左），体表面が板状の骨片で覆われている（右）．写真撮影（左）：藤田敏彦（国立科学博物館）

et al., 2012）、その分類は体表面の骨片の密度や形状によっていた。一九種が「顆粒状」の骨片を持ち、一四種がこれに加えて「棘状」の骨片を有していた。これに対して、ほんの二種だけ「板状」の骨片を有するものがいた。*Asteroschema igloo* Baker, 1980と*A. capensis* Mortensen, 1925がそれで、体全体が板状の骨片で覆われるという珍しい形質を持つことから他のヒトデモドキ類と区別されていた。奄美から採れた科博の標本は、これらと同じく「板状」の骨片に体が覆われていたのである。

その奄美産の個体は、調べれば調べるほど奇妙だった。板状の骨片を持つだけでなく、各触手孔の傍にある腕針の数が一本だけしかない。*A. igloo*も*A. capensis*も、こんな形質は持ち合わせていない。骨片の形はまだ主観が入る余地があるが、腕針の数となれば誰が調べても、その差は明らかである。このように、私が構築したタコクモヒトデ科のデータベースでは、どうしてもこの個体の名前を同定できないのである。そうなると、ある仮説が浮かび上がってくる。これを慎重に吟味し、私は藤田先生の部屋を訪ねた。調べた限り、この奄美産の標本は、これまでの既知のタコクモヒトデ科のいかなる種にも当てはまらないこと。そして、恐る恐る、ある一つの仮説、この種が、新種候補、すなわち未記載種である可能性を述べてみた。うなずきながら静かに聞いていた藤田先生は、口を開き、こうおっしゃった。

「うん、それじゃあ記載してみようか」

4　無限の荒野を行くのなら

先生のお言葉に、消えかけていた私の情熱が再燃した。「分類」の結果、ついに新種を、この手で発見したのである。幼い頃から夢見ていたUMAを、ついに自分が！　そしてそれを、自らの手で科学論文にできるチャンスが目の前に転がり込んできた。記載論文はおろか、きちんとした長文の執筆など生まれて初めてであったが、これまで散々ツルクモヒトデ目の記載論文を読んできて、書くべき形質は頭の中に入っている。秋から執筆を始めれば、遅くとも年明けくらいには投稿できるだろう。そうすればDC1にも間に合いそうだ！　目の前が急に開けた気がした。私は喜び勇んでこの未記載種の記載論文の準備を始めた。真っ白なワードの画面に、〝A new species of…〟とタイトルを打ち込んでみる。高揚感が体中を駆け巡っていくのを感じた。

しかし、一から英語の記載論文を書き上げるという作業は、想像以上に骨が折れた。ここで、一般の科学論文と記載論文の違いを少し見ていこう。科学論文の構成は通常以下の六つのセクションよりなる：1.

Introduction（緒言）でその研究の背景を述べ、それを踏まえた自分の論文の目的を述べる／2. Materials and Methods（材料と方法）で、自分の論文に用いた研究材料と手法を述べる。この際には、その論文が他の科学者の手によって再現可能となるよう、なるべく詳しく手法を述べなくてはならない／3. Results（結果）で研究結果を／4. Discussions（議論）で研究結果から考えられることを議論し、自分の意見を述べる／5. Acknowledgements（謝辞）で、お世話になった人や機関にお礼を述べ／最後に 6. References（参考文献）で、論文内で引用した文献の書誌情報をリストアップする。この他、大論文の場合には Discussions の後に Conclusions（結論）のセクションを設けて、論文でわかったことのまとめを述べる。これが通常の科学論文の基本的な流れである。記載論文も勿論この科学論文の流れに則るのだが、3. Results が〝Taxonomy（分類学）〟あるいは〝Description（記載）〟に、4. Discussions が〝Remarks〟に代わるのが普通である。記載論文では、その生物の記載情報が結果となり、記載した種の分類学的な地位についての議論が Remarks に示されるのである。

これを今回の記載論文にあてはめてみる。Introduction では、それまでのタコクモヒトデ科の情報を漏れなく述べる。Materials and Methods では、奄美での採集地点情報をまとめる。Description では、標本の形態形質を、逐一詳細に記述する。例えば「体長××センチメートル、足の長さ××センチメートル、股下から肩までの座長××センチメートル、首の長さ××センチメートル、頭の長さ××センチメートル、胴部からほぼ同じ形状の足が二対生え、その先端には五つの分指がある。この分指はそれぞれ先端が丸みを帯びた根棒状で、体軸の内側から幅××センチメートル、長さ××センチメートルの親指、幅××センチメートル、長さ××センチメートルの人差し指、幅××センチメートル、長さ××センチメートルの中指、幅××センチメートル、長さ××センチメートルの薬指、幅××センチメートル、長さ××センチメートルの小指である。それぞれの指には二関節があり、第一関節の体軸前方側には××本の黒色の毛が生える。これらは××〜××センチメートル（±××センチメートル）……」といった具合である。これは私なりの *Homo sapiens*（ヒト）の記載であるが、代表的な体の部位と、比較的人体の中で単純なつくりの足の一部の記載ですらこんな具合である。私は霊長類学者でないのでわからないが、この他に脛、太もも、臀部、腹、胸、腕、首、そして頭でもこのような記載を行い、外部だけでなく骨格、筋肉や内臓の配置、場合によっては神経の配置なども記載しなくてはならないだろう。そして、通常、これらの形態の詳しい写真やスケッチを一つひとつ掲載していくのである。ちなみに、新種を記載した論文は、その種の「原記載」と呼ばれ、その種に関する、後のいかなる記載論文とも区別される。

ツルクモヒトデ目に話を戻すと、書くべき形態形質は頭に入っているとはいえ、私が研究を始めた段階では、ツルクモヒトデ目の形態形質の専門用語は統一されていなかった。例えば、体表を覆う骨片はなんと表すべきなのか？　ある研究者は、板状の骨片のことを鱗にたとえて単に「scale」などと表しているが、実際に私がツルクモヒトデ目を観察していると、種によっては、これに顆粒状の骨片が混じったり、中間的な状態のものが見られることもある。そこに明確な違いは示されていないし、さらにこの顆粒状の骨片に対する単語も「grain」とか「granule」とか定まっていない。そもそも、これらは本質的には全て体の表面を覆う骨片であるから、体の部位によって発達具合が違うこともあるだろう。これらに別の呼称を与えてよいものであろうか。また、板状の骨片は、確かに外見では鱗のような形をしてはいるが、実は多角柱のものが体表面に埋め込まれていて、本当は厚みがあったりするのではないだろうか？　さらにこれまでの記載論文では、腕の太さは皆測れども、高さを測っていないケースも多い。また、非常に長い彼らの腕を記載する場合、どこか一部を取り上げていく必要があるが、それはどこにすべきなのか？

ありのままを書けばいいはずのDescriptionだが、実際には記載すべき部位の取捨や用語の整理など、解決しなくてはならない問題が山積みであった。また、続くRemarksも、同じように困難を極めた。三五種を含むヒトデモドキ属の分類形質の整理など誰もやっていなかったため、本論文でそれを行う必要があった。それだけならまだよいのだが、この未記載種には、他の属との形質の共有が見られたのである。本個体の板状の骨片が、ヒトデモドキ属では非常に珍しい特徴であることは前述した通りであるが、実は、同じ科のヒメモヅル属（*Astrocharis*）では全種が板状の皮下骨片を有している。また、腕針の数が少ないという特徴も、一部のヒメモヅル属には見られる。すなわち、これらの特徴を考慮すると、本個体は実はヒメモヅル属に近い、あるいはひょっとするとヒメモヅル属にしてしまったほうがよいのではないだろうか、と、観察を続けるうちに思うようになったほどである。そうなってくると、記載論文は種のレベルの話にとどまらない。タコクモヒトデ科の全四属の全種について調べて、属レベルの話をしなくてはならないのである。ということで、初めての記載論文は、実は普通の新種記載の論文の範囲を超え、属レベルの話が求められるものであった。

しかし呑気な私はそんなことは深く考えず、ただただ目の前の新種の記載に執心することとなる。文献調査に抜けのある未熟なIntroduction、採集場所や観察方法の記述に不備のあるMaterials and Methods、これまでのツルクモヒトデ目の記載論文の簡単な部分だけをチョイスした欠陥だらけのDescriptionや、示したい部分がさっぱりわからないピンボケの写真と図、中途半端に属と種のレベルの論点が混じりあった乱れたRemarks、これに加えて幼稚な英語力とめちゃくちゃな論理力を全体に漂わせながら、果たして初稿は完成した。当時の私は「完成」したと鼻高々だったが、これを見せられる方はたまったものではなかっただろう。当のご本人、藤田先生は、後にこの初稿を「まんじゅうにたとえるならグズグズだった」と評された。いま初稿を見返して見ると、この評価の正当性が身に染みる。もし私がこの論文を見てください、と誰かに言われたならば、「まだ見るに値しない」と突き返すレベルである。しかし藤田先生は、そんなグズグズのまんじゅうに真摯に向き合ってくださった。普通、学生の論文は、指導教官の修正によって真っ赤に染まるものである。原型のなくなった文章に打ちひしがれ自らの未熟を痛感し、同時に丁寧に見てくださった先生に感謝と尊敬の念を抱くものである。しかし私の初稿は、綺麗なまま帰ってきた。各段落の横に、修正すべき要点が書かれている。先生は修正稿をくださる際、「私が直してもよかったが、それだと私の論文になってしまうから、細かい指摘はしていない。横のコメントを参考に、全体的に書き直してみて欲しい」とおっしゃった。これは「全然だめだから全部書き直しなさい」という通告に他ならない。しかし私は、赤が入っていない部分はできているってことだから書き直さなくてもいいんだ！　と勘違いし、ろくに直さないまま先生に修正稿をお返しした。こうして私と先生の長きにわたる処女論文執筆劇が開幕した。

コラム・新種はどこで誰のために発見される？

「どこで」に対しては、「野外で」と答えるのが自然であろう。例えばテヅルモヅルの新種であれば、「△△沖の水深□□メートルから発見されました！」という説明を一般にはすることとなる。しかし、当の発見された種は、別に自分たちが何か特別な種と思っているわけではなく、厳しい自然の中で、その日その日をただ懸命に生きているに過ぎない。仮に彼らと意思疎通ができたとして、「あなたは今日から新種として認定されました！」と告げても、「はい？」と返されてしまうに違いない。これは他の生物にとっても同様で、例えばペットのネコに「△△沖の水深□□メートルからテヅルモヅルの新種が発見されました！」と伝えられたとしても猫の答えは「はあ……」だろう。彼らにとっては新種よりも、その日の晩ご飯の献立の方がよほど大事である。なぜなら、新種という概念は、あくまでも「我々人類にとって」新しいだけだからである。我々人類が、ある種を新しく共通認識しようするために新種として記載するのであって、その行為自体は、その種にとって何ら益のあることではない。

では、新種とは、いつ、どこで発見されるのか。それは、それを新種と認めた人の脳内に他ならない。いくら未記載種が誰かの手によって採集され、博物館などに丁寧に保管されようとも、それが専門的な知識でもって詳しく調べられない限り、新種にはならない。逆に言えば、どんな場所であろうが、専門家がその標本を調べ、他にその標本に該当する種がないと判断した瞬間、その脳内で新種として認識‐発見されるということになる。従って、ニュースなどで「○○という新種が、△△から発見されました！」という文句は、正確には「○○という新種が、△△で得られた標本に基づいて、××さんによって発見されました!」と直すべきなのであろう。

5　記載の果てで

※この5のセクションと次の6のセクションでは、私が学生時代の感情を、ありのままに綴っているため、かなり個人的な見解が含まれております。読後不快な思いをされる方もおられるかもしれませんので、気になる方は7のセクションまでお読み飛ばしください。

私の論文執筆に関する勘違いはしばらく続いた。先生は修正方針を丁寧に書いてくださるのに、私は毎回それをろくに検討せずに、簡単なところだけ直して返していた。これでは原稿が進むわけがない。人の原稿を見る機会が増えた今になって振り返ると、先生が、いかに辛抱強く、膨大な時間を私の原稿に割いてくださったのかということがよくわかる。そして、私がいかにそれに無頓着であったかを痛感する。自分に都合のよい解釈ばかりして、推敲は行き届いておらず、同じような記述ミスが散見される。見放されても仕方ない出来である。それでも先生は、あくまでも冷静に、何度でも私のミスを直してくださった。にもかかわらず、である。私は時間が経つにつれ、短絡的な修正を強めていった。中秋の頃に執筆を始め、紅葉が深まり、師が走り回る頃になっても、論文は一向に形を成さなかった。DC1の申請に間に合わせるためには、年明けくらいには投稿しなくてはならない。タイムリミットへの焦りと共に、場当たり的な修正は目に見えて増すばかりだ。この頃の私の頭の中を覗くと、「もういいじゃないか」であふれかえっていただろう。わざわざ骨片一つひとつの長さや厚さまで測らなくてもいいじゃないか。腕の各部で骨片を計測しなくてもいいじゃないか。Scaleという単語を使えば、それでいいじゃないか。

――だって、他の記載ではそこまで詳しく書いていないじゃないか。

先生は一切の妥協を許さなかった。私が少しでも面倒くさがり、何とか作業を少なく済むように「ズルい」修正をしようとすると、必ず指摘され、「きちんとした」修正をするようにコメントしてくださった。今わかっていること、今できることを、とにかく誠実に書くようにという本当に科学的な教育である。

未開の地を切り拓いてくださった先人たちの努力には感謝してもし切れない。彼らが築いた土台があって、我々は研究を進められるということを忘れてはならない。しかし、その方法をそのまま踏襲するばかりでは、科学の発展が見込めないこともまた事実である。私が研究を始めた当初は、ドン・マクナイト(Don McKnight, 2000)による、ニュージーランド近海のツルクモヒトデ相の報告が最新のツルクモヒトデ研究であった。四種の新種を含む三三種が記載されたこの論文をよく読むと、これがアラン・ベーカー(Alan Baker, 1980)によるオーストラリアとニュージーランドのツルクモヒトデ相を調べた研究を土台にしていることがわかった。このベーカーの論文では七新種を含む四一種を記載するだけでなく、一新属、一新亜属を記載し、一八種小名と三属名が他の名前と同じで無効になることや、四種小名を新しく他の属に結合するなど、属・種レベルの非常に精緻な分類学的操作がなされている。記載文の精度もベーカー(一九八〇)の方がより詳しいため、ツルクモヒトデ目の最近の記載分類学的研究で手本にすべきは、三〇年前のこの論文であった。この論文では、盤の反口側と口側の様子、腕の基部と末端の様子などが記述されており、当時黎明期であったSEMが使われ、数本の腕針のSEM写真が掲載されているが、それらの詳しい計測値などは記述されていなかった。しかし、それから三〇年の間に、他のクモヒトデ類ではさらに精密な記載が行われていた。例えばスウェーデンのクモヒトデの分類屋のザビーネ・ショアー（Sabine Stöhr）博士は、クモヒトデ目の様々な種で、クモヒトデの体の様々な外部形態や、内部の骨片のSEM画像をそれまでになく詳しく掲載した記載論文を書かれている（例えば、Stöhr *et al.*, 2008）。

——ベーカー（一九八〇）の記載も参考にしつつ、最新のクモヒトデの記載の水準を、ツルクモヒトデにも持ち込むべし——

藤田先生は、何度も何度もそのようにコメント・修正要求を続けてくださった。三〇年間進んでいなかったツルクモヒトデ目の記載を、我々が現代の手法に則って進めるのだという矜持が、コメントのそこここからにじみ出ている。そして、そうすることが、その新種を記載する、ひいては、学位取得を目指すのであれば、ツルクモヒトデ目の分類体系を再構築するという大目標への、最短にして最適なルートだったのである。今ここで、従来の方法に倣って簡素な記載論文を完成させることは可能かもしれない。しかし、それは混乱の解決にはならない。多種を含み、記載の基準や形態用語が混乱しているタコクモヒトデ科の中に、日本から得られた新種がポッと足されるだけなのだ。この記載論文の時点で、タコクモヒトデ科の混乱をある程度整理しておくことが、その後の研究を進める上でも間違いなく最善なのである。しかし、当時の私にはそれがわからなかった。私の中の「もういいじゃないか」は、「だって時間がかかるじゃないか」、ひいては「投稿が遅くなるじゃないか」、そしていつの間にか「DCの申請に間に合わなくなるじゃないか」という愚かな考えに変貌し、私は、一秒でも早い原稿の投稿だけに執心した。

その年の元旦を、私はどんな気持ちで迎えていただろうか。実家で悶々と過ごしていたに違いない。予定では間もなく投稿であるが、目の前の原稿は相変わらずグズグズだ。先生から新しくコメントをいただく度に原稿の完成が遠ざかっていくのを感じ、とにかく早く投稿に持ち込むために、焦って同じような修正を繰り返す。年が明けてもペースは一向に上がらず、DCの申請に間に合わせるタイミングはとうに過ぎた。アクセプトが間に合うぎりぎりの期限を目指して、何度も何度も修正を繰り返した。しかし年度末が目前に迫った三月になっても、果たして原稿は未完成だった。原稿のやり取りを始めて半年が過ぎようとしている。原稿は何十回私と先生を往復したかわからない。この頃になると、DCの申請には到底間に合わないという諦観も相まって、私は論文執筆に若干辟易していた。簡単に書けると思っていた記載論文。甘かった。半年頑張ってもまだ完成のイメージすら湧かない。早い人はM1の時点で処女論文を出版している。投稿でなく出版なのだから、M1の夏くらいにはもう投稿しているはずである。そのような人は学位を取るまでに一〇本ほど論文を発表している。それに比べて自分は、半年かけてもまだ投稿にも至らない。こんなペースでは、学位を取ってもその後の就職にありつける業績を出せるだろうか。私の頭の中に再び「就職」の二文字が頭をもたげ始めた。とはいってももう就活の最盛期は過ぎている。もう公務員しかない。博士課程（修士課程の後の三年間の過程。修士課程を博士前期過程、博士課程を博士後期課程と呼び分ける大学もある）まで進んでしまうと、一般企業への就職は難しくなると言われているが、公務員試験ならそのような学歴は関係なく、試験さえ突破すれば職にありつける。水産系のところに行ければ、海関係の研究も続けられるかもしれない。実際、水産研究所に勤めながら分類学的研究に従事されている先生は多数おられる。いいじゃないか。私は精いっぱいやったんだ。いつになるかはわからないが、今書いているこの論文も一本は出せるだろう。研究費はなくても、研究職につけなくても、標本と顕微鏡さえあれば、分類学的な研究は続けられる。そもそも分類学に出会えただけで儲けものじゃないか。博士課程に進んだら奨学金をもらいながら、分類学を続けて、研究職は諦めて、どこかで公務員試験を受験しよう。そんなことを、私は漠然と考えていた。

コラム・査読

「査読」は科学論文に客観性を与える、唯一にして絶対的な制度である。科学雑誌には、世界中の研究者から随時投稿論文が寄せられている。〝Nature〟や〝Science〟のような一流紙であれば、それこそ山のような数の論文が寄稿されていることだろう。しかしそれらの論文の質は、悲しいことに全てが一流というわけではない。残念ながら、私の処女論文第一稿のような（さすがにあの状態で完成したという科学者もいないと思うが）、グズグズの論文からそう遠くない完成度のものも中には存在しよう。そのような論文をフィルターにかけ、その雑誌に見合ったものだけを、雑誌に掲載可と判定するためのシステムが、査読制度である。具体的には、通常二人の研究者が、その投稿論文をきっちりと読み、その論文の科学的正当性、再現性、インパクトなどを慎重に吟味し、掲載に関する判定を下す。判定区分は、普通以下の通りである：①掲載可（accept）、その論文は科学的に問題がなく、かつその雑誌に掲載する価値のある論文として認める　②小修正が必要（minor revision）、論文の価値などに問題はないが、手法や結果の解釈などに若干の問題があるので、そこを修正すれば、掲載可とする　③大修正が必要（major revision）、論文の体裁は問題がないが、手法や結果の解釈に大きな問題がある、またはデータが不十分であるため、これらの大幅な改良が必要　④掲載不可（reject）、本論文は掲載するに値しない。というものである。大体投稿してから早ければ一～二か月で査読の結果は返ってくる。研究者はこの判定（decision）に一喜一憂する。一発 accept になれば万々歳、minor revision で小躍り、major revision で「ウッ、厳しい……」と思い、reject でがっくり落胆、というところだろうか。

　この査読は、突然雑誌の編集者からメールで依頼が来たりする。基本的には査読をしたからと言って誰に褒められるわけではないボランティア仕事なのだが、皆お互い様なので、基本的に依頼は断らないようにしている。

6　Describing man blues

　科博に来て二度目の桜の季節を迎えた。ＤＣの申請には、論文はもう絶望的に間に合わない。そのことが少し私の肩の力を抜いたのだろうか。落ち着いて論文の修正を行うようになり、全体的にやっと英語も整ってきた頃、ついに先生が、「そろそろ英文校閲してみようか」とおっしゃってくださった。やっと次の段階に進んだのである。普通、我々のような非英語圏の研究者は、英語論文の投稿の前に英語圏の「ネイティブスピーカー」に英文をチェックしてもらう必要がある。そのような科学論文の英文校閲専門会社も存在し、一ページいくらという値段で校閲を請け負っている。会社にもよるが、普通の論文であれば原稿一本当たり二、三日で見てもらえて、約五万円くらいになるらしい。この他、知り合いのネイティブスピーカーに英文校閲をお願いする場合もある。同業者にお願いすれば、研究内容まで見てもらえて一挙両得であるが、人によっては一か月経っても返事がもらえないこともある。このときは、先生と相談して、ロサンゼルス自然史博物館のゴードン・ヘンドラー（Gordon Hendler）博士に英文校閲をお願いすることにした。世界屈指のクモヒトデ生物学者で、分類は勿論、生態や行動に関する様々な論文を発表されている、クモヒトデ界の「大御所」である。そのような大御所に向け、恐る恐る英語のメールを書き（これも最終的には先生に英文を修正してもらった）、英語の原稿を添付して送った。すぐに返信はなかったが、三週間たった五月の頭に、英文の修正と共に、論文の内容に対する詳しいコメントが付された修正稿を送っていただけた。このような知り合いによる英文校閲は基本的にはボランティアである。英文だけでなく、論文の内容まで見ていただけることは非常にありがたい。しかし、本当に愚かだった私は、この修正原稿を一目見て、「あんなに藤田先生とやり取りをしたのに、まだこんなに直さなくちゃいけないのか……」と思っていた。「このコメントで、さらに原稿が良くなる！」とは思えないところは、もうDCの幻想に侵されているとしか思えない。このときの私の論文を書く目的が、「科学の発展」でなく、「自分の業績を肥やしたい」の一心だったことがよく表れている。本当にそれが科学への貢献を考えたものであれば、未熟な論文を世に出すことを恥じるべきである。

かくして、再びゴードン博士の修正案をもとに、論文を練り直す日々が始まった。特に苦戦したのが、体を覆う骨片の呼称であった。我々は、全ての骨片（ossicle）は相同で、その密度などによって見え方が板状や顆粒状になるのだと判断し、これらを plate-type ossicle とか granule-type ossicle とか呼んだ。しかしゴードン博士より、「〝Ossicle〟という単語はクモヒトデの体を構成する骨片全てのことを指し、特に板状の骨片はクモヒトデの体のいたるところに存在するので、〝plate-type ossicle〟はそれらと混同する恐れがある。他の呼び方を考えるべきだ」との指摘がなされた。あれこれと頭を悩ませた結果、最終的に〝plate-shaped dermal ossicles〟や〝granule-shaped dermal ossicles〟という言葉を使うこととした。〝dermal〟は「皮膚の」と訳される。〝dermal ossicle〟で、「体の表面の薄い皮の直下にある骨片」という意味を持たせたのだ。他の細かい英語の間違いなどを直し、ついに二〇〇八年八月、先生から「投稿の準備を進めてください」というメールをいただいた。投稿先は、〝Species Diversity〟という、日本動物分類学会が運営する査読付き英文誌に決めていた。日本の若手の分類学者の誰もが一度は投稿するであろう雑誌である。当時の論文投稿規定に従い、編集委員長であった柁原先生宛てに、論文を添付してメールを送信した。すぐに返ってきた柁原先生の投稿受領の返信の追伸に「すばらしい！　今後も論文を書いて書いて書きまくってください」という応援メッセージが添えられていたのを見て、論文を書いた実感が湧いた。こうして、論文執筆開始から約一〇か月の道のりの果てに、ついに投稿を完了することができた。後は査読が終わる

図2・8　処女論文の修正稿の一部

まで数か月待つのみだ。全てを電子媒体でやりとりしたわけではないので、全容は把握できないが、先生との原稿のやり取りの総数は、一〇回や二〇回ではないだろう。今見返してみると、先生は本当に、よくここまで見てくださったものである。ご迷惑をおかけした張本人としてはただただ平身低頭するのみである。

後にわかるのだが、このときに記載した新種は、実は単なる新種ではなかった。それゆえにこれほど論文が難航した（と信じたい）のだが、ここで藤田先生にみっちりと論文を書く際の基礎を叩き込んでいただいた経験が後に生きることになる。しかし、それはまた後に語ろう。

以上、かなり長いページ数を費やして、私の処女論文完成までの一部始終を、ここに述べてみた。科学者なら皆思うだろう。これは「苦労」ではなく、「甘え」だと。藤田先生の優しさに付け込んだある愚かな学生の怠惰録に過ぎないと。それは百も承知である。しかし、分類学を志す学生の中には、最初の指導教官の赤ペンの洗礼で、論文執筆に挫折してしまった者もいるのではないかと思っている。しかしその赤ペンは、その指導教官の愛の鞭だ。苛めたいと思って修正を施す先生などいない。先生の赤ペンを真摯に受け止め、自らの無知を知り、その反省の気持ちを自らの血肉とすることで、必ず前進することができる。先生の指導修正とはそういうものだ。私はそれがスムーズにできなかった学生だったが、だからこそ、世の若手分類学者が指導教官と良い関係を築いて行けるための、「こんな風に考えちゃダメだ」という、反面教師的経験をここに提示したいと思った次第である。

コラム・新種と未記載種

「新種」は、その種の科学界への発表、すなわち新種の記載論文の中でしか使われない言葉である。例えば *Aus bus* という新種の記載論文の中では、〝*Aus bus* sp. nov.〟や、〝*Aus bus* new species〟などのように、*Aus bus* が新種であることを明示する（sp. nov. は〝Species nova〟という「新種」の語の略である）。もし、新種の記載論文が発表される前であれば、その種は「未記載種」と呼ぶ。もし新聞などで、未記載種の *Aus* sp. に対して「*Aus bus* という新種発見！」という書き方がされれば、これは間違いで、「*Aus* 属の未記載種発見！」と正すべきである。これは単に言い方の問題でなく、科学的な問題を引き起こす場合がある。現在の『国際動物命名規約』では、誰でも手に入れることができる著作物の上で、その種が正しい学名で、新種であると明記され、その識別点の根拠、さらにそのタイプ標本の所蔵場所が記述されていれば、新種の記載条件を満たしてしまう（『国際動物命名規約』章3、章4参照）。従って、もし二〇一五年の新聞の誌上で、「この度 *Aus bus* という新種がどこどこで採られた何個体の標本に基づいて発見された。これらはなになにという特徴によって*Aus*属の他種と区別されるため新種と判断された。これらの標本は全てどこどこの博物館になになにという標本番号を付けられて収められている（文責：記者太郎）」という文章が、本家の新種の記載論文に先がけて発刊され、全国に発送されてしまった場合、その日付をもって、*Aus bus*は記者太郎さんによって発表されたことになってしまう。その後に本家の研究者である研究太郎さんが発表をしても、それは無効となってしまうため、どうあがいても*Aus bus* Kisha, 2015という学名は変わることはない。「新種」という単語はわかりやすく分類学の成果を伝えるが、実は使われる場面が限られ、かつデリケートである。「新種」という単語の使い方には注意が払われるべきである。

このように、分類学の世界では、学名や命名法的行為の「公表」について非常にシビアである。上記のような「うっかり公表」がないように、命名規約では様々なセーフティネットを設けているが、それでもやはり間違いはありうる。そんなうっかりがないよう、著者は、命名法的行為の「棄権宣言」を行うことができる（『国際動物命名規約』条八・三）。実は、私が冒頭で唱えた「おまじない」とはこの棄権宣言だ。命名規約に頼るだけでなく、公表する側もある程度の理解を持っておけば、生物の名前の混乱は少なくなるものなのかもしれない。

7 「鑑定眼」が養われた？

記載論文の執筆中、勿論これだけに終始していたわけではない。その合間に、ツルクモヒトデ目の標本観察や記載論文の収集・解読も平行して行っていた。そして、論文執筆に必要な情報を集めている際にふと、

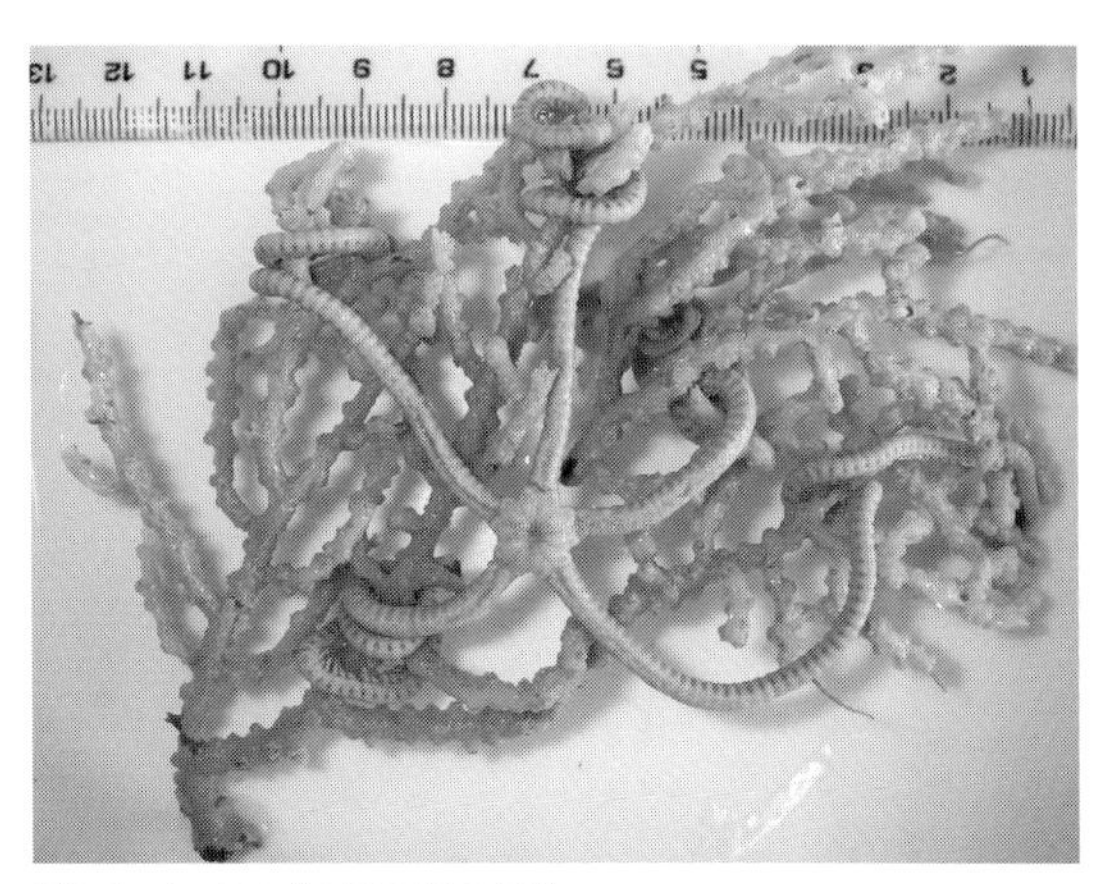

図2・9　ヒメモヅル属の謎の個体

自分が今「分類」しているのは、ツルクモヒトデ目の中では形態形質が一番少なくて把握が難しく、かつ種数も多いヒトデモドキ属であるということを思い返した。そして、それに比べれば形質が多く、種数も少ない他の分類群は分類が簡単なのではと思うようになってきた。実際に他の属を見てみる。タコクモヒトデ科のヒメモヅル属は三種だけを含む小さな属だが、科博の標本の中に、そのうちの二種に同定された種が見られた。*Astrocharis ijimai* Matsumoto, 1911と*Astrocharis gracilis* Mortensen, 1925である。前者は原記載に当てはまるのだが、後者と原記載をよく比べてみると、腕針の数や体表面の鱗の数、大きさ、体長などがまるで違うことがわかった。残る一種は*Astrocharis virgo*であるが、この原記載を観察してみると、*A. ijimai*と*A. gracilis*とは形態がはっきり異なり、かつこの科博の標本とも違うことがわかった。ということで、科博の*A. gracilis*と同定されていたこの個体は、未記載種であると判断することができたのである（図2・9）。ふとタコクモヒトデ科からツルクモヒトデ目全体に目を向けてみると、いくつかの分類群において、*Astrocharis* と同じように、分類の全体像を把握することができる。これは、点であったそれぞれの属や科の情報が有機的につながり、私の頭の中で一つの大きな「分類群」として像を結び始めたということであろう。前章では、「頭の中の霧が晴れたかのよう（下村、二〇〇九）」にできるようになったのは「同定」であったが、ここにきて、ついにツルクモヒトデ目の「分類」ができるようになったのだと強く実感するに至った。こうなってくるとなかなか面白いもので、どの分類群が問題を含んでいるのか？ その問題を解決するために必要な文献や標本は何か？ どこに行って調べるべきか？ どこを見るべきか？ など、「分類学的研究」の道筋を、うっすらとではあるが脳内で構成できるようになってくるのである。ツルクモヒトデ目の研究を開始して一年で「鑑定眼」が養われ、やっとスタートラインに立ったと自覚したのであった。

鑑定眼が養われてくると、今度は俄然、フィールドが楽しくなる。「とにかくツルクモヒトデ目ならなんでもいい！」から「〇〇という種が欲しい！ この海域なら採れるはずだ！」というように、具体的な目的意識が持てるためだ。標本観察に明け暮れ、フィールドへの「飢え」が芽生えつつあった頃、二〇〇七年一一月二四日から一二月一日にかけて、東京大学大気海洋研究所の淡青丸（その後、ＪＡＭＳＴＥＣに所属を移し、二〇一三年に退役）の調査航海に参加させていただく機会を得た。東京湾を出港し、深海生物の採集を行いながら小笠原までを往復するという夢のような航海だ。淡青丸の特徴は、とにかく調査回数が多いところである。時間がある限り網を曳くという印象だ。実際、出港して数時間後には曳網を開始し、数時間ごとに網を上げる作業を二〇時間ほど繰り返し、移動し、また曳網を繰り返す……というサイクルであった。漁具揚収後のサンプルの処理に数時間はかかるので、このペースは、網の揚収↓すぐに次の網の投入↓サンプルの処理↓網の揚収、のまさに無限ループで、甲板は処理待ちのサンプルでどんどん埋め尽くされていく。果たして実際の調査記録は以下の通りとなった。

・一一月二四日〜二五日
19:45–21:10：水深約八〇〇メートルで底曳き、35_03.963N, 139_12.437E（相模湾）
22:08–23:30：水深約七〇〇メートルで底曳き、35_03.424N, 139_12.421E（相模湾）
00:17–01:44：水深約五〇〇メートルで底曳き、35_03.178N, 139_12.461E（相模湾）
02:08–03:06：水深約二〇〇メートルで底曳き、35_03.006N, 139_12.143E（相模湾）
05:05–05:25：水深約一〇〇メートルで底曳き、35_05.664N, 139_35.398E（相模灘）
05:54–07:21：水深約五〇〇メートルで底曳き、35_04.576N, 139_33.974E（相模灘）
07:40–08:44：水深約三五〇メートルで底曳き、35_04.550N, 139_34.674E（相模灘）
10:17–11:20：水深約二〇〇メートルで底曳き、35_03.569N, 139_37.418E（相模灘）
12:09–14:00：水深約八〇〇メートルで底曳き、35_03.307N, 139_33.789E（相模灘）（休）

・一一月二六日〜二七日
06:02–08:06：水深約一三〇〇メートルで底曳き、33_12.426N, 139_33.180E（八丈島沖）

08:53–10:21：水深約七〇〇メートルで底曳き、33_11.534N, 139_38.485E（八丈島沖）
11:08–12:12：水深約八〇〇メートルで底曳き、33_16.367N, 139_40.494E（八丈島沖）
12:56–13:58：水深約五〇〇メートルで底曳き、33_19.595N, 139_40.925E（八丈島沖）
14:28–15:25：水深約二〇〇メートルで底曳き、33_20.835N, 139_41.246E（八丈島沖）
15:46–17:03：水深約一〇〇メートルで底曳き、33_22.566N, 139_40.661E（八丈島沖）
21:02–23:07：水深約一〇〇〇メートルで底曳き、34_08.747N, 139_51.142E（三宅島沖）
23:53–02:13：水深約一〇〇〇メートルで底曳き、34_08.420N, 139_51.409E（三宅島沖）（休）
08:28–10:04：水深約五〇〇メートルで底曳き、34_39.843N, 139_11.459E（大島沖）
10:58–11:57：水深約四〇〇メートルで底曳き、34_37.906N, 139_14.901E（利島沖）
12:25–13:20：水深約三〇〇メートルで底曳き、34_36.719N, 139_15.675E（利島沖）
13:59–14:50：水深約二〇〇メートルで底曳き、34_34.212N, 139_18.346E（利島沖）
15:07–15:53：水深約一〇〇メートルで底曳き、34_32.998N, 139_17.294E（利島沖）（休）

・一一月二八日
06:00–06:24：水深約一〇〇メートルで底曳き、35_04.768N, 139_35.289E（相模灘）
06:51–07:25：水深約三五〇メートルで底曳き、35_04.408N, 139_35.613E（相模灘）
07:43–08:26：水深約五〇〇メートルで底曳き、35_03.773N, 139_35.554E（相模灘）

08:43-10:05：水深約六〇〇メートルで底曳き、　35_03.980N, 139_34.745E（相模灘）
10:34-11:44：水深約七〇〇メートルで底曳き、　35_03.745N, 139_34.436E（相模灘）
12:23-13:56：水深約一〇〇〇メートルで底曳き、35_02.223N, 139_32.667E（相模灘）

（休）と書かれたところは、その次の作業までに六時間以上の空きがある部分である。この間に入浴、睡眠をとることになる。食事は作業の合間を縫い、急いでかきこむしかない。初めのうち、東京湾からさほど離れない相模湾の冬の海上での作業は寒風が身に沁みたのを覚えている。出港して最初の二四時間はほぼ休みがなく、獲れ高が多い人間から衰弱していった。クモヒトデ（と言うか、棘皮屋は私一人だったので棘皮全般）はどちらかと言えば獲れ高が多く、完全にノンストップでずっと作業を続けた。作業の終わり際、朦朧とした意識でシャッターを切った夕日が、思いのほかうまく撮れていた（図2・10b）。一一月二六日は水平線から陽が上る時間から作業開始だった。このときには一気に八丈島までたどり着いていたので大分暖かく、余裕を持って太陽を迎えた。そしてそのお天道さんが反対側の水平線まで沈んでいくのを見送り、星が瞬く夜二時まで、二〇時間ほど働き続けた。さすがにここまでになると眠気に勝てず、ソーティングを行いながら船をこいでしまい、生物で満たされたバットの中に顔面を突っ込むこともしばしばだった。前髪に付着した生物を丁寧に海水の中に戻した思い出は一生ものだ（図2・10c）。小休止を挟み、大島界隈まで北上した。この頃には陸が恋しくなっていたようで、何でもない島の写真にシャッターを切っていた（図2・10d）。実はこのとき台風が近づいていたので、小笠原行きは早々に諦め、八

図2・10　淡青丸航海の調査風景．a：甲板に展開された生物たち．b：八丈島に向かう途中で見た夕日．c：様々なクモヒトデ．d：船上から見た大島

丈島からの北上を始めていた大島沖で朝から昼過ぎまで働いたところでやっとまともな睡眠のチャンスが訪れた。最後に、相模灘に戻り、朝から昼過ぎまで働いて、予定よりも二日早いフィニッシュとなった。

これが私の初の淡青丸航海であった。それまでの調査航海の中で断然作業密度が濃かったが、もし予定通り小笠原まで行った場合のことを考えると、まだまだ三分の二程度だろう。この航海でかなりたくさんのクモヒトデが採れたので、小笠原まで行けていればと思うと無念でならないが、天候ばかりはどうしようもない。

淡青丸航海で特筆すべき点の一つは、それまでで最高のツルクモヒトデ目獲量となったことである。シゲトウモヅル *Asteroporpa hadracantha* H. L. Clark, 1911、ムツウデツノモヅル *Astroceras annulatum* Mortensen, 1933、ツルボソテヅルモヅ

図2・11　淡青丸調査航海で採れたツルクモヒトデ．a：網に引っ掛かって上がってきたツルボソテヅルモヅル．私の心理的なエフェクトがかかっている．b：取り出したツルボソテヅルモヅル．c：シゲトウモヅル．d：タコクモヒトデ

ル *Astrodendrum sagaminum* (Döderlein, 1902)、そしてタコクモヒトデ *Ophiocreas caudatus* Lyman, 1879の四種が得られた。いずれも既に科博に標本はあったが、DNA解析に使えるフレッシュなサンプルという点で非常に意義深い。特に、ツルボソテヅルモヅルは私が研究を始めて、初めて採集した「テヅルモヅル」であり、大きさも掌には収まらない程度の、実に「テヅルモヅルらしい」種である。この種が相模湾から揚がってきた網の入り口あたりに引っかかっているのを見つけたときの興奮は今でも記憶に新しい（図2・11 a）。普通は網が揚がったら、目に見える生き物はなるべく迅速に、全員で手分けして網から取り出すので、誰がどの生き物を取り出すかなどの担当は決まっていない。しかしこのときは、他の研究者の方々が「せっかくなので岡

西に採らせてやろう」と便宜を図ってくださり、わざわざ貴重な時間を、私の初のテヅルモヅル採集に費やしてくださった。ツルボソテヅルモヅルは実に思い出深い種である。さらに特筆できる点は、これらを、船上で見た瞬間に同定できたことである。それまでの調査では、ツルクモヒトデが採れても「おそらくこの種だろうな」という「憶測」でしか種を同定できなかったのだが、淡青丸調査の際には「シゲトウモヅルだ！　ムツウデツノモヅルだ！　ツルボソテヅルモヅルだ！　タコクモヒトデだ！」という確信を、見た瞬間に持てたのである。自身の鑑定眼の定着を実感した。

その他、生物多様性の高い地域での調査だけあって、ツルクモヒトデ目以外にもたくさんの面白い生物が採集された。クモヒトデ目に関して言えば、クモヒトデ科（Ophiuridae）の *Ophiomusium* 属や *Ophiernus* 属といった、浅場では絶対に見られない種が採集できた（図2・12 a、b）。遠目に見ても鱗がはっきりとした、いかにも硬そうな、実にクモヒトデ感あふれる種である。深場のクモヒトデは赤いことが多い。赤色は海水中で減衰しやすく、水深一〇〇メートルを越えたあたりではほとんど届かなくなる。このため、深海では赤色は目立たず、捕食者に見つからないメリットがあると考えられているということだ。また、深海への適応としては他に「大きくなる」ということも挙げられる。単純に大きくなれば相手に食べられにくいという理論だが、例えばウルトラブンブクは、体長十数センチという巨体で、海底を闊歩している（図2・12 c）。ブンブクとは聞きなれないかもしれないが。これも立派なウニの仲間である。普通のウニはほぼ完全な五放射の体だが、そうでなく、体が前後に伸びて左右相称になっているウニも存在する。普通のウニを「正形類」と呼ぶのに対し、この左右相称のウニを「不正形類」と呼ぶ。不正形類のウニは一

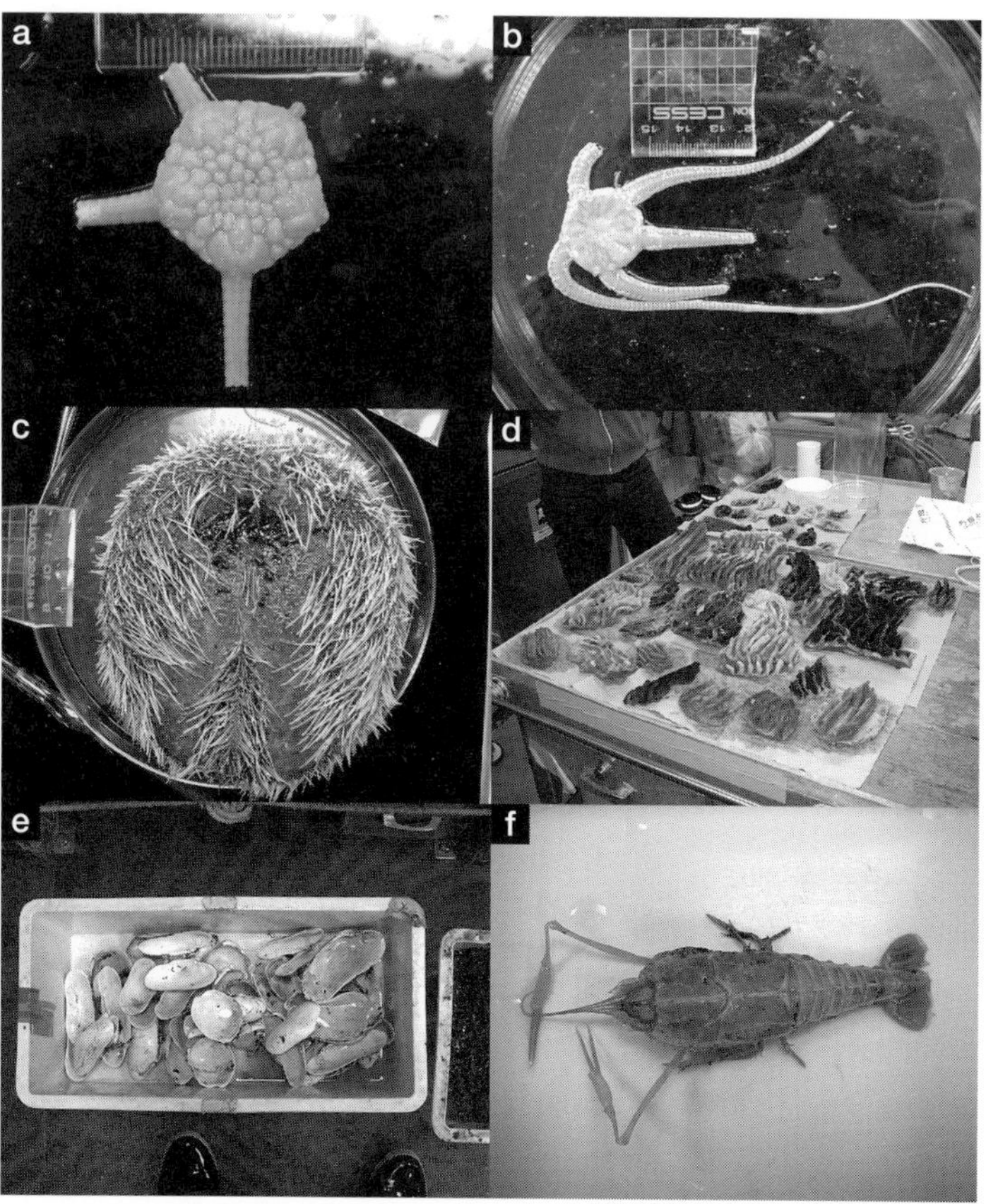

図2·12　淡青丸調査で採集された生物たち．a：*Ophiomusium* sp.，b：*Ophiernus* sp. c：ウルトラブンブクと思われる不正形ウニ．d：謎のカイメンのパーツ．これらを組み合わせると，1つの大きなカイメンになるのだろうか．e：シロウリイガイの殻．f：センジュエビ類

般に棘が短い。彼らはこの棘を、体を守るためでなく、砂や泥に潜るために使うからだ。不正形類はその短い棘で器用に堆積物に潜り、外敵から隠れる。しかしこのウルトラブンブクは深海で非常に大きく進化したらしく、不正形類のくせにもはや海底で隠れて暮らしていないらしい。この他、一体生きているときはどんな形だったのだろうと思われるようなカイメンや（図2・12d）、メタンなどを含む湧水に生息し、化学合成によって栄養を得ている冷水湧出帯生物群の代表格であるシロウリガイ（図2・12e）、それから華奢なはさみが印象的なセンジュエビ類など（図2・12f）、普段はなかなかお目にかかれない様々な生物が網によって引き上げられ、我々の目を楽しませてくれた。珍しい生き物好きの私にとって、これらの生物の存在が疲れ切った体を動かす何よりの栄養となったことは、言うまでもないだろう。

さて、せっかくなのでここで調査船での生活について触れてみたいと思う。基本的には、調査船の中には人が生活できるものは一式揃っている。洗濯機、乾燥機などの家電は共用で、誰も使っていない時間帯を見計らう。特に予約はいらない。冷蔵庫は食堂にあるものを共用する。個室にも、飲み物が入るくらいの冷蔵庫は備えてある。風呂の湯船はあまり大きくなく、大抵一人用である。一日のうち使える時間帯が決まっており、船によっては研究者チームの日と乗組員チームの日が交互になっている。風呂は空いているときに……とはいかないので、出港から数えて偶数日の、一七：〇〇〜一七：二〇という風に入浴時間が割り当てられる。この時間を逃しても、入浴時間帯以外は風呂場がシャワー室として開放されるため、調査が忙しいときはシャワーで済ませることが多い。また、とある船では洗面所の奥の、壁から数十センチの隙間に脱衣所と仕切りの防水カーテンが設置されており、これを駆使して簡易シャワーが浴びられる。

図2・13
淡青丸調査で遭遇した
魅惑的な夕食

気づかなければ本当に見落としてしまいそうなわずかな隙間を実に見事に有効活用しており、一見の価値がある。

調査以外に娯楽の少ない船上では、食事が無上の楽しみである。特に調査船では食べきれないほどの美味しいご飯にありつける。例えばある日の淡青丸の夕食の献立は、お肉たっぷりシチュー、シャケのホイル焼き、ブロッコリーとカニカマのマヨネーズ和え、白菜と豚肉のスープ（＋ごはんおかわり自由）、といった具合である。いずれもメインディッシュを張れる主役級のラインナップだ。これににゅう麺が追加されることもある（図2・13）。食事時間はきっちり決まっており、〇七：三〇、一一：三〇、一七：〇〇の三回である。ボリュームたっぷりなのはとてもうれしいが、夕食から朝食の間が長いので、多くの研究者はカップ麺などの「非常食」を持ち込むことが多い。少なくとも私は、非常食なしは耐えられない。淡青丸や蒼鷹丸などの「調査船」では、食事時間に席に着けば自動的に配膳されるが、豊潮丸などの学生指導用の「実習船」では、研究者サイドから割り当てられた食事

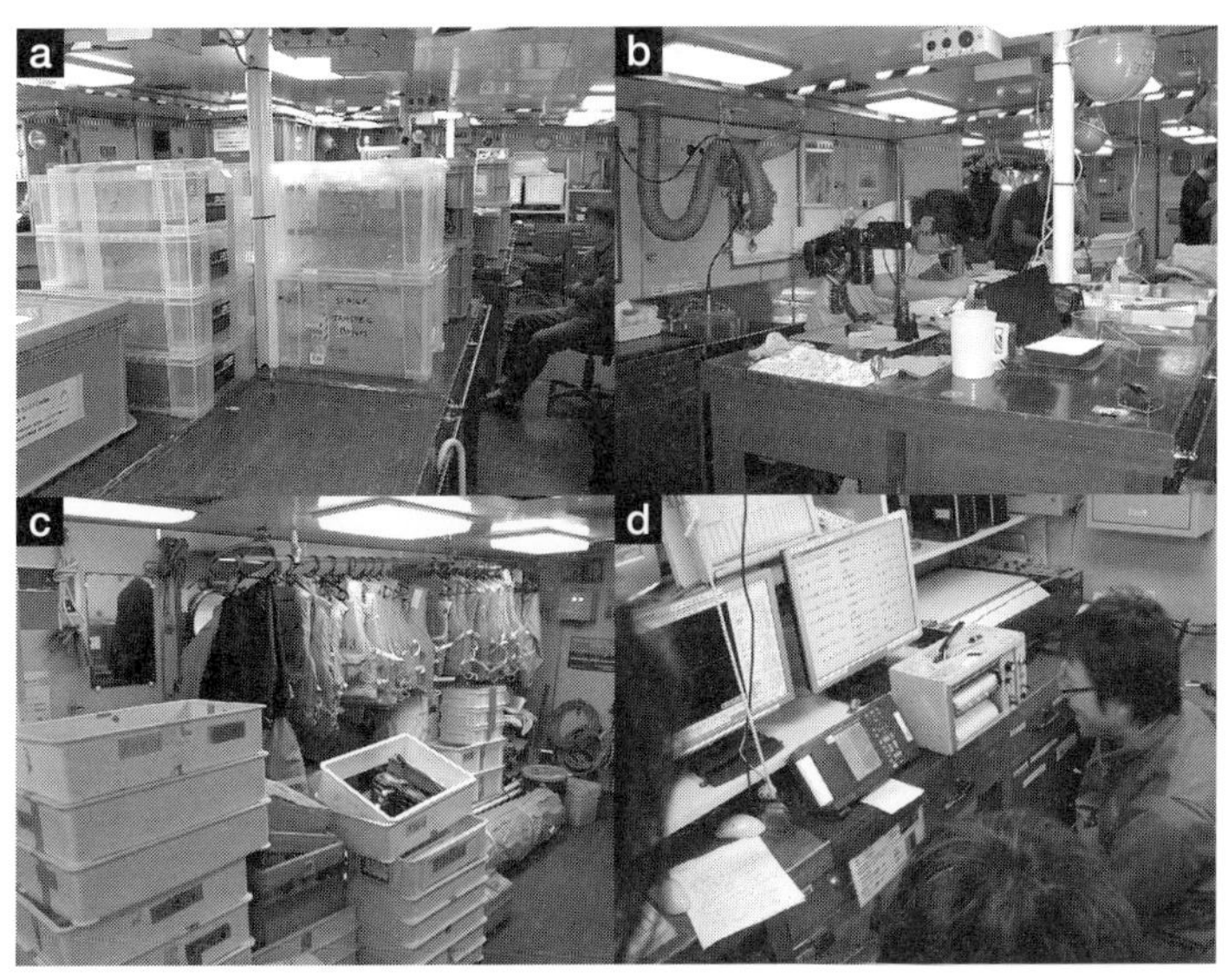

図2・14　淡青丸の後継船,「新青丸」船内の研究室．a：研究室に運び込まれた調査荷物．b：研究室でのサンプル処理の様子．c：研究室から船外への入口付近．必ずハンガーにかかっている救命胴衣を装着して船外へ出る．d：研究室奥のオペレータースペース．皆で見ているのはテンションメーター（圧力計）で，この振れ幅に一喜一憂する

当番が、あらかじめ作られた食事の配膳、食器洗いや後かたづけまでを行う。船内は湿気を嫌うので、空調がよく整っている。夏場の太陽が照り付ける甲板での過酷な作業の後は、室内のクーラーで最高の享楽を味わえる。乗船して間もなくは陸が恋しいが、下船する頃にはもう船の快適な生活を手放したくない。人の慣れとは不思議なものである。

せっかくなので船内の研究スペースも紹介しよう。甲板で仕分けしたサンプルは、船内の研究室に持ち込んでソーティング、麻酔、撮影、固定などを行う（図2・14a、b）。ドライルーム、ウェットルームに分かれている船もあり、その場合は前者ではオペレーターなどのコンピューターを使った仕事、後者では海水を使う仕事（生物の仕分けなど）を行う。研究室と甲板は大体直結しており、甲板への入り口となる場所に、長靴、カッパや救命胴衣、ヘルメットを置くスペースがあるので、そこで着替える（図2・14c）。研究室の奥にはオペレータースペースがあり、ここで現在のワイヤー操出長や船速を確認できる（図2・14d）。ここで漁具の巻き出し速度などを船側に指示する。また、船によってはこれにテンションメーター（圧力計）が備えてある。これは漁具にかかっている力が、心電図のようにリアルタイムに計測値として紙に記録する装置である。この力は、普通の漁具の曳網中は一〇〇キロ付近、泥がパンパンに入っても数百キロ付近を遷移しているものだが、漁具が岩などに引っかかるとあっという間に数トンまで圧力が跳ね上がる。そうすると漁具のワイヤーが切れてロストしてしまう可能性があるため、その瞬間の船内の空気は異様だ。一度、漁具がロストする現場に立ち会ったことがある。数トンまで一気に跳ね上がったテンションメーターは、次の瞬間に、糸が切れたかの如く（というか切れたのだが）、すとんと「ほぼ〇（ゼロ）」に落ち、完全に脈動をなくした。そのときの主任研究員の放心は今でも忘れられない。概して漁具は高価で、そのときの漁具は数百万円は下らないという話だったのだから。

コラム・チョッサー、ボウスン、ストーキー

甲板で作業をしていると、「チョッサー、どうしますか?」とか「ボウスン、あと残り三〇〇メートルです!」とか「ストーキーにお願いします」というような会話を耳にする。耳慣れないこのカタカナ言葉は、

全て船員さんの役職の名前である。チョッサーは「一等航海士」、ボウスンは「甲板長」、ストーキーは「甲板次長」のそれぞれの呼び名である。これでもまだ説明不足だろう。それぞれの役職を英語にしてみるとよい。一等航海士は〝Chief Officer〟で、これは「チーフオフィサー」と読み、略して「チョッサー」、甲板長は〝Boat swain〟で「ボートスウェイン」と読み、略して「ボウスン」、甲板次長は〝Store Keeper〟で「ストアキーパー」なので「ストーキー」である。ちなみにそれぞれ船の中ではすごく偉い階級で、ボウスンとストーキーは甲板の一番手と二番手なので、甲板ではお二人に必ず従わなくてはならない。チョッサーは船長の次に偉い階級で、甲板作業、航海行程、出港、入港準備など全ての実務に携わっている。

他にも「レッコ」という言葉がある。用例は「そのサンプル、もうレッコしといてー」となる。これは〝let it go〟の略で、「離す、放つ」の意味である。もうソーティングが終わった残渣（ざんさ）などを海に捨てる際や、船と漁具を結んでいたロープを手放す際など、船員さんの「レッコォ！」という気風（きっぷ）の良い声が甲板に響きわたる。Let it go と言えば二〇一四年に大ヒットした『アナと雪の女王』の主題歌「レリゴ〜♪」の方が有名になってしまったが、船に関わるものは「何を今さら」とか、「レッコだろ！」と思っていたに違いない。こういう用語を知っておくと、船員さん同士の会話が理解できて、船旅の楽しさが倍増すること請け合いである。

8　少しずつサンプルが集まってきた

ある日私が調査から帰ってくると、私の机の上にサンプル瓶が置かれていた。中にはエタノール漬にな

図2・15
千葉県立中央博物館の立川先生よりいただいた，ウデブトタコクモヒトデの標本．撮影：新井未来人（東京大学大学院理学系研究科）

ったクモヒトデがぎっしり（図2・15）。一目見て、それがウデブトタコクモヒトデ（*Ophiocreas glutinosus* Döderlein, 1911）であることがわかった。ツルクモヒトデ目の中でも、おそらく最大級に皮が厚くブヨブヨしている種で、本当にタコのような質感のクモヒトデである。私がM1のときに同室だったタコの研究者（学振PD）の小野（金子）奈都美博士に、ある日「岡西君の標本の中にタコがいたと思ってびっくりした」と言われて「？」となった。よくよく話を聞いてみると、彼女は、ウデブトタコクモヒトデの標本を見て、タコだと勘違いしてしまったらしい。プロの研究者も見紛うほどのタコ感を醸し出している本種であるが、実は非常に珍しく、公式な日本の記録は一九二七年以降なかった。そんな標本が机の上に突如として現れたのだから、本気で神の御業を疑った。実際は、淡青丸航海で一緒になった千葉県立中央博物館のイシサンゴの専門家の立川浩之先生が、千葉の内房で漁師さんからいただいたものを、わざわざ持ってきてくださったということだった。本当に本当にありがたいことである。心よりの感謝のメールを打ちながら、「顔を売っておく」という地道な活動の大切さをひしひしと感じていた。いくら珍しいとわかっている生物でも、それを研究する人がいないのでは、野外で遭遇した際の魅力は半減する。例えば、このウデブトタコクモヒトデにしても、おそらく私との出会いがなければ、立川先生もここまで丁寧に標本にして、科博にお持ちくださらなかったのではと拝察する。この標本は正式には科博に寄贈されたものではあるが、いずれにしてもわざわざ一瓶数千円のサンプル瓶と、数千円分のエタノールを消費して、重い標本を持ってきてくださったことに対しては、今でも感謝しきれない。

開始当初はないない尽くしだったツルクモヒトデ目研究であるが、こんな風にして、他の人の協力も得ながら、段々とサンプルが集まるようになってきた。二〇〇七年の淡青丸航海の後も、二〇〇八年の蒼鷹丸航海や、二〇〇九年の長崎丸航海、二〇〇九、二〇一〇年の豊潮丸航海に参加したり、二〇〇八年に院生室メンバーで千葉の内房の漁港巡りを行った。未記載種こそないものの、分子系統解析用のサンプルは、日本産を中心にそれなりの数が集まり始めた。しかし、いくら海洋生物の多様性が高い国とはいえ、やはり日本産の標本だけでツルクモヒトデ目全体の系統を論じるには無理がある。珍しいとはいえ彼らは世界中に分布しているわけだし、何よりも、最も多様性が高い東南アジアのサンプルが集められていない。しかし、浅海ならまだしも、深海生物のサンプルを海外で直接採集するのは至難の業である。これまでに述べてきた通り、深海生物採集には船が必須だが、海外で調査船に乗れるコネがあるわけではないし、日本とは違って、漁船に乗せてもらうにはリスクも伴う。さて困ってしまった。どうにかして、海外のサンプルにアクセスできないだろうか……。

図2･16　和歌山県南部漁港で屑籠に捨てられた生物たち

コラム・漁港巡り

調査航海に勝るとも劣らないサンプリング方法として、「漁港巡り」が挙げられる。海上では様々な漁法によって海産物が水揚げされている。多くは中層トロールや延縄（はえなわ）などの、ネクトンを採集する方法だが、勿論エビやカニなどのベントスを採集する底曳きトロール漁法なども多く行われている。このとき、我々が求めるようなクモヒトデやヒトデ、イソギンチャクなどもかなりの量が混獲されるのだが、漁師さんにとっては、これらは網にダメージを与えるゴミである。水揚げ作業が終わった早朝に漁港に行くと、網から外したこれらの生き物が籠の中に打ち捨てられている（図2・16）。しかし、漁師さんにとってはゴミでも、我々にとっては宝の山である。腐った生物たちをかき分ければ、結構な頻度でツルクモヒトデ目に遭遇する。そうすればしめたものである。漁の獲れ高はその日によって港全体で大体一様になる。大漁のときはほとんどの船で大漁だし、不漁のときは皆不漁である。なので、腐魚の中にツルクモヒトデが見つかるときは、漁港中の屑籠を漁る。そうすれば、結構な量のツルクモヒトデ目が得られる。

第3章
海外博物館調査

1　海外進出！

海外進出は、研究を飛躍的に進めるきっかけになりうる。多くの研究者が、どこかで海外での研究経験を有している。それがフィールドワークか、実験手法の習得であるかは問わない。しかし、ただ海外に行ってみたい、というだけでは何の意味もない。海外に行きたいから行くのではなく、自分にとっての明確な研究目的を持って渡航すれば、得られる成果は計り知れない。分類学に身を置く研究者は、海外経験が豊富な方でないかと思う。渡航目的はズバリ、「標本観察」である。

ここで、分類学における標本の重要性について少し述べておきたい。リンネによって二名法が確立されて以来、爆発的に種の記載が行われるようになった。これによって、世界中の様々な生物が次々と記載されるようになったのだが、これに伴い「異名」問題が表在化し始めた。例えば世界的な分布域を持つ未記載種が、世界各地で別々に発見されることは珍しくない。これがさらに、別の著者によってお互いに別々に新種として記載されてしまえば、その種には複数の異なる名前がついてしまうことになる。これを「同種異名（シノニム：Synonym）」と言う。同種異名は現在になっても見つかる。例えば誰も知らないようなある古い文献の中で *Aus aus* Mukashino-hito, 1850が記載され、その後にある分類学者がこの種を再発見した際に、*Aus aus* の名前を知らずに未記載種だと思い込み、*Aus bus* Kindai-jin, 1950として記載してしまったとしよう。これは同種異名である。また、別のパターンとして、*Aus bus* Kindai-jin, 1950は、*Aus aus* Mukashino-hito, 1850に似ているが、体が極端に小さいという点で区別されるとして新種記載されたとしよ

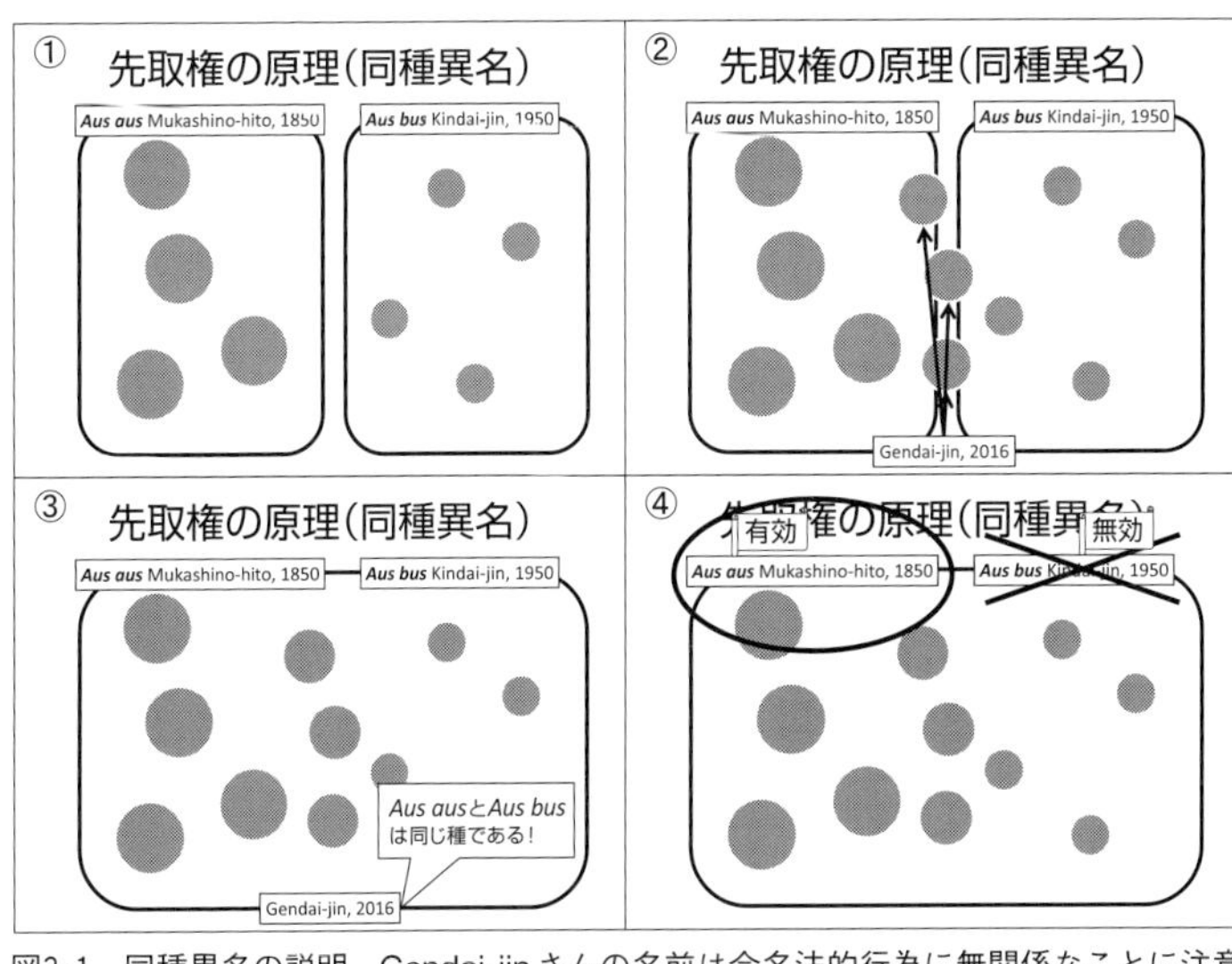

図3・1　同種異名の説明．Gendai-jin さんの名前は命名法的行為に無関係なことに注意

う。そしてその後、ある分類学者 Gendai-jin が二〇一六年に、*Aus aus* と *Aus bus* の中間の大きさの個体を発見し、これら二種は、同じ種の別の成長段階だと結論づけたとしよう。この場合、*Aus aus* と *Aus bus* は同種異名となる。これらはどちらの場合も、古い方の名前（*Aus aus* Mukashino-hito, 1850）を正式な（有効な）学名として使うことにし、新しい方の *Aus bus* Kindai-jin, 1950 は「新参異名（ジュニアシノニム：Junior synonym）」、かつ「無効名」となり、原則としてその種の名前として扱われることはない。さらにこのとき、動物分類学の世界では、Gendai-jin さんは、学名には関係しない（図３・１）。

逆に、別の種に同じ名前がつけられることもある。これを「異種同名（ホモニム：Homonym）」と言う。異種同名が判明した場合も、古い方の分類群にその名前が維持され、新しい分類群に付すべき他の名前がない場合は、新たな別の名前が付される。これを

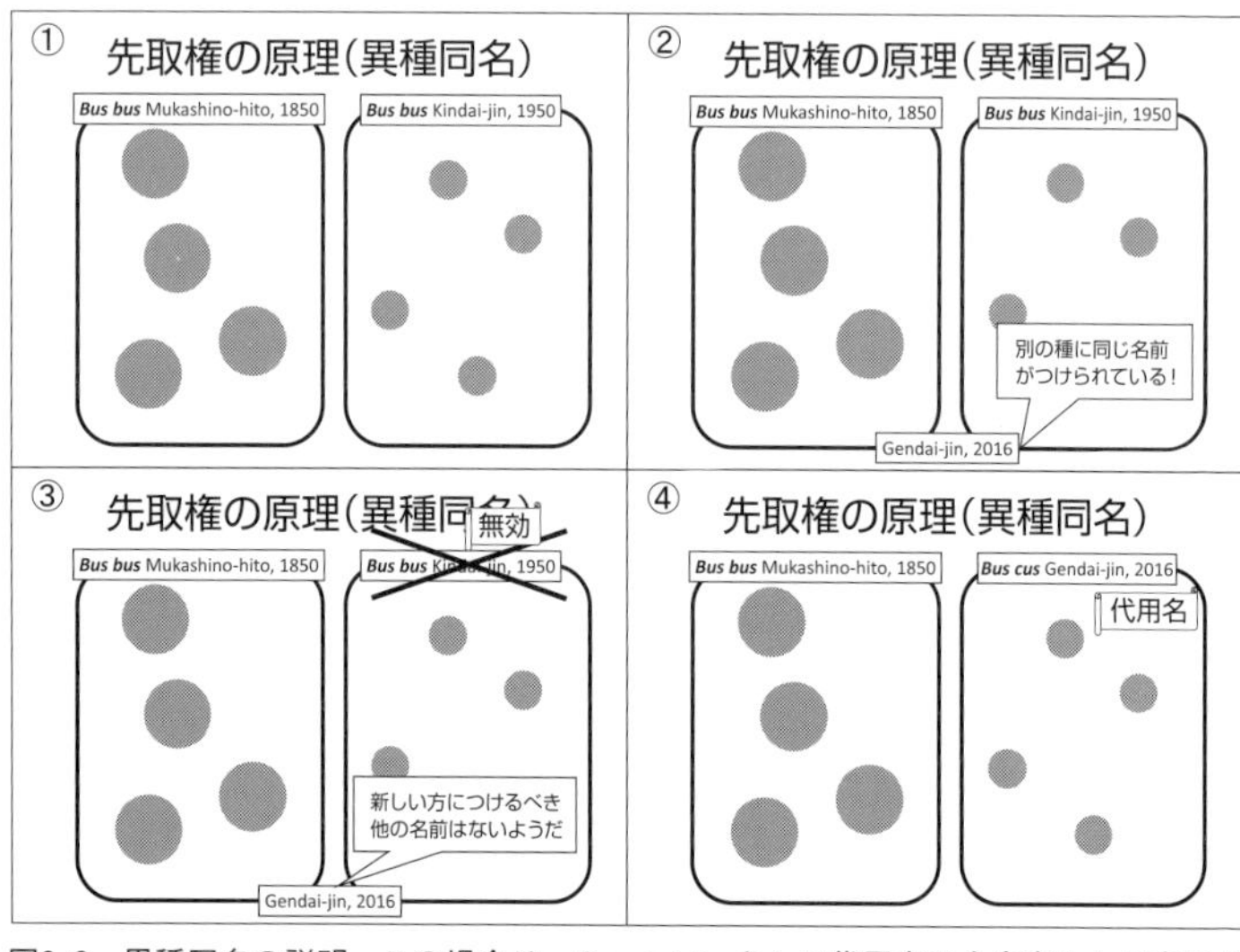

図3・2　異種同名の説明．この場合は，Gendai-jinさんは代用名の命名者として名前が記される

「代用名」と言う（図3・2）。このように名前に関する対立が生じた場合、分類学では原則として古い方の名前を優先する。これを「先取権の原理」と言う。

他に、ある種をよくよく調べてみると、実は二種が混じっていたことが判明することもある。例えば *Cus cus* Mukashino-hito, 1850の記載のもととなった標本をKindai-jinが一九五〇年にもう一度調べ直したところ、実はそれらはMukashino-hitoが見逃した毛の数でもって二種に分けられることを新たに発見したとする。この場合は新旧で問題を片づけることはできず、もしこの種に同種異名がなければ、二種のうち、どちらかに元の名前を付し、どちらかに新たな名前を与えなくてはならない。このときの基準とするために、原記載のもととなった標本の中から、一個体だけ、基準となる標本を決めておくのである（図3・3）。これを

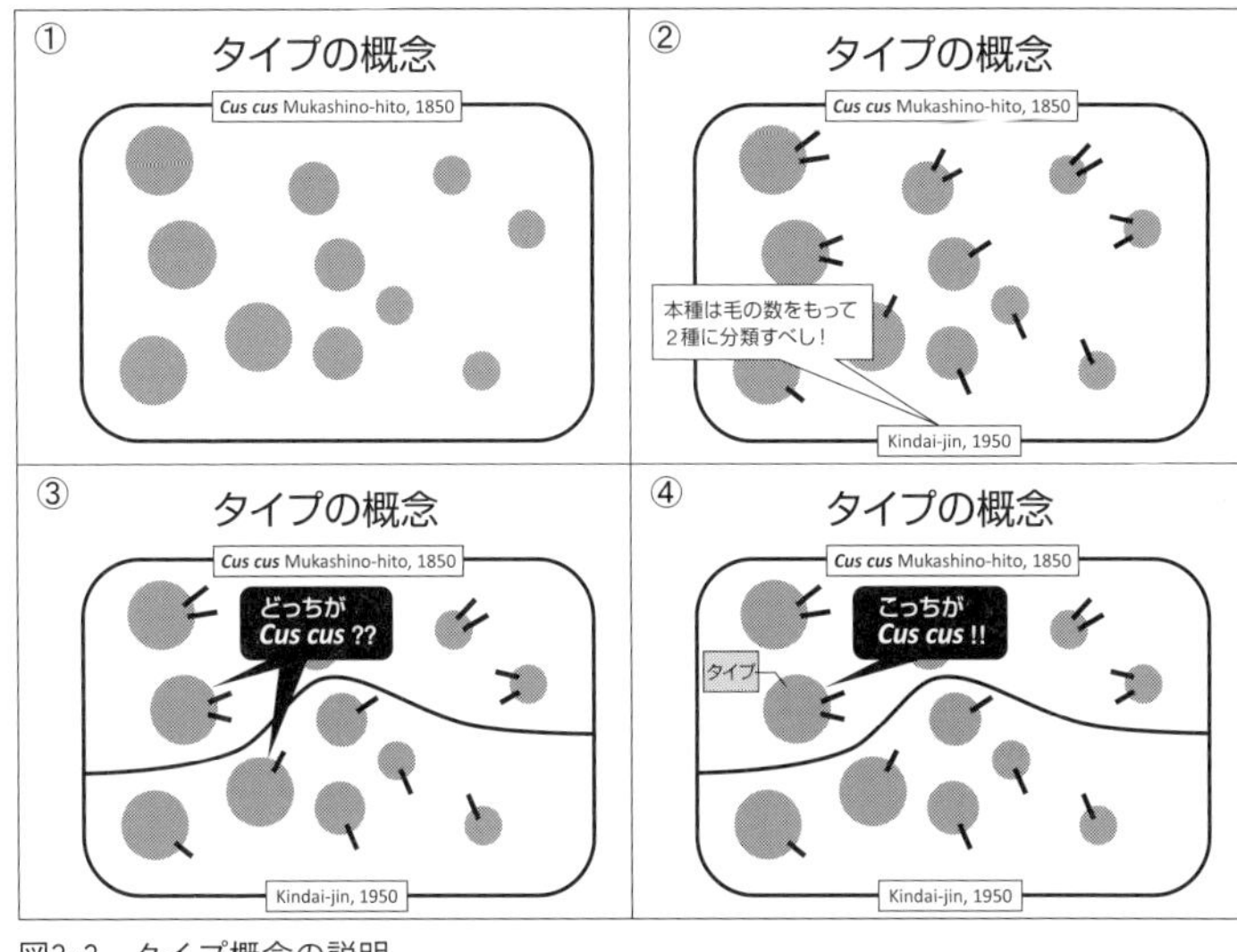

図3･3　タイプ概念の説明

「ホロタイプ」と言う。ホロタイプが含まれる方の種（集団）に元の名前を付し、そうでないほうの種に新たな名前を与えることとなる。ちなみにこの場合、後者に与えるべき名前、例えば *Cus cus* と異名関係になっていた名前がなければ、後者は新種として記載されることになる。このような学名を担っている標本のことを「担名タイプ標本」と言う。担名タイプ標本はホロタイプだけではない。まだホロタイプを定めることを推奨されていなかった時代（一九九九年以前）は、複数の標本がタイプとされることが多々あった。これらは「シンタイプ」と呼ばれる。このようなシンタイプ標本の中から、後世にホロタイプと同様の役割を持つべく一個体が選ばれた場合は、それはホロタイプでなく「レクトタイプ」と呼ばれる。このとき、残りのシンタイプはタイプシリーズの価値を失わず、「パラレクトタイプ」と呼ばれる。さらに、タイプ標本がどこにもないと信じられる場合には（ものを「ない」を断言することはとても困難である）、全く新たな一個体をもって担名タイプに指定することができる。これを「ネオタイプ」と言う。

このように、ある分類階級の中の下位階級の分類群のうちの一つを基準に定めておく仕組みを「タイプ概念」と言い、同じ仕組みが、属や科の階級にもそのまま適用できる。すなわち、ある属には必ず「タイプ種」があるし、ある科には必ず「タイプ属」がある。ただし、タイプ種やタイプ属はかならず一つなので、ホロタイプやシンタイプなどの種類分けはない。ちなみに、『国際動物命名規約』が効力を持つ分類群の対象範囲は、種階級群から科階級群までとなっているため、動物においてはタイプ科やタイプ目が定められる必要はない。

さて、このような状況であるから、「種」の分類を整理しようと思うと、タイプ標本の観察が必要不可欠となる。勿論、記載論文では、タイプに基づいて詳しくその形態を記載すべきであるが、その精度は人によってまちまちである。例えば、原記載以降、一〇〇年以上何の記録もない種もあり、それらの原記載の情報を現在の分類の基準に照らし合わせるだけでは他種と分類できないことがある。そのような種では、実際にタイプ標本を観察して、現在の分類でも通用する分類形質を再検討する必要がある。ではタイプ標本はどこにあるのか？　その種が記載された国にあることが普通だが、一八世紀や一九世紀に記載された海洋生物はそのほとんどが欧米によって本格的に開始された深海調査によって採集されており、その大部分のタイプ標本は欧米の博物館に保管されているケースが多い。ツルクモヒトデ目もその例に漏れず、全種の七割ほどのタイプ標本が、アメリカとヨーロッパ各国の博物館に保管されていた。従って、本目の分類を進めるためにはこれらの博物館へ直接訪問する必要があった。海外渡航には当然先立つものが求められる。それも数万円でなく、数十万円のまとまった金額。貯蓄もない学生風情の家計からは到底捻出できない額である。となると、狙うはただ一つ、「研究費獲得」である。

研究費と言えば、最も有名なのは「科研費」であろう。日本学術振興会の「科学研究費助成事業」の略で、毎年多くの研究者がこの科研費の交付を受け、研究を行っている。この他に、民間企業やＮＰＯ法人などの団体が、研究助成金の交付を行っている。分類学のような自然史分野の研究助成で言えば、公益財団法人日本科学協会の「笹川科学研究助成」、公益財団法人藤原ナチュラルヒストリー振興財団の「学術研究助成」、公益財団法人昭和聖徳記念財団の「学術研究助成」、公益財団法人黒潮生物研究所の「研究助成」、水産無脊椎動物研究所の「研究助成」、一般財団法人自然環境研究センターの「公益信託ミキモト海洋生態研究助成基金」などが挙げられる。これらの多くは学生でも応募可能で、年間七〇～一〇〇万円程度の助成が得られる。科研費の応募資格がない学生にとっては、自身の研究を発展させる大チャンスである。実は私は幸運にも、Ｍ２からＤ１までの二年間、水産無脊椎動物研究所の「育成研究助成」を得ることができた。年間一〇〇万円の助成が二年間受けられるという他にはない長期間の助成で、金のない学生にとっては悪魔的とも言えるほどの額である。助成申請に際しては、Ａ４四ページにわたって、研究目的、研究内容、研究計画、現在までの研究とその成果、国内外の関連研究、助成金の使用計画、を申請書に書かなくてはならない。藤田先生に何度もコメントをいただきながら申請書を書き上げ、提出したのがＭ１の一二月末であった。そして採用通知をいただいたのが二月頃だったかと思うが、その頃には、まさか自分の業績では通るまいと思っていたので、封筒の中身が採用通知だったことにとても驚いたことを覚えている。今改めて申請書の業績欄を見返してみても、よく自分が通ったものだと思う。いずれにしろ、本当に運よく研究費が得られたので、後は申請計画に記述した渡航先を目指すだけである。まず目指すはアメリカのハーバード大学の「比較動物学博物館（Museum of Comparative Zoology）」だ。著名な魚類学者であるルイ・アガシー（Louis Agassiz）が設立した博物館であり、ここにはかの有名なイギリスの「チャレンジャー号」によって収集され、当時の著名なクモヒトデ学者であったテオドア・ライマン（Theodore Lyman）が精査したタイプ標本が多数収められているのである。果たしてM２の二〇〇八年一〇月、一週間というタイトなスケジュールによる、アメリカでの忘れられない博物館調査が敢行された。

2　初めての海外調査

実は私は、この博物館調査が人生で初めての海外渡航であった。今になって私の周りの修士の学生に話を聞くと、海外旅行経験者がけっこういて驚くのだが、初の海外渡航が科学調査というのは緊張するものである。そもそも事前準備の段階で緊張した。博物館とのやり取りは、メールで観察希望標本などをリストアップして相手に伝えればよかったし、何よりも研究者は我々のような英語の苦手な日本人のことをある程度理解してくださっているので、実はそれほど苦労はしない（だからと言ってそれに甘えるのはダメだが）。問題は宿の確保である。

こちらも最近ではオンライン決済が主流になってきているのだが、私がこのときに利用した宿は、オンラインはおろか、ファックス対応にも応じてくれず、何故か電話による申し込みを強く求めてきた。メールなどの記録に残したくないからだろうか、電話でのクレジットカード番号の伝達には非常に苦労した。ある日、心を決めて、早朝に、自宅で、机の前に正座して宿泊先に電話をかけた。初めに断っておくが、私は一般的な英会話の手ほどきを、学部の一回生以来、受けていなかった。そんな私とネイティブの、しかも電話での英会話がスムーズに行くはずがない。あれほど緊張した通話も未だかつてなかったのではなかろうか。電話口からもそのただならぬ緊張感が伝わったらしく、大分ゆっくり喋ってくれたが、慣れない英語で頭がパニック状態になった私の脳は、それにすら拒否反応を示す。集中力が極限まで高まってきた頃に、相手が〝Credit card number!〟を連呼していることに気づいた。慌てて私のクレジットカード番号とその有効期限を告げたのだが、どうもうまくいかないと言う。それもそのはずで、そのとき私が告げたそのナンバーは国内限定のＪＣＢカードのものだった。そのことを告げると、「じゃあＶｉｓａかマスターカードを作ってよ」と気軽に言うではないか。そもそもメールの時点で「ＪＣＢカードでもいけるものですか?」と尋ねていたのだが、それに関しては一切無視した挙句この仕打ちである。「だったら最初からそう言えよ!」と思ったのだが、そんな文句を言う語学力さえないのだ。たどたどしく、「ワカリマシタ、Ｖｉｓａツクリマス、サヨナラ……」と告げ、受話器を置いたときには一日分の体力を使い切ってしまっていた。その後、大急ぎでＶｉｓａカードを作り何とかカードナンバーを告げることができた。後にも先にもホテルの予約にあんな気苦労が絶えなかったことはない。と言うか、そもそも現金払いという選択肢はなかったのだろうか？　今でも謎である。

兎にも角にも、何とか渡米の準備は整い、あれよあれよという間に約束の一〇月が訪れた。その頃には前述した通り論文は投稿済みであったため、後塵の憂いはなかったのだが、当たって砕けろという気持ちでいるには、あまりにもクレジットカード事件の衝撃が大きすぎた。実を言うとその頃の私の周りの院生室のメンバーは皆英語が堪能で、特に二つ先輩だった芳賀さんなどは、留学生と非常に流暢な英会話を日常的に繰り広げていた。その光景を見ているうちに、「自分にもそんな英会話力が自然と身に付いているのではないか？」と、なんの根拠もなく高をくくってしまっていたのである。その天狗（になるような出来事も特にあったわけではなかったのだが）の鼻が、渡航の二週間前に、クレジットカード事件でぽっきり折れてしまった。たった二週間で何ができようか？　いや、やろうと思えば英語教材なんてそこら中にあふれているし、その留学生を捕まえて、生の英会話の修練を詰めたはずである。しかし怠惰な私にそんな考えはなく、夜な夜なニンテンドーDSの英語漬けをやるくらいだった。徐々に胸の中で大きくなる不安を、「英語漬けをやっているから大丈夫だ」という、冗談抜きに中学生並みの言い訳で無理やり抑え込み、気づけば当日だった。ここまで来ればもう腹をくくるしかない。比較動物学博物館の一四属四八種のタイプ標本を観察しないことには、ツルクモヒトデ目の研究は進められないのだ。最悪、向こうにたどり着ければ死ぬことはないだろう。かくして二〇〇八年一〇月四日、海外調査への不安の塊と化した日本の修士の学生が、成田から一路ボストンへと飛び立ったのであった。「ツルクモヒトデ目の系統分類の解明」という、一握りの希望だけを胸に秘めて。

今思い返しても恐ろしいことであるが、そのときの調査日程はキッキッであった。日曜の昼に成田を発ち、日曜の夜更けにボストンに到着する。その日のうちにホテルに移動し、翌日早朝から博物館を訪問、そして金曜日まで観察を行った後、土曜日の早朝にボストンを発ち、日曜日に帰ってくる。賢明な方はお気づきかもしれないが、時差ボケを全く無視したスケジューリングである。時差ボケがひどいと、現地に到着して一日か二日は体内時計が狂いっぱなしで、日中は眠気で活動できるものではない。アメリカやヨーロッパなどの日本との時差が大きい地域に飛ぶ場合は、到着翌日は体を慣らせる予備日、あるいは移動日とするのが安全策である。しかし私のスケジュールでは、夜更けに到着した翌日には朝から作業を開始することになっていた。実際、これには大いに苦しめられる羽目になる。

予定通りにボストンのホテルに到着したのは夜更けであった。翌朝からの調査に備えて、早々にベッドに入ったのだが、脳みそが全く休む気配を見せない。私は寝つきには自信があるのだが、活字を目で追ってみようが、ストレッチをしてみようが、一向に眠くなる気配がない。体が日本の昼間モードになっているのである。初めて味わう「時差ボケ」であった。眠ったり眠らなかったり、ベッドで悶々としながらろくに睡眠がとれないうちに朝を迎えてしまった。結局ほとんど眠れなかったので、朝食までボストンの街を散歩することにした。

前夜は暗くて気づかなかったが、とても美しい街である。街の景色は赤レンガで形作られている。日本では珍しい赤レンガの歩道から、一定間隔で立ち並ぶ街路樹。見上げた青空を遮る電信柱はほとんどなく、そこここに点在する聖堂と思われる建物が偉容を誇り、その空を鮮やかに切り取っている。秋のピンと張

図3・4　ボストンの街並み．a：美しい街路樹．b：教会のような荘厳な建物．c：交差点．信号が縦に並んでいる．d：赤レンガの歩道．e：路上に駐車された車．f：歩道に突如出現するごみステーション

った空気が、太陽の光にきらきらと輝いているように見えた。妙に歩道の幅が広いと思ったら、多くの建物には塀がなく玄関先の開けた前庭に通じているためだった。その前庭の芝生がレンガの赤を際立たせている。道交法事情はよくわからないが、何台もの車が路肩に並んでいるその間に、時折、一抱えもある奇妙な箱が出現する。周りの様子から、すぐにそれがごみ収集ステー

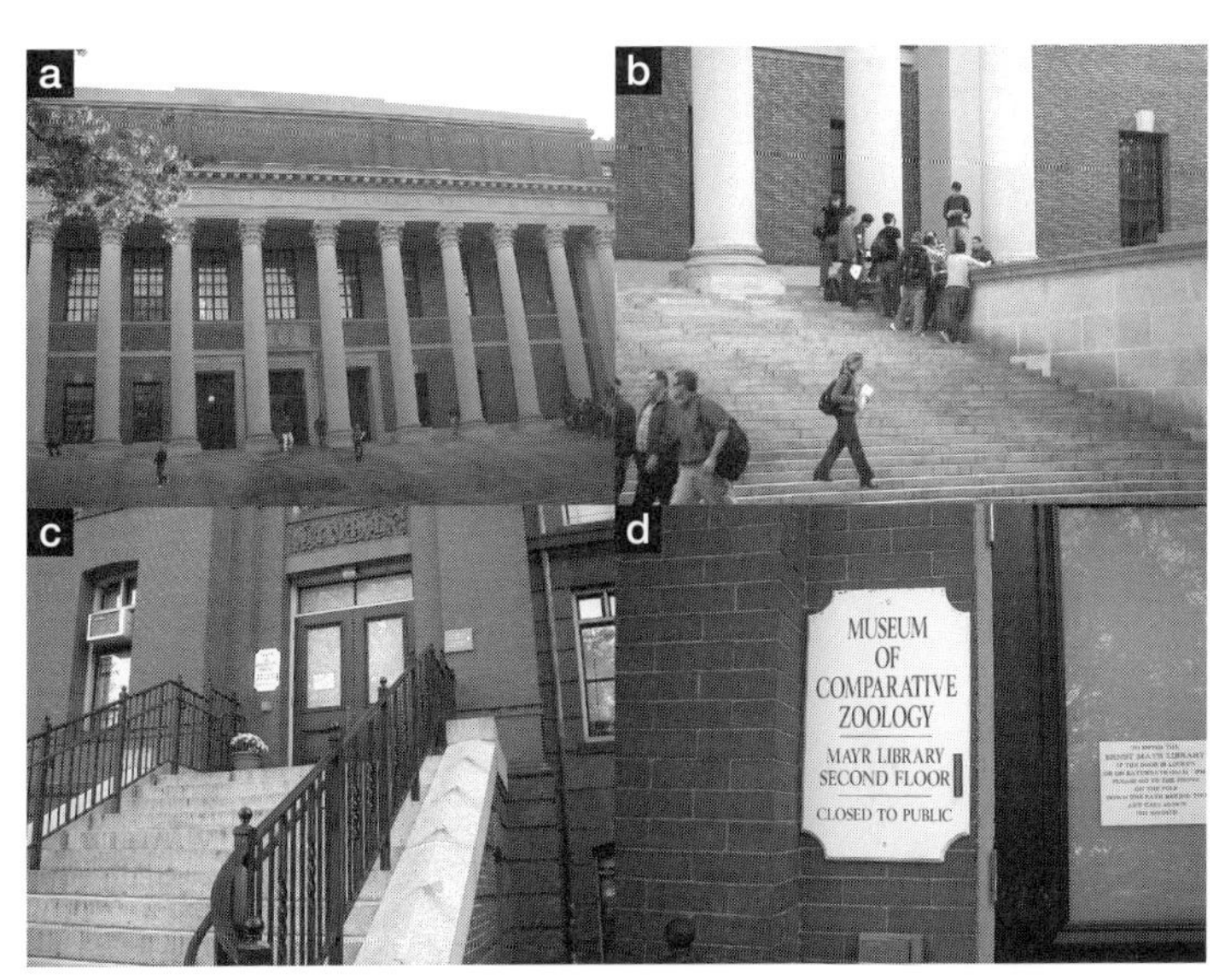

図3・5　ハーバード大学の風景．a：宮殿風の建物．何かの記念図書館らしい．b：aの建物の入口付近にたむろするハーバード大生．c：比較動物学博物館．d：比較動物学博物館の入口

ションであることが理解できた（図3・4）。そして、交差点の信号機が横でなく縦に並んでいるのを見て、私はしみじみと実感した。

「ああ、自分は今、アメリカにいるんだ」

自分という存在が、アメリカのボストンの街の空気を確かに押し返していた。文献でしか見たことのない様々なツルクモヒトデのタイプ標本がすぐ手の届くところにあることに思い至ったとき、何とも言えないエネルギーが体の中にふつふつと湧き上がってくるのである。気づけば、私の中の不安の塊の半分は、期待に置き換わっているようだ。

ホテルから徒歩約二〇分ほどで、目的地のハーバード大学にたどり着いた。比較動物学博物館はハーバード大学の博物館である。スタッフも当然ハーバード大所属で、私がコンタクトを取ったのはRobert M. Woolacott教授であった。宮殿のような校舎がひしめく構内で、学生が何やら議論を交わしている。彼らを横目で見ながら、赤レンガの瀟洒(しょうしゃ)なたたずまいの比較動物学博物館にたどり着いた。いよいよである。調査の窓口となってくれたのは、学芸員のメアリー(Mary Catherin Chaikin)女史(ニックネームはMarycatらしい)で、彼女と九時三〇分に、博物館の入口で落ち合う手筈となっていた。しかし、博物館の入口には鍵がかかっている。おかしいなと隣の建物にある総合受付(比較動物学博物館の入口は別にある)に改めて行ってみたが、メアリーさんらしき姿はどうにも見当たらない。受付のお姉さんに、プリントアウトしたメアリーさんとのメールのやり取りを渡して一所懸命説明すると、お姉さんが〝OK!〟と言って、電話で呼び出してくれたのは見上げるほどの大男だった。

「?-?-?-」である。私がやり取りしていたメアリーは確かに女性だったはずだ。ウーラコット教授も〝She〟と呼んでいた。私の前に現れたその大柄な紳士はニコニコと私に挨拶を交わすと、「こっちですよ」と半地下の標本庫へと続く階段にエスコートしてくださる。気さくに私に話しかけてくるその足取りには、しかし全く迷いがない。ひょっとして、メアリーの代理人なのだろうかと自分なりの心の妥協点を見つけたとき、彼は一つの棚にたどり着き、その中身を見せてくれた。中にはギッシリと「ゴカイ」の標本が詰まっている。

「?-?-?-?-?-?-?-?-?-」である。状況が呑み込めず、ただただ目を白黒させる私(ほんとにそうなっていたと思う)の様子に、さすがに彼もおかしいと気づいたようだ。「あれ、あなた＊＊＊さん(名前は失念）じゃないの？」と聞いてきたので、自分の名前と目的を告げると、案の定、彼は私を他のゴカイの研究者（察するにアジア人だろうか）と間違えていたようである。彼にとっても想定外の出来事だったらしく、目に見えて焦りだした。お互いの素性もよく知らないまま静謐な標本庫でただただ焦る二人。そこに一人の女性が現れた。「ああ、ここにいたのね！」。彼女こそメアリー女史であった。

話によると、彼女は私が最初に開けようとした鍵のかかっていた玄関のすぐ内側で待機していたそうである。待てど暮らせど私が来ないので、受付に行ってみて事の顚末を聞きつけ、我々を探してくださったそうだ。改めてメアリーさんと挨拶を済ませて、博物館の中を案内してもらった。今回の滞在で顕微鏡と、標本撮影スペースを貸してもらうことになっていた、無脊椎動物部門のアダム・バルドリンジャー（Adam Baldinger）氏と魚類部門のカーストン・ハーテル（Karsten E. Hartel）氏に挨拶をした。両氏とも見上げるように大柄だが、朗らかないい人だった。そして、いよいよ標本とのご対面である。まずは乾燥標本。外のっけからその規模の違いに驚いた。案内された部屋には、上下二段の鉄の棚が所狭しと並んでいる。外見は何の変哲もない棚だが、その上段の棚を開けてみると、中には三十数点の乾燥標本の入った引き棚が十数段、ギッシリである。どれくらいの棚が並べられていたかは記憶が定かではないが、おそらく海産動物の一部だけが収められたその部屋だけでも、単純計算で数万点の標本が収められていただろう。そして一つひとつの標本は透明なプラスチック袋に厳封され、所狭しと並べられている。しかもそれぞれが手作業でシーリングされているという徹底ぶりだ。観察の際には袋を破かなくてはならないので気が引けたのだが、私の観察が終わった後に、また一つひとつシーリングするそうだ。丁寧な仕事である。それをこの

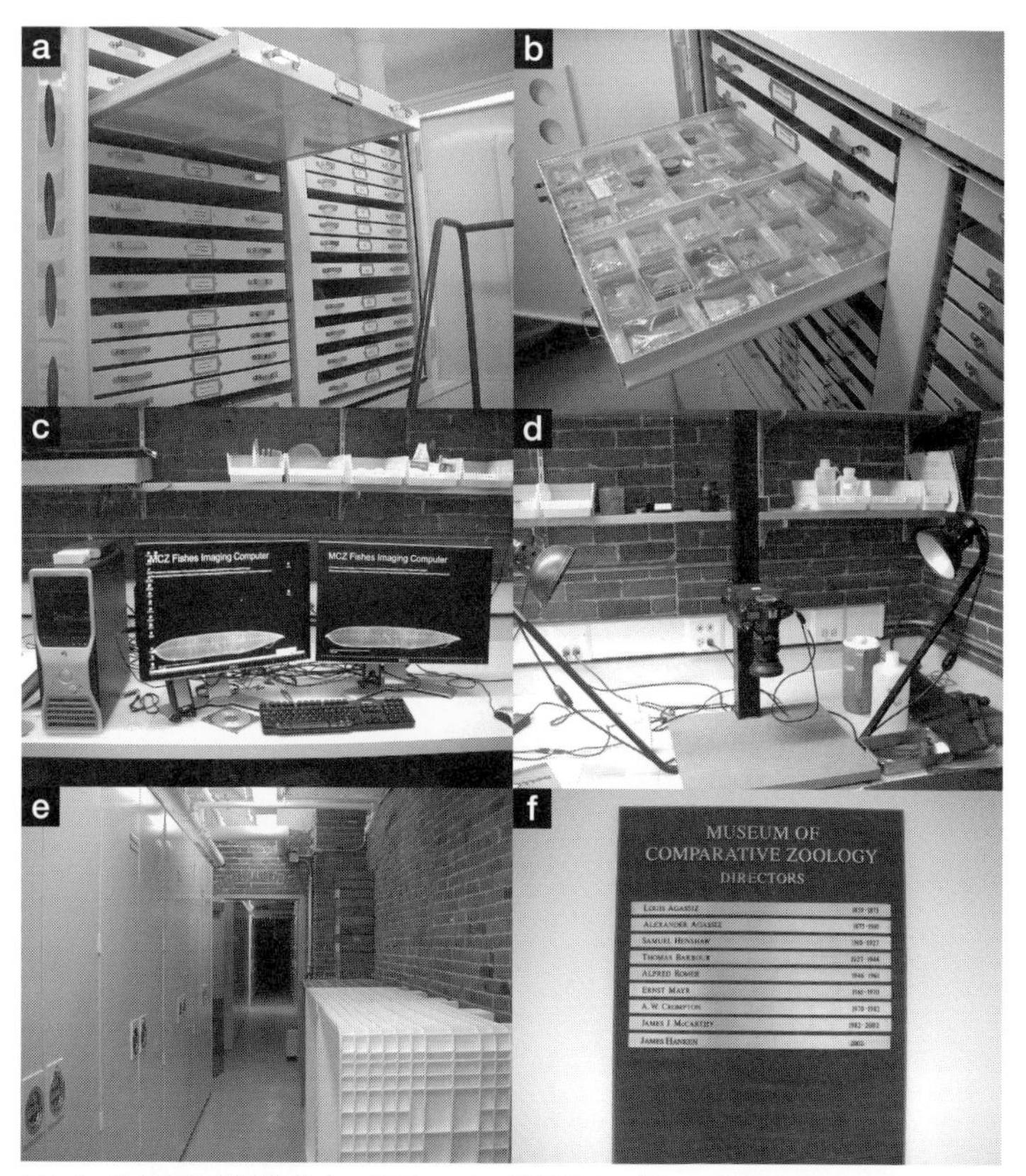

図3・6　比較動物学博物館内の様子．a, b：乾燥標本の棚．c：魚類研究室の撮影用PC．d：魚類研究室の撮影台．e：魚類標本庫．奥が見えない．f：比較動物学博物館の歴代ディレクター．ルイ・アガシー，アレクサンダー・アガシー，エルンスト・マイヤーなど，動物学の巨人の名前が並ぶ．ⓒMuseum of Comparative Zoology – Masanori Okanishi

規模の標本数でやっているわけだから、おそらく科博とはスタッフの数が桁違いなのだろうということが容易に想像できた。国立科学博物館にも標本の世話をする専門員がいるにはいるが、その数は標本数に対して絶対的に少ないため、研究員が相当の時間を割いて標本の世話をしている。対して比較動物学博物館では、研究員は研究に、標本は学芸員が、というように完全な分業ができているようであった。

そもそも日本と海外、特に欧米とでは博物館の役割の認識が大分異なる。日本を含む東洋では、万物は創造されるものではなく、ひとりでに「成る」ものであった。「八百万（やおよろず）の神」という言葉があるように、日本では自然物と我々人間との区別はなされず、万物に霊魂が宿ると信じられた。そのなかで人間の能力を超えたもの、例えば山などを神として崇めた。すなわち、神、人間、自然を連続したものと考えたのである。その背景のもと、日本を含む東洋では「個物」への関心が優先し、体系的な分類と、人間にとって有用か否かを基準とする実用的な分類が入り混じった博物学が継続することとなったのである。そしてその発展は、個物の情報の収集・集積のみにより肥大するという性質を持つに至り、理論的、体系的に自然物を捉える、「研究」の性質は薄かったようだ。近代になって日本は欧米から博物館を「輸入」したが、それが「研究」施設であるというイメージは少なくとも一般には根付いていないように思える。研究ではなく個物の情報を得るための「展示」の側面が、日本の博物館の確固たるイメージとして定着してしまっているのだろう。しかし、展示はあくまでも、研究活動に支えられた、博物館の活動のごく一部に過ぎない。

対して西洋では、少なくとも近代の初め頃まで、人々は万物を神の創造物と信じた。そして、神に選ばれた人間は、その万物、特に自然物の研究を通じて神の御心を知らなければならない、という思いに従い、それらが人間に有用か無用かを問わず、この世に存在する全てのものを徹底的に「研究」しようとした。そんな西洋の人々が各地から採集した自然物を探求した証の一つが「標本」であったと言え、次から次へ集積していくその莫大な自然物の収納施設として博物館が建設された。このような思想に基づき、自然界に存在する全ての事物を秩序付け、一つの体系にまとめ上げようとした人こそが、リンネであった。アメリカにおいてもこの自然観はしっかりと根付いており、欧米における博物館の第一義は「標本の永久的な保管」と言ってよいだろう。欧米の博物学では、自然物を論理的、体系的に整理する、すなわち自然物の全てを征服し、調べつくすという「研究」という機能が古くから前面に押し出され、実践されていた。これは言い換えるならば、欧米の博物学を発展させたのは、物の体系や理論を追求する、現在のわれわれから見ても「研究者」あるいは「科学者」と目すことのできる人々であったことを意味する。このような背景があり、欧米では、研究者が在籍し、標本室と研究機能が供えられた施設が博物館と呼ばれている（西村、一九九〇b：正木、一九九六：松浦、二〇〇九）。アメリカの比較動物学博物館のこの重厚な研究と標本へのサポート体制は、このような欧米の歴史と自然観に支えられたものであると言ってよいだろう。

そんな海外の博物館の迫力を体感しながら、いよいよ観察開始である。ワクワクしながら標本を取り出し、宝箱を開ける気分でシーリングを開封していく。……すごい。一三〇年以上前にライマンが記載にあたって丹念に調べたであろうその標本が、間違いなく目の前にある。やはり文字とスケッチでなく、自分の五感で観察する実物から得られる情報は桁違いである。しかも、これまでに養った「観察眼」を通して得られる、「分類学的な情報」は強烈だった。勿論ライマンの記載で事足りている場合もあるが、ほとんどの標本に、文献からは知り得なかった新たな形質を認めることができた。そして、それをもとに、私の頭の中でどんどん系統分類体系が組み替えられていく。秋のしんとした空気の中、時が止まったような静寂に包まれた博物館の標本庫の中で、私の脳だけが限りない大爆発を起こしていた。夢中でシャッターを切った。観察予定の標本の数は約六〇瓶分。一日に一〇瓶以上は片づけなくてはならない。一瓶につき、細かな形態測定、形質の記録、写真撮影を行うと、数十分はあっという間に過ぎる。とにかくひたすら観察と記録を繰り返し、必要な部分の写真を撮りまくった。このとき、曲がりなりにも論文をいったん書き上げていたおかげで、少なくとも論文化に必要な観察部位は頭に入っていた。それらは、私と藤田先生で長い時間をかけて検討した、一つの定型文であるが故に、一連の作業を迷いなく遂行することができた。現地でどの部分を撮影すべきかをいちいち悩んでいたら、これらのタイプ標本はとてもではないが観察し切れなかったであろう。いくつかの標本は内部形態の観察のために皮膚が部分的に溶かされていた。恐らくライマンその人の仕事であろう。またある標本には、H. L. Clark や A. Baker などの、後のツルクモヒトデ目研究者による観察の記録ラベルも混じっていた。まるでタイムマシーンだ。彼らが一九世紀から二〇世紀にかけて渡してきた議論のバトンが、今私に巡ってきたと考えるのは、ちょっと大げさだろうか。

標本を保管するということは、放っておくということではない。むしろ日常的にメンテナンスしないと、標本はすぐにダメになってしまう。まず空調を保たなければならない。湿度が高すぎると乾燥標本にカビが生えることがあるし、乾燥しすぎても標本はダメージを被る。季節性の温度変化も大敵である。長い年月をかけて加熱冷却が繰り返されると、標本瓶がその負荷に耐えきれず、ひどいときには瓶が割れてしまう。日光や蛍光灯の長期照射による紫外線の蓄積も避けなくてはならない。紫外線は標本だけでなくラベルにもダメージを与えてしまう。ある人が実験したところによると、半年窓際に置いておいた標本瓶の中のラベルは、粉々になっていたと言う。では、温度や湿度を一定に保ち、冷暗所に置いておけばそれで晴れて手放しにできるかと言われればそううまくはいかない。例えば液浸標本ではどんなに密閉性が高い容器でも、保存液（多くの場合高濃度エタノール）が揮発してしまう。標本自体に残っている体液や薬品などの影響で保存液が酸性に傾き標本が溶けてしまうこともある。従って、標本は定期的に、遅くとも数年に一度は液量や内容物の状態チェックを行う必要がある。標本は、単にその生物の自然状態の記録であるだけでなく、多くの科学者の意見が集約されたノートでもあり、また、連綿とそのメンテナンスを行ってきた数えきれない学芸員の努力の結晶に他ならない。

本調査で得られた成果の一部について紹介しよう。話は蒼鷹丸調査に遡る。私が採集した三種のうち、違二種はオキノテヅルモヅル（*Gorgonocephalus eucnemis*）とキヌガサモヅル（*Asteronyx loveni*）に同定できたのだが（どちらも日本では普通種）、一種はどうにも同定できなかった。キヌガサモヅル科であることは間違いないのであるが、当科のいずれの種とも記載が合わないのである。比較動物学博物館に来てみて、一年間抱いたままにしていたその疑問は一気に氷解した。比較動物学博物館のタイプ標本の中に、それと全く同種と思われる標本を発見したのである。*Ophiocreas abyssicola* Lyman, 1879という種である（図3・7）。見た瞬間に「アッ！」と叫んだ。形態は全く同じだし、ご丁寧に絡みついている宿主のヤギ（八放サンゴの仲間）まで（素人目ではあるが）同じなのである。また、採集された水深も、両者ともに日本の

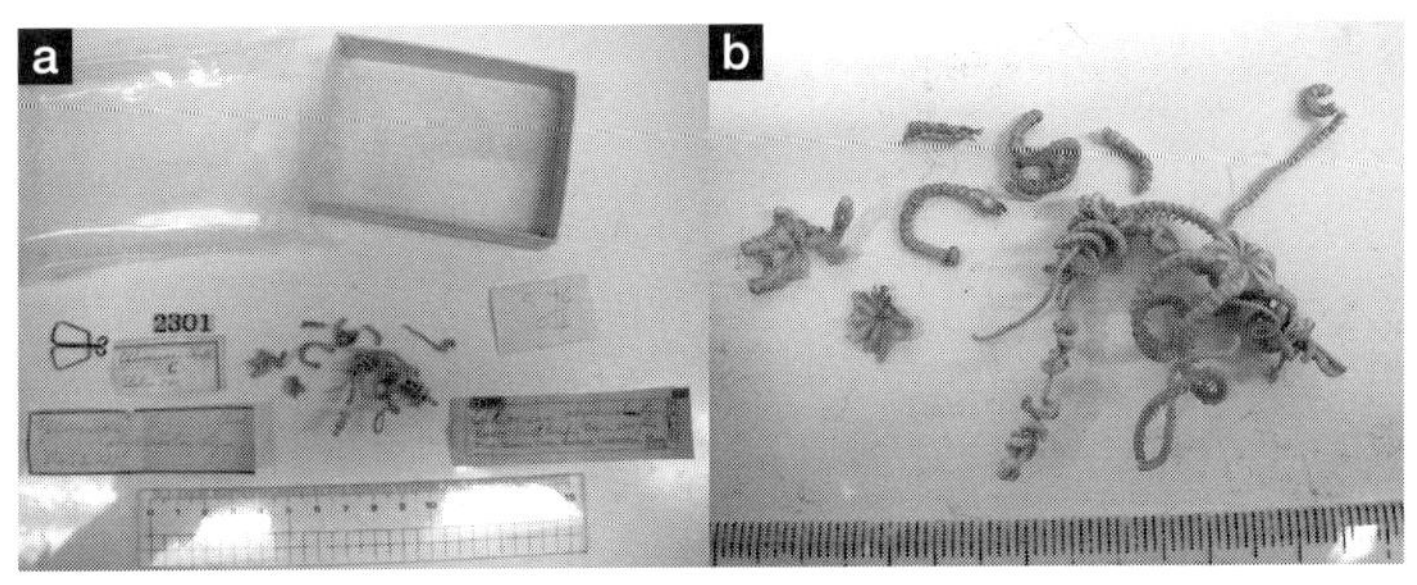

図3･7 *Ophiocreas abyssicola*のシンタイプ標本．a：標本箱に一緒に収められていたラベルと標本．ピンボケ，ライティングの問題などには目を瞑ってほしい．b：おそらくライマンによってバラバラに解剖されたと思われる個体（左）と，解剖されなかった個体の反口側（右）．ⓒMuseum of Comparative Zoology – Masanori Okanishi

太平洋側の四〇〇〇メートルであり（*O. abyssicola* のタイプ標本の採集地は日本のかなり東方だが）、形、生体、生息地、どこをとっても類似している。問題はその帰属である。*O. abyssicola* は記載されてから現在までタコクモヒトデ科に所属させられているのである。

前々から、文献を見ていても、*O. abyssicola* はタコクモヒトデ科にしては妙だと思っていた。タコクモヒトデ科では盤側面の生殖裂孔が非常に大きいことが一つの特徴になっているが、本種ではそれが非常に小さい。また、水深四〇〇〇メートルというのも、タコクモヒトデ科の他の種がせいぜい二〇〇〇メートルまでの分布に限られることを考えると突出して深い。ライマン（一八七九）の原記載では、これこそが *O. abyssicola* が他のタコクモヒトデ類と分けられる特徴であると述べているが、その後一三〇年間、本種が振り返られることはなかった。そして今、本種がタコクモヒトデ科にしては珍しいのは当たり前で、実はキヌガサモヅル科の *Astrodia* 属であることが暴かれたのである。この発見は、学生のうちに発表することはできなかったが、学位を取得した後に発表した（Okanishi and Fujita, 2014）。この中で *O. abyssicola* はキヌガサモヅル科の *Astrodia* に移され、*Astrodia abyssicola*（Lyman, 1879）という学名に変更となった。

なぜ、このような間違いが起こったのだろうか。ライマンが本種を発表した一八七九年には、キヌガサモヅル科の中には *Asteronyx* という属しか知られていなかった。そして本属の特徴の一つは、各触手孔における腕針の数が非常に多く、腕の先端ではそれらがフック状になる、というものであったが、*O. abyssicola* の腕針は各触手孔で二本と非常に少なく、かつ腕の先端でもフック状にならないのである。実はこれらは、後に一八九九年に記載される *Astrodia* 属の特徴なのだが、本種をタコクモヒトデ科と判断していたライマンが、本種を新たな属として記載することはなかったようである。また、タコクモヒトデ科とキヌガサモヅル科を分ける大きな特徴は生殖裂孔の大きさにあると先ほど述べたが、それは各科の種数が多くて初めてまともに比較できるもので、当時のように各科の種数があまり多くない段階では、この特徴が科の分類を表していると断ずることは至難の業であっただろう。しかも、一八七九年には二科にはそれぞれ一～二種しか知られていなかったため、初めてこの科に多量の種を記載するライマンには（彼は一人で八種も記載している！）、それらの識別形質を決める権利があっただろう。ライマン（一八七九）の功績は、間違いがあったとしても全く色あせることのない輝かしいものであったことをここに述べておく。

この例が示すように、学名というものは変わりゆくものである。時々、生物の名前は「登録制」であり、一度決められたら変更されることはないと信じている人がいたりするが、それは間違いである。属が変わったとき、シノニムが見つかったとき、学名はしょっちゅう変更される。これは、分類学が、ある種に対して、ある名前を命名するべきという「仮説」をたて、それを検証していくという立派な科学であるからに他ならない（松浦、二〇〇九）。勿論、根拠があやふやなままで種をどんどん記載していくのは問題であるが、ある程度の科学的な裏付けがあるのであれば、新種は発表すべきである。今回の例のように、後になって学名が変更される例もあるかもしれない。しかし、そもそも記載されていなければ、それらの種を科学のまな板に乗せることはできないのである。比較動物学博物館での濃密な五日間で、様々なことを学ぶことができた。ここで観察した内容は、いくつかの論文として発表することができている（Okanishi and Fujita, 2011; Okanishi *et al.*, 2013）。

標本に興奮しているうちはよかったが、やはり時差ボケによる睡眠不足はこたえた。授業中に眠くなる記憶は多々あるが、それとは全く質が違って眠気に抗えない。寝るまいと意識しても、いつの間にか瞼が閉じようとしている。顕微鏡を覗きながら睡魔に襲われると、前方に船をこいだ際にちょうど鏡筒が目つぶしの役割を果たし、簡単な眠気防止になる（鏡筒にダメージがいってしまうので、本当はよくない）。そこでなるべく顕微鏡を覗く作業を行うようにしていたのだが、やはり初日と二日目あたりはつらいものがあった。三日目くらいからはやっと体が慣れてきて、サンプルの観察も順調に進んできた。そんな頃に、メアリーさんから「ウーラコット教授とお茶でもどう?」とお誘いがあった。とてもいい人なので、緊張する必要は全くないよとメアリーさんは言ってくれるのだが、ハーバード大学の教授と対談とは、おそらく岡西家始まって以来の一大事である。そんな私の心配をよそに、果たしてウーラコット教授は本当に優しい紳士だった。自ら日本好きを名乗られ、エドワード・モースなど、明治初期に日本で活躍した外国人研究者の話題に精通されているようだった。何よりも、私にもわかる英語でゆっくり喋ってくださるので、実にストレスレスに会話させていただけた。このあたりで段々わかってきたのだが、海外の研究者は、話す相手に合わせて英語を使い分けるスキルに長けているようだ。

ウーラコット教授は、コケムシの専門家である。コケムシと言えば、私が北大のときに所属していた馬渡先生のご専門で、やはりお二人はお知り合いだった。海産無脊椎動物は、生物としては非常に多様だが、相対的に見ると研究者はあまり多くない。特に自然史研究者の世界は狭く、どこかで誰かが知り合いになっている。友人を三人介すれば、目当ての海産無脊椎動物自然史研究者にたどり着けると思われる。

しばらく歓談した後、ウーラコット教授に比較動物学博物館の展示を見せていただいた。ミツクリザメなど日本産の標本も多く、ウーラコット教授はとてもうれしそうに解説をしてくださった。ミツクリザメは英語でゴブリンシャークと呼ばれ、東京湾や相模湾などの水深一〇〇〇メートル以深の深海域に生息する珍しい鮫である。近年の深海生物ブームのおかげで有名になりつつあるが、大きく扁平な顎を前方に突き出し、それが他の鮫に比べて非常に顕著なことが主な特徴として挙げられている。この顎は口の中に収納されており普段から突出しているわけではない。本種の学名は *Mitsukurina owstoni* Jordan, 1898である。この学名は人の名にちなみ、*Mitsukurina* は東京大学三崎臨海実験所の初代所長箕作佳吉（みつくりかきち）に、*owstoni* はイギリスの貿易商であったアラン・オーストン（Alan Owston）に献名されている。一八九七年にオーストンが採集したこの鮫が実験所に寄贈され、箕作が渡米する際に持参し、アメリカの魚類学者のデイビッド・スター・ジョルダン（David Starr Jordan）によって新科新属新種として記載された（藤田・赤坂、二〇〇七）。当時の私は実に勉強不足な日本人学生で、これらのことの次第をウールコット教授から教えていただいた。海外の研究者の日本についての博識を目の当たりにし、自らの薄識を恥じることは、海外ならではの経験かもしれない（自分の場合だけかもしれない）。

そんなこんなで、五日間で何とか標本観察を終わらせることができた。このときは目下のところ、前述したような *Ophiocreas abyssicola* などの、タコクモヒトデ科の多くの種のタイプの観察が達せられたことに満足していた。しかし実際には、この時点で比較動物学博物館のツルクモヒトデ目のタイプを観察できたことは、後々大きな財産となるのであった。金曜日に仕事を終え、土曜日の朝の便で日本に発つことになっていたので、陽の上らない早朝にホテルを発った。ちょうど一週間前に、背をすぼめて来た道を、スーツケースを転がしながら、今度は少しだけ胸を張って歩いていく。と、大きな四駆の車が突然私の横に停まった。中には二〇～三〇歳代と思われる若い女性が一人乗っており、どこへ行くのかと聞いてくる。駅へ、と告げると「乗れ」と言ってくるではないか。不安が頭をよぎらないこともなかったが素直に従った。どうやら駅へ連れて行ってくださるようだ。詳しい話は忘れてしまったが、彼女は、パートナーをどこかに送った帰りで、重そうな荷物と共に駅方面に向かうアジア人に慈悲を施してくださったということだ。不安を感じてしまった自分を恥じると共に、見ず知らずの人を助けるアメリカの博愛の精神に最後まで包まれたまま、私の初の海外調査は、成功裏に幕を閉じたのである。

コラム・飛行機の中の紳士

成田を出発した飛行機は、ボストン直通ではなかった。航空運賃を少しでも安く抑えるべく色々チケットを検討し、最もリーズナブルなデトロイト乗換のボストン行きを選んでいた。成田からの便には日本人を含めてアジア人も多く比較的リラックスできたが、デトロイトで乗り換えたボストン行の便の機内は完全に「アメリカ」であった。ここでは日本語は通じない。不安で押しつぶれそうな私の隣には、私の一・五倍の体軀はあろうかと思われる、ナイスミドルな白人の男性が乗っていた。なんという圧迫感であろうか。できるだけ静かに機内を過ごそうと空気化を試みる私に、なぜかその男性がしきりに話しかけてくる。なかなか英語が聞き取れない私に、その男性は極めてゆっくりと、丁寧に、簡単な英語を使ってくれた。彼はどうやら研究者のようで、私のたどたどしい英語に真剣に耳を傾けてくださった。段々緊張が解けて会話ができるようになってきて、彼が物理か数学系（このあたりは記憶が曖昧である）の研究者であることがわかった。その男性はどうも日本の研究者に好意をいだいてくれているようで、こんな話をしてくださった。

彼がある学会で、日本人が混じった集団とお茶をしていたそうだ。彼はその席で、自分が尊敬する日本人研究者の話をしたそうである。（このあたりも少し記憶が曖昧だが）会話が進むうちに、なんとその場に同席していた日本人が、彼のその尊敬する日本人であることがわかったそうだ。そのことが判明した瞬間、彼は思わず立ち上がり直立不動で挨拶をしたそうである。彼はこの件で、自分の話が出ているのにちっともそれをひけらかそうとしなかったその日本人の奥ゆかしさに感動したと言う。その白人紳士との会話は尽きることがなかった。彼は私の話をちっとも嫌がらずに聞いてくれたし、私も彼の温和な態度のおかげで、訊き直しを躊躇(ためら)わなかった。何度も訊き直すことは決して恥ずかしいことではないし、その方が確実に英語を聴きとれることに気づいた。かくして思いもせず有意義に機内を過ごしているうちに、無事に飛行機はボストンのローガン空港に着陸した。着陸の様子を窓からじっと見ていた白人紳士は、私を振り返ってこんな言葉を投げかけた。

〝Welcome to USA!〟

私の初の海外調査が始まった瞬間だった。

3 国際学会＋α

研究者の調査以外の海外渡航の目的と言えば、「学会参加」である。そもそも学会とは、同じ分野の研究者同士が交流を深めることを目的とした団体である。日本動物分類学会も勿論存在するし、日本動物学会、日本古生物学会、さらに、研究者が多い分類群では日本甲殻類学会、日本貝類学会、日本昆虫学会などの固有の学会も存在する。

学会の主な活動は、学会誌の発行と年次大会の開催である。年次大会は一年に一回（複数回の学会もある)、地方の学会員が世話人となり開催される。学会員が一堂に会し、研究発表などを行う。白熱した議論は夜中まで続き、心行くまで科学談義に花を咲かせる、科学者にとっての正月のようなイベントである。国際学会も基本的に同じだが、数年に一度の場合が多い。実は棘皮動物は国内学会も国際学会もない。その代わり、国内では棘皮動物研究集会、国外では国際棘皮動物会議というものが存在し、毎回開催地で大会運営委員が組織されている。どちらもそれなりに人数が集まるので、それぞれ国内学会や国際学会にしようと思えばできる規模であるが、なにせ学会運営には今よりももっと多くの「きちんとした」労力が必要となるため、敢えて学会は組織されていない。

この国際棘皮動物会議、英名をInternational Echinoderm Conference、通称IECと言い、三年に一度の周期で、北半球と南半球で交互に開催されている。運のよいことに、私が研究費を獲得した二〇〇九年の一月五日~九日に、オーストラリアのタスマニア島で第一三回IECが開催された。当然口頭発表を申し込んだ。初の国際学会参加ということで緊張はしたが、藤田先生も含めて研究室のチームで一緒に行けるし、オーストラリアは日本と二時間しか時差がない。さらにオーストラリアは夏季だし、なにより学会でいろんな棘皮動物研究者にお会いできることを考えると、博物館調査のときとは違い、緊張を期待が上回った。ところが、実はこのときの私の公式な学会発表経験は二〇〇八年六月の日本動物分類学会での口頭発表だけであった。しかもそのときは緊張のあまり超早口になってしまい、後でいろんな人から、何も聞き取れなかったと言われて、かなり凹んだ。そこで今回はこの経験を踏まえ、念入りに準備した。本番一か月前には最初の発表練習会を行い、そこからほぼ毎週、練習会を行った。最初はひどい出来で、途中で発表を止められてしまったが、最後の方には何とか通せるようになった。また、一五分の英語を全て覚えられるわけではないので読み原稿を作った。学会では原稿を読まないほうがいいという人もいるが、私の場合はどうしても早口になってしまう傾向があったので、スピードを抑えるという目的のためにも、学生時代は英語、日本語を問わずずっと原稿を用意していた。一か月の準備が功を奏したか、出発する頃には原稿はほぼ暗記できるようになっていた。最近はなかなか十分な発表練習時間を割けなくなってしまったが、学生の時期に、このように毎回発表練習の機会を設けてくれた藤田先生の教育には、今でも感謝している。

タスマニアは結構遠い。よくオーストラリアと四国の形が似ていると言われるが、四国にたとえると、タスマニアは南東の先、室戸岬の少し沖の位置に浮かぶ島である。大きさは大体北海道より少し小さいくらいである。直通便もなくはないようだが、例によって乗換の方がリーズナブルなので、藤田研究室に来られていた、入村精一先生と、石田吉明先生と一緒に、往路はシドニー経由で向かうこととした。入村先生は、近代の日本のクモヒトデ研究を支えてこられた方で、高校の先生をされながら、クモヒトデの分類学的研究に関する山のような論文を著されている。代表作の『相模湾産蛇尾類』は、ヒドロ虫の専門家でも在らせられた昭和天皇が収集されたクモヒトデ標本をもとに書かれた大作である（入村、一九八二）。石田先生も同じく高校の先生をされながら、クモヒトデの化石研究を行われている。石田先生以前はほとんど研究例がなかったため、現在の日本のクモヒトデの化石研究は、彼が一身に背負っているようなものである。お二人はほぼ毎回国際学会に参加されており、私もその旅程に乗っかったという形だ。自分で全て

図3・8　タスマニアでの思い出その1．a：13th IECの会場となったStanley Burbury Theatre．日本人参加者たちと記念の1枚．b：学会会場からホバート市街を見下ろした景色．遠くにタスマン・ハイウェイの橋が見える．c：学会会場内に設置してあった皮だらけの水槽．d：学会会場内に設置してあった棘皮動物の乾燥標本コーナー．写真撮影：石田吉明（東京都杉並区）

を手配しなくてはならなかった比較動物学博物館調査とは違い、海外経験豊富なお二人との旅はとても快適で安心だった。機内で一泊、シドニーで一泊し、二日かけてやっとタスマニア島にたどり着いた。その間、北海道を凌駕するオーストラリアの雄大な自然には終始圧倒されっぱなしだった。かなり高緯度で、夏とは言え冷えるのではと思っていたのだが、日中はとても暖かく、気候もカラッとしておりとても過ごしやすかった。学会場は、ホバート国際空港から数十分移動したホバート市にあるタスマニア大学のスタンレーバーバリーシアター（Stanley Burbury Theatre）だ（図3・8）。学会場に到着し、一〇〇人以上の棘皮動物研究者が一堂に会した様子を目の当たりにして、なんだか込み上げるものがあった。

初の国際学会参加は実に有益だった。まず、世界のクモヒトデ研究を牽引する新進気鋭の研究者である、スウェーデン自然史博物館のザビーネ・ショアー（Sabine Stöhr）博士と、ティム・オーハラ（Tim D. O'Hara）博士にお会いすることができた。クモヒトデ研究者は世界的に見てもあまり多くはないのだが、お二人はクモヒトデの系統、分類、生態学的な研究を精力的に進められており、私もたびたび論文で名前を目にするほどの、クモヒトデ界のビッグネームだ。いずれもとてもいい人で、私のたどたどしい英語に丁寧に答えてくださった。彼らとは今でも親交があり、ティム博士とはその後、二本の論文を共に著すこととなり、ザビーネ博士には貴重な標本を送ってもらったりしている。オーストラリアでの開催ということで、最近オーストラリアとニュージーランドのツルクモヒトデ相を研究された、アラン・ベーカー博士と、ドン・マクナイト博士にお会いできるかと思ったのだが、残念ながらその願いは叶わなかった（Baker, 1980; McKnight, 2000）。風の便りでは、ベーカー博士は現在は鯨類の研究に没頭されているようだが、時折、クモヒトデ類に関する研究発表もされている（Baker, 2016）。マクナイト博士は既に引退されているとのことだった。お二方の研究された標本にアクセスしたかったので、是非ともコンタクトが取りたかったのだが、その代わり（と言っては何だが）に、マクナイト博士が所属されていたニュージーランド国立大気水圏研究所（New Zealand Institute of Water and Atmosphere: NIWA）のオーウェン・アンダーソン（Owen Anderson）氏と知り合うことができた。アンダーソン氏はウニの研究者で、私のＮＩＷＡ訪問の希望を快く受け入れてくださった。比較動物学博物館のときのように、メールで直接やり取りをして、訪問の調整をすることもできるが、メールが相手方のスパムボックスに入ってしまうためか、返信の待ちぼうけを喰らうことも多い。従って、直接の知り合いが窓口になってくれた方が断然アクセスが楽である。

その他、シドニー大学のマリア・バーン（Maria Byrne）博士にもご挨拶させていただいた。彼女は棘皮動物の発生学から組織解剖学分野にかけて幅広くご活躍されており、特に一九九四年の著作は近年のクモヒトデ形態学の決定版とも言える傑作である（Byrne, 1994）。この他、同年代の知り合いもたくさんできた。同じクモヒトデで言えば、当時はまだドイツの大学学部生だったクモヒトデの化石屋のベン・テュイ（Ben Thuy）氏を紹介したい。彼は高校の時からクモヒトデの化石論文を発表しており、現在はルクセンブルクの博物館に職を得ている。一〇〇ページ超の大論文を著し、紳士で、マルチリンガル（ドイツ語、英語、フランス語、ルクセンブルク語）で、ホバートに婚約者同伴という傑物である。研究に疲れ切ったときには、ある日藤田先生に、「岡西は研究面でベン君に勝っているところは一つもない！」とぴしゃりと言われたことを思い出すことで、研究へのモチベーションを再燃させることにしている。彼とも国際学会で会う度に、クモヒトデについての議論を交わしている。当然同じ化石屋の石田先生と仲がよく、自宅に招き合っているそうだ。さらに、地元のオーストラリアの学生のTodd、Alan、Hong、Kate……今でも思い出せるたくさんの知り合いになった若手研究者。うち幾人かは、七年以上が過ぎた今でも現役で研究を続けているようだ。

さて、肝心な学会発表であるが、私の出番は初日の一二時からだった。さすがに本番前は緊張したが、かなり練習した甲斐があり、悪くない出来で終われたと自負している。原稿はほぼ丸覚えしていたため聴

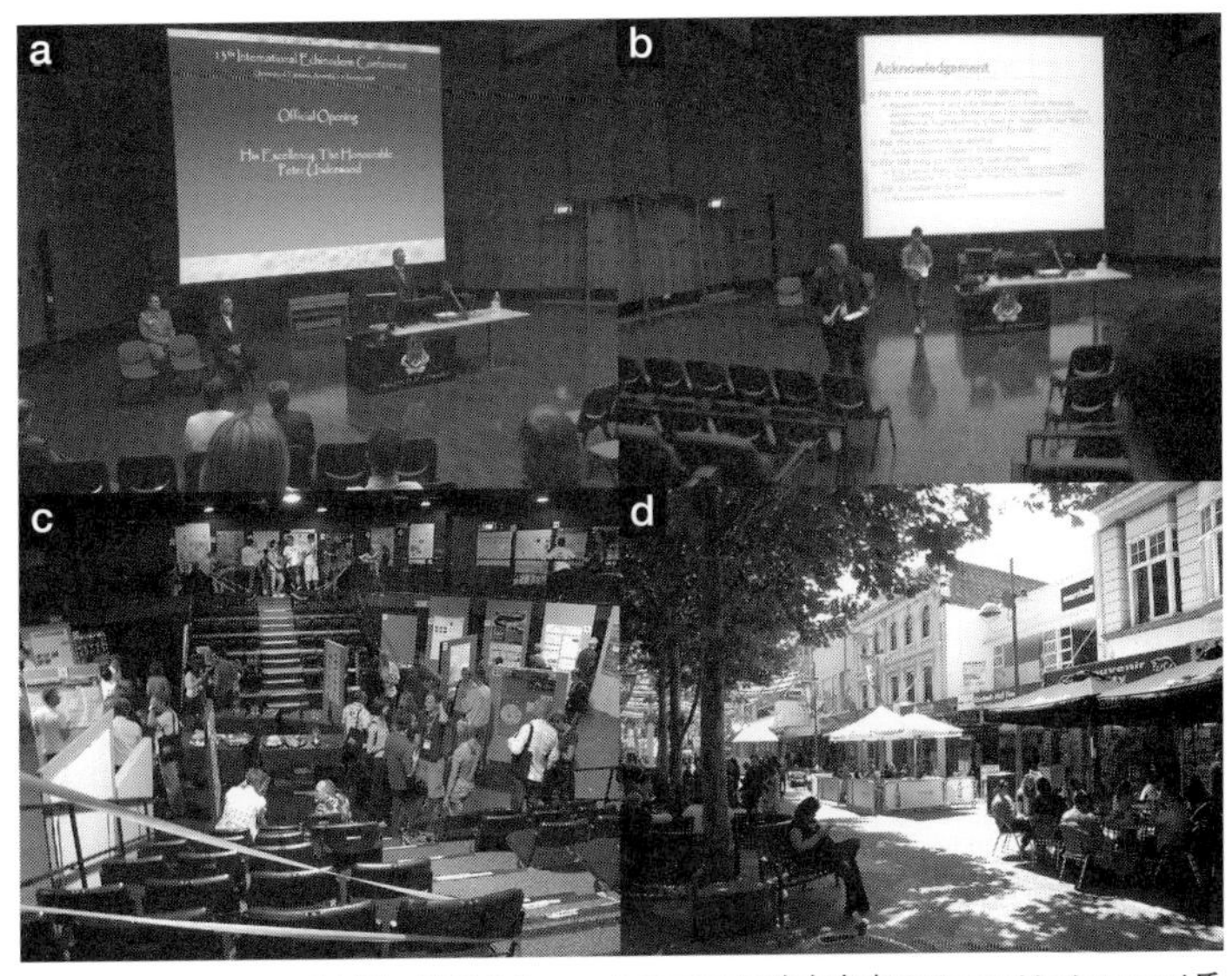

図3・9　タスマニアでの思い出その2．a：タスマニア政府高官のPeter Underwood氏による開会挨拶．b：私の発表が終わった直後．c：ポスター会場の様子．d：ホバート市街．この通りでよく酒を呑んだものだ．写真撮影：石田吉明（東京都杉並区）

衆を見ながらリラックスして喋ることができたし、質疑応答もあまり難しいものはなく、きちんと受け答えができたはずだ（図3・9）。一応、私は自画自賛するタイプではないことを断っておきたい。こう思える理由は、私の発表を見たバーン博士が、"He is confident!"（直訳すれば、「彼は自信にあふれている！」）と褒めてくださったからだ。ただし、後にも先にも、このときを超えたと思える国際学会での発表がないのは悲しい限りである。一日目の発表は緊張するが、終わってしまえば後は楽しむだけである。一日目には官邸に招かれての政府主催歓迎会で呑めるし、二日目にはポスターセッションの間の振る舞い酒が呑めるし（図3・9）、三日目はエクスカーションだが、山下りサイクリングの後に汗を流すために呑まなくてはならない。四日目はホバートからバスで三〇分ほどのオーストラリア南極観測局（Australian Antarctic Division）という建物で、深海調査の様子をビデオで見ながらワイン&チーズイブニングだし、最終日は打ち上げの夕食会（クルージングパーティー）で呑むことになる。さらにこれらの懇親会の後、大学からバーのあるホバートの街中まで、タクシーで到着した棘皮動物研究者がなだれ込む（図3・9）。ホバートの夜は長く、毎日が棘皮動物祭り状態であった。言い忘れていたが、この学会で知り合いになったのは、何も海外勢だけではない。13th IECには、大勢の日本人が参加していた。特に、慶應義塾大学、横浜国立大学、神奈川大学、東京海洋大学、東京大学三崎臨海実験所からも若手の学生や研究者が参加しており、毎日呑み歩くメンバーに混ぜてもらっていた。このうちのほとんどは今でも研究者として活躍しており、貴重な出会いの場だったなと、今にして思う。

さて、そんなこんなで国際学会も幕が下り始めてきた。本会議の最終日は、打ち上げのパーティの前に次の開催地などの会議を行う最重要日である。ところが、慣れない海外の空気のせいだろうか、発表の緊張の糸が切れたせいだろうか、はたまた連日のアルコールがたたったのだろうか、私は最終日に劇的に体調を崩してしまった。恐ろしく熱っぽくけだるい。何とか会場までは足を運んだものの、時間が経つにつれ体調は快復するどころか悪化する一方である。午前中は何とか耐えたが、午後はもう限界だった。途中で藤田先生に体調不良を訴え、宿泊先に戻ることにした。ひょっとすると夕方のパーティまでに快復しないかという淡い期待は水泡に帰した。あろうことか私は最終日の夜を、クルージングパーティでなく、大学の敷地内の宿泊所でひっそりと終えることになってしまった。パーティの参加券は、当時慶應義塾大学の院生だった成瀬さんが買い取ってくださった。後に聞いた話によると、学生発表賞はその成瀬さんが獲得されたそうである。その日私の枕を濡らしたものは、寝汗だったのか、それとも涙だったのか、今となっては知る由もない。こうして、私の初の国際会議の夜は過ぎていった。

翌日は早朝から出発だった。正直体調は依然優れなかったが、体に鞭打ってなんとかベッドから這い出し、タスマニアを後にした。この学会の後に、メルボルンのビクトリア博物館（Museum Victoria）に訪問する予定となっていた。ホバートからメルボルンまでは国内線で数時間。今でこそＬＣＣの登場で空旅の価格は相当に安価になっているが、まだＬＣＣが普通でない頃、このときの運賃は一万円しないくらいで、オーストラリア国民ならさらに安く数千円という価格なのを知って驚いた印象がある。ビクトリアに着いたのがお昼前くらいで、ホテルのチェックインまで数時間待たなくてはならなかった。ホバートから一緒だった入村先生と石田先生は市内観光に出かけられたが、とてもそんな気力のない私は、数時間、ビクトリアの公園のベンチに座ってぼーっとしていた。途中、通りがかりのお姉さんに「あなたは神をどう思いますか？」的なことを聞かれたので、「自然のあらゆるものには八百万の神が宿っている」と説明したら離れていった。夕食を食べた後、ホテルでぐっすりと休み、翌日には何とか体調が快復した。これで満を持して調査に臨める。

ビクトリア博物館はティム博士の勤務先であり、オーストラリア近辺のクモヒトデのＤＮＡ解析用のエタノール標本が多数保管されているとのことだった。実際、標本庫を案内してもらうと、学生の私の目にも宝の山であることがすぐに窺い知れた。まず、当然ながら日本で採れるような種はほとんどない。論文

図3・10　ビクトリア博物館で発見した未記載種．写真撮影：藤田敏彦（国立科学博物館）

でしか見たことがない種ばかりが、ずらりと並んだ標本瓶の中にひしめいている様は、実物の迫力、とでも言えばいいだろうか。まさに圧巻の一言であった。この調査で、日本産の二〇種分くらいしか集められていなかったDNA解析用の標本は二倍以上に達した。修論を目前に控えた身としては、うれしい悲鳴となった。また、未記載種と思しき種も見られた。タスマニア近海の水深二〇〇メートルから得られたあるタコクモヒトデ科の標本である。この頃は、タコクモヒトデ科に限った話だが、「自分が見たことなければ新種」の域に達しつつあった。この標本の場合、体表を覆う茶色の骨片の地の上に、白い骨片が環を形成して規則正しく並ぶという形質を見て、一目で未記載種と判ずることができた（図3・10）。この標本は日本に貸し出してもらい、その後詳しく調べて、なんと未記載属であることも判明した。調査から二年後、*Squamophis* という属名をつけて新属新種 *Squamophis albozosteres* Okanishi *et al.*, 2011 として発表した（Okanishi *et al.*, 2011）。*Squamophis* は「鱗」と「蛇」という意味のラテン語とギリシャ語の合成語で、*albozosteres* は

「白い」と「環」という意味のラテン語の合成語である。タイプ標本こそなかったものの、たった二日間のビクトリア博物館での調査は極めて有意義であった。そして、この調査は、私にある発想を抱かせた。

ツルクモヒトデ目の研究が進んでいない一つの要因は標本が集めにくいことかと思っていたが、どうもそうではないのかもしれない。ツルクモヒトデ目は確かに採集が難しいレア生物であるが、レアであるがゆえに、採れさえすれば大抵の場合標本として保管されることになる。また、概して大型で目に付くため、同じくレアだが極小な生物とはまた状況が異なる。ビクトリア博物館の場合は、蓄積された標本が私の目に触れ、その有用性が確かめられた。他の博物館ではどうだろうか？　同じように、まだ見ぬ標本が、私に発見されるその時を、今や遅しと待ち望んでいるのではないだろうか？　独力の標本収集に限界を感じていたツルクモヒトデ目研究であるが、歴代の偉人たちの標本を調査することで、ひょっとすると思わぬ突破口を得られるのではないだろうか？　私にとって、海外の博物館こそがフィールドなのかもしれない。助成金がある残りの一年、海外調査を行う余裕はある。日本行きの機内の中で、海外博物館調査へのモチベーションが、密かに、しかしふつふつと、体の底から湧き上がってくるのを感じていた。

コラム・海外ではパスポートを！

アジア人は欧米人に比べて若く見られるらしく、何かにつけ年齢確認のためのパスポートの提示を求められる。初めての海外調査のとき、ボストンで夕食に預かろうと思い、ホテル近くのレストランに入った。ウェイトレスさんにミックスフライを注文し、ついでにビールを頼んだとき、パスポートの提示を求められた。生憎パスポートをホテルに置いてきてしまっていたのだが、何とかしてビールにありつきたいと思った私は、日本の運転免許証を見せて、「生年月日」がバースデーであること、「昭和五八年」が一九八三年であることを力説したが、両手の平を上にかえす例の「困ったわねえ」のポーズの後、〝No〟を突き付けられてしまった（しかもウェイトレスさんの機嫌は目に見えて悪くなってしまった）。しょんぼりしながら鞄を探っていて、そう言えば念のためとパスポートのコピーを持ってきていたことを思い出した。前菜を持ってきたウェイトレスさんにコピーを見せると、渋々注文を取ってくれたが、やはりまだ機嫌は悪そうだ。せっかくミックスフライは極上だったというのに。

食後に席を立ち、日本の感覚でレジに向かおうとすると、ウェイトレスさんに〝Pay to me!!〟と怒られてしまった（海外ではテーブル会計が多い）。どうやら怪しげなライセンスで誤魔化そうと（したわけではないのだが）して一度失った信頼は二度と戻らなかったらしい。その後も、現地のライブハウスに入場しようとした際にパスポートの提示を求められた。このときはコピーも持っておらず、どうあがいても入場は叶わなかった。周囲の憐憫（れんびん）の視線を一身に受けながらライブハウスを後にした苦い思い出である。

海外では常にパスポートを！

4 再びオセアニアへ

私の前を一人の男性が歩いている。背の高い白人だ。後頭部はやや薄れ始めているようだ。目も開けていられないくらいのすさまじい雪交じりの向かい風を少しでも和らげるためだろうか、彼はできるだけ肩を竦(すく)めているようだ。看板か何かが飛んでくれば危険なレベル。しかも近くに海があるせいだろうか、その風に乗った水しぶきは少ししょっぱい気もする。周りが建物に囲まれているせいで余計に風が強くなっているのかもしれない。目的の建物まであと少し、というところで、さらに向かい風の勢いが増した。男性は思わず後ろを振り向き、そしてすぐ後ろを歩いていた私と目が合うやいなや、腕を広げて叫んだ。

“Welcome to Wellington!!”

オーストラリアから帰国して半年が経った七月、私はニュージーランドのNIWA（ニュージーランド国立大気水圏研究所）に来ていた。ホバートでの学会で知り合ったオーウェンさんに、学会後すぐに連絡を取り、NIWA訪問の日程を決めた。シドニー大学のバーン博士からも、彼女が撮りためたツルクモヒトデ目の組織切片の写真を観察に来なさいという誘いを受けていたので、七月の末から八月の上旬にかけて、NIWAとシドニー大学を訪問することとした。前回の渡豪とは違い、今回の南半球は冬である。冬から夏への移動は心が躍るが、夏から冬への移動は気が重い。目的地のウェリントン（Wellington）の緯

図3・11　NIWAの風景．a：調査船格納庫の壁．b：白波立つウェリントン港．Windyである．c：自動ドア．左下は，キーで開錠したときの様子．d：私が与えられた観察スペース．隣にいるのはスペイン人のゴカイ屋さん．e：標本移動用のキャスター付きのカゴ．f：クモヒトデ標本棚．ⓒNational Institute of Water and Atmospheric Research – Masanori Okanishi

度は、日本で言えばちょうど津軽海峡くらいである。札幌で鍛えた寒冷耐性はとうの昔に失われて、己の体は何の役にも立たない。すがるべきはウェリントンの暖房器具だ。オーストラリアで飛行機を乗り継ぎ、二四時間くらいかけてたどり着いたウェリントンは、寒さよりも強風が際立った。NIWAで再開したオーウェン氏にウェリントンの強風を訴えると、どうやらそれが冬の日常らしく、〝Windy Wellington〟という言葉があるくらいだそうだ（図3・11）。NIWAに滞在中のほとんどの日が強風で、施設内の移動が一苦労なことさえあった。オーウェンさんの居室がある建物から標本のある建物に移動するときに、まともに前に進めないくらいの強風に見舞われた様子を、冒頭に述べた次第である。NIWAは、宿泊したウェリントン市街からバスで二〇～三〇分ほどの、ウェリントン港の内側のあたりに位置していた。ウェリントン港はそれ自体が湾で、NIWAは湾の外側からアクセスするには、「の」の字を描かなくてはならないほど入り組んだ場所に構えられていたが、それでも波浪は免れないらしい。すぐ横の海はいつも白波が立っていた。かなり大規模な臨海実験所といった感じで、大きな建物がいくつも立ち並んでいた。そのうち一つは船の格納庫にもなっているようだった（図3・11）。

NIWAの研究環境はすこぶる快適だった。部屋は全てオートロックで、感知式のキーカードで自由に出入りできた。研究スペースはスペイン人のゴカイ屋さんの隣に置かせてもらった（図3・11）。彼女は私がNIWAに来たときには既に一か月以上滞在していたらしく、建物内での知名度が高かった。なかなか感情表現が豊かな方で、隣で標本観察中に〝Wow!!〟と叫ぶのでどうしたのかと聞いたら〝New genus!!!（発音的には「ニュウ、ジーナゥアァ――――ス!!」）〟と叫びながら踊り始めるという次第だ。またある

図3・12　NIWAの南極産のサンプルに発見した*Ophiocreas japonicus* Koehler, 1907．この写真には2個体のツルクモヒトデ目が映っているが，左の矢印を付したほうである．ⓒNational Institute of Water and Atmospheric Research – Masanori Okanishi

とき、彼女のPCから突然聴き覚えのある曲が流れてくると思ったら、マキシマム ザ ホルモンという日本のバンドの「絶望ビリー」という曲だった。「それ、日本語だよ?」と聞いたら、〝I don't know what they are saying, but something is good〟と言っていた。音楽は世界共通言語なんだなあと実感した。それにしても、どこであの曲を手に入れたのだろう。その他、私の滞在中に（今回は余裕を持って一〇日滞在した）、アメリカ人のヨコエビ屋も同じ部屋で作業をしていた。NIWAでは南極海での航海調査も行っているらしく、そのサンプルの観察のために、結構頻繁に研究者が訪れるのだそうだ。

肝心の研究成果は、ここでも上々だった。マクナイトが研究した標本はしっかりと残されていたし、その他のツルクモヒトデ目の所蔵標本は思っていた以上に種が多く、ビクトリア博物館で観察した種も合わせると、これまでにオセアニア近辺で発見された種は概ね見ることができた。また、南極産のサンプルも見せてもらい、日本から記載されているのに手に入っていなかった *Ophiocreas japonicus* の標本が、何故かその南極のサンプルに混ざっていたので、これを手に入れることができてホクホクであった。

クモヒトデの標本がやたらと整理されているなと思ったら、なんとクモヒトデの専門家がいるのだと言う。サディー・ミルス（Sadie Mills）と名乗るニュージーランド人のその若い女性は、大学を卒業してからNIWAで、日本で言う非常勤的な身分で標本整理の仕事をしているらしい。ツルクモヒトデ目の同定もかなり正確であった（図3・11）。また、分子標本の貸し出しや部屋のセッティングなど、標本に関することは、キャリーン・シュナベル（Kareen Shnabel）さんと言う（図3・13）、こちらも若い女性が仕切っていた。どうやら彼女は海産動物標本のマネージャーらしく、非常に優秀な成績で大学を卒業し、NIWAに職を得ているということを、彼女の同僚から伺った。ニュージーランドは女性が強いようだ。

ニュージーランドでは、外国人の日本への強い興味を窺い知れた。特にオーウェンさんは、酒の席でよく日本の文化や歴史を尋ねてきた。日本には何年前から人が住んでいるのか、どんな文字を使っているのか、修学制度などなど……なぜこんなに根掘り葉掘り聞いてくるのかと聞くと、どうやらニュージーランドでは最近国民（特に若者）の〝Identity Crisis〟が問題になっているらしい。直訳すると「自我の危機」だが、ニュージーランドに本格的に白人が移民し始めたのは一九世紀に入ってかららしく、その社会としての歴史はかなり浅い。街中には様々な種類のレストランが立ち並ぶが、「ニュージーランド料理」というものは見当たらない。すなわちニュージーランドは国固有の文化が少なく、国民が自分たちの由来、自我を、自身に見出せない、それが〝Identity Crisis〟だと言うのだ。勿論、マオリ人らのネイティブは九世紀

図3・13　NIWAの風景その2．a：オーウェンさんとその仕事場．b：キャリーンさん．c：鏡のような水面になったNIWA前．d：お茶会の様子．e：最後のパーティの様子，f：ラグビー観戦後，連れだって歩くオーウェンさんとご子息のカイン君．ⓒNational Institute of Water and Atmospheric Research – Masanori Okanishi

から住んでいたらしいが、それと彼らの文化は別物である。そんなオーウェンさんの話に、目から鱗が落ちる思いだった。私は日本人である。一万年以上前から日本列島に住み、農耕・牧畜によって国土を均し（なら）た祖先の末裔である。ゲイシャ、ハラキリ、フジヤマ、サムライ、ニンジャ、など、海外にも名が高い独自の文化にあふれた国だ。優柔不断、英語が喋れない、といった特徴を、親から、そして社会から受け継いでいる私は紛うことなき日本人である。しかし彼らニュージーランド人は、自分が自国民であることに確信が持てないと、オーウェンさんは言うのだ。「他人は自分を移す鏡」とはよく言ったものだ。ニュージーランドにツルクモヒトデ目の標本を観察しに来て、自分のアイデンティティを見つめ直す機会を得ることになるとは思いもよらなかったが、世界の中での自国の立ち位置や、日本史を学ぶことの重要性を認識できたことは、本当にかけがえがなかったと今でも思う。

ニュージーランドを発ち、シドニーではバーン先生にお会いして、ツルクモヒトデ目の形態観察の画像を見せていただいた。バーン先生はとにかく多種のクモヒトデの組織切片を切り、その形態学を修めたそうである。アメリカでの修学経験があり、その頃に私の処女論文の英語をチェックしてもらったゴードン博士にクモヒトデの教えを請うたそうだ。彼女が取りためた組織切片の写真を片っ端からコピーさせてもらったのだが、その中に〝*Asteroschema* red line〟と書かれた種を見つけた。これは何だと尋ねると、おそらく未記載種らしく、腕に必ず赤い線が入っていたからそう名づけていたらしい。その場に標本はなく、残念ながら今に至るまでこの種の標本を見たことはない。いつか名前をつけてやりたいと思っている種である。

コラム・ニュージーランドでの思い出

海外で最も思い出深かった国は？　と問われれば、私はニュージーランドを挙げる。おそらくホストのオーウェンさんの面倒見の良さもあるのだろうが、今まで海外訪問した中でも、イベントの数が段違いだった。備忘録もかねてここに思い出を列挙していきたい。

呑み会：ＮＩＷＡに来て三日目くらいの金曜日だったと思うが、オーウェンさんが私のために呑み会をセッティングしてくださった。スポーツバーで一杯→タイ料理屋で食事→ニュージーランドの居酒屋的な感じの所でサディーさん、キャリーンさんと合流して呑む→ウェリントンの立ち呑みバーで呑む、といったフルコースを堪能した。最後のバーで、カクテルの中にハーブを直接入れる酒をご馳走になった。その見た目からもしかしてヤバい酒かなと思ったのだが、普通に美味しいモヒートというカクテルだった。人生で初めてのモヒートだった。日付が変わる頃に私が眠くなってしまいお開きにしたが、オーウェンさんは朝まで行くつもりだったらしく、少し残念そうにしていた。

鏡のような水面：ニュージーランドを発つまであと数日と迫ったある日、スペイン人のゴカイ屋さんが突然部屋に入るなり、〝surface of water is now, perfect!!（このときのperfectは「ン、パーッ！　ンフゥェクトッ!!」）〟と叫んだ。連れられて外に出ると、珍しく風が一切ないのである。アメリカ人のヨコエビ屋と三人で、しばらくその美しい光景を楽しんだ（口絵二〇）。風のないウェリントンは本当に綺麗な街だった。

ホームパーティ：オーウェンさんがホームパーティに招いてくれた。彼の奥さんと三人のお子さんと一緒に夕食をとるというイベントで、正直「外国の映画みたいだ」と思った。メインディッシュはフィッシュアンドチップスで、オーウェンさんが、食卓に置かれたフィッシュアンドチップスの新聞紙の包みを開ける際に"Here we go!!"と子供たちを煽っていたのを見て、本当に「外国の映画みたいだ」と思った。オーウェン家は一家で日本の文化に興味があるらしく、カタカナ、ひらがな、漢字の三種類の文字があることをとても興味深く聞いてくださった。ちなみにこのとき、生まれて初めてWiiをプレイした。

お茶会：スペイン人のゴカイ屋さんの帰国が近いというので、彼女のお別れのお茶会に参加することになった（と言っても、実は私の方が帰国が早かったのであるが）。私を含め一五人ほどで集まってお話をしていた。とてもおいしそうなケーキとお茶がふるまわれたが、お茶のときはどうもみんな本気のお喋りがしたいらしく、なかなかみんなの会話を聞き取ることができなかった。今でもそうだが、研究の話であればある程度理解できるが、日常会話を聞きこなすのはなかなか難しい。

三人で：NIWAでいつも最後まで仕事をしていたのは、スペイン、日本、アメリカ合同チームの我々同室三人組であった。ウェリントン市街でバスから降りたとき、二人から「三人で飲みに行かない？」とお誘いがあったので、一緒に行くこととした。手近なバーで、研究のことやそれぞれの国の習慣についてお喋りをした。ここでもやはり、彼女らの本気のガールズトークについていくことができなかった。聞き取れたとしても、それが理解できるかは別かもしれない。

最後のパーティ：NIWA最後の金曜日は、奇しくも月一のパーティが開かれていた。後述するスミソニアンでも同じようなパーティが開かれていたので、欧米の欠かせない習慣なのかもしれない。ペットボトルに入ったど紫の液体がふるまわれていたが、なんとそれが自家製のワインとビールなのだと言う。これがなかなかイケる味で、ついついたくさんご馳走になってしまったのだが、今思えば酒造法とかどうなっていたのだろうか。

ラグビー：今でこそ五郎丸フィーバーで日本の知名度も上がったが、当時はラグビーと言えばニュージーランド、オールブラックス！　である。私もあまり詳しいわけではなかったが、ＮＩＷＡでの最後のパーティの後に、なんとオーウェンさんがラグビーのチケットを取ってくださったのだ！　オーウェンさんの長男のカイン君と合流して、ウェリントンの競技場で、初めて生でラグビーを観戦した。しかも前列から三番目くらいのかぶりつき特等席である。生のハカもさることながら、間近で見る屈強な男たちのぶつかり合いはど迫力なんてものじゃなかった。合間合間のショータイムも凝っており、時折流れるボンジョビの"Livin' on a Prayer"を全員が熱唱する様子に、このスポーツの国民性を感じた。

何度もチケット代を支払うと言ったのだが、オーウェンさんははぐらかし続けた。何というホストっぷりであろうか。帰り際、そんなオーウェンさんにカイン君がじゃれていた。確かに、優しくて、気が利いて、しかも研究もできる素敵な自慢のパパだろうなあ。そんな感慨を抱くと共に、当たり前だが、海外で見る、日本と変わらぬ親子の営みに、家族の普遍性を見た思いであった。

5　アメリカ再訪

ニュージーランド・オーストラリア訪問から半年が過ぎた二月、私はアメリカで雪に閉ざされていた。大げさでも比喩でもなく、ワシントンＤＣのホテルで、百年ぶりとも言われる豪雪で完全に雪に覆われた窓外を、私はただただ見つめるしかなかった。

——以前訪問した比較動物学博物館の他に、自然史研究者にとって、アメリカには絶対に訪問すべきもう一つの博物館がある。アメリカの首都ワシントンＤＣのホワイトハウスのほど近くに、巨大な博物館群が形成されている。いわゆるスミソニアン博物館群（Smithsonian Institutes）である。その一郭を担うのが国立自然史博物館（National Museum of Natural History）である。ヨーロッパの博物館に比べれば歴史は浅い（一九一〇年開館。例えばパリの国立自然史博物館は一七九三年開館）ものの、標本数、標本室面積などにおいて、自然史系の博物館としては間違いなく世界トップクラスである（図３・14）。南北アメリカの標本をはじめ、ここにも世界各国の調査によって集められた莫大な数の標本が収められている。ツルクモヒトデ目に関して言えば、比較動物学博物館にも保管してあったライマンの研究したチャレンジャー号のタイプ標本の株分け個体の他、ドイツのデーデルライン（Döderlein）が研究したタイプ標本の一部などがこの博物館にも収められている。

キュレーターのデイビッド・ポウソン（David Pawson）博士にコンタクトを取り、スミソニアン行きを決めたのが二〇〇九年一〇月。日本を発ったのが翌年、二〇一〇年の一月末日であった。デイビッド博士は、もともとのご専門はナマコだが、棘皮動物全般を扱える大御所である。実はツルクモヒトデ目の論文も書かれており、お会いする際に非礼のないようにと気を張っていたのだが、実際にお会いしてみると、非常に朗らかで柔らかい雰囲気の、ユーモアにあふれた紳士であった。スミソニアンには、ＮＩＷＡのように訪問研究者のための共同スペースがあると伺っていたのだが、私の研究スペースはデイビッド博士の居室の一郭に既に拵えられていた。棘皮動物の大御所の隣で、顕微鏡一台を使わせていただけるという破格の待遇であった（図3・14）。

自然史博物館は、噂に違わぬ巨大な構えを見せていた。デイビッド博士の居室のある海産無脊椎動物のフロア全体が、巨大な乾燥標本庫であった。どういうことかと言うと、その巨大なフロアの真ん中八割ほどが標本のスペースで、残りの二割の外縁を、各研究者の個室が囲っているのであった（図3・14）。つまり、研究者は居室のドアを開けると目の前が標本庫という素晴らしい環境の下で研究に勤しんでいるのだ。私が訪問したときには液浸標本はワシントンＤＣにはなく、車で数十分いったところにある別の新館に全て移管されたのだそうだ。

まずは乾燥のタイプ標本から取り掛かった。私の今回の目的はほとんどが乾燥標本だったので、このフロアの標本を観察するだけでほぼ事足りるはずである。ライマンの標本も多かったが、楽しみにしていたのがデーデルラインが東南アジアから記載した種のタイプ標本であった。彼は比較的詳細な記載を残しているので、文献からでもある程度は情報が追えるのだが、問題はそれらが全てドイツ語であるということであった。勿論、何とかして辞書を引いたり、グーグル翻訳で英語に変換したりして解読するのだが、文字だけではなかなか形質が掴みにくいし、やっぱり全ての形質が描かれているわけではない。ということで、ここでもタイプ標本の観察が不可欠である。基本的には全て良好な形で保存されており、紙の箱を開ける度に「おお！」とか「うお！」とか感嘆を漏らしていた。しかしいくつかは保存状態が悪かったためか、軟組織が溶けて骨片がかろうじてクモヒトデの形を成しているという極めて危険な状態になっていた

図3・14　ワシントンの風景．a：自然史博物館の外観．全体が見渡せない．b：デイビッド博士の居室の一郭に拵えてもらった観察スペース．手前にある標本は，事前に容易してくださったタイプ標本．c：ここでもキャリー付きカゴを使わせていただいた．世界水準のツールだ．d：海産無脊椎動物フロアの廊下．写真右側が標本庫で，左の壁のドアの向こうは各研究者の居室．e, f：乾燥標本棚の様子．ⓒNational Museum of Natural History – Masanori Okanishi

図3・15　スミソニアン博物館で観察した乾燥標本．a, b：*Astroceras compressum*のタイプとそのラベル．ばらばらになってしまっている．c：*Ophiocreas gilolensis*のシンタイプ．矢印の個体の拡大図を，dに示す．d：*O. gilolensis*のシンタイプの一個体の盤反口側の様子．いくつかの円柱状の骨片が輻楯にくっついているのがわかる．矢印は関節痕を示す．非常に小さな凹みがおわかりいただけるだろうか．ⓒNational Museum of Natural History – Masanori Okanishi

（図3・15）。

Ophiocreas gilolensis Döderlein, 1927はそのような種の一つで、皮が半分溶けてしまっている状態であったが、非常に重要な形質が残っていた。本種の特徴は、輻楯の表面に突起が生じるというものであったが、この記述だけでは、同じく盤の表面に「円錐状」の突起を持つ*O. spinulosus* Lyman, 1878の特徴と区別がつかない。このような特徴はタコクモヒトデ科の中でもこの二種にしか見られず、*O. spinulosus*のタイプは比較動物学博物館で観察済みだったので、是非ともこれらの分類形質ははっきりさせたいと思っていた。果たして、*O. gilolensis*の標本は、半壊はしていたものの、かろうじて輻楯に突起が関節した状態で残っていた（図3・15）。その形状は確かに突起ではあるが、*O. spinulosus*の「円錐状」とは違

って「円柱状」であった。それぞれチリと東南アジアという全く異なる地域から記載されていることも合わせて考えると、この二種は別種と考えるのが妥当であろう。ここでも私は標本の保存状態の良さに助けられたことになる。このように軟組織が溶けているということは、経年変化によって、標本の保存液が酸性に傾いたのではないかと推測する。乾燥標本の状態で保管されていれば、よほどのことがない限りこれほどボロボロにはならない。恐らく標本が溶け始めていることに気づいた誰かが（それがデーデルラインか、スミソニアンの誰かはわからないが）、液浸から乾燥標本にしたのであろう。かくして標本はそれ以上の損傷から守られ、おそらく何十年の時を経て私の目に触れたのである。もう少し遅ければ、輻楯上の突起は結合組織が溶けて全て外れてしまったことだろう。そうすると、その突起が輻楯に関節していた直接的証拠がなくなってしまう。私が観察したそのタイプ標本でも全ての突起が無事だったわけではなく、いくつかの突起は外れてしまったとみられ、輻楯にそれらの関節痕が見られた。この関節痕はあくまでも間接的証拠である。もし突起が全て外れてしまい、それが他の似た形状の骨片と混ざってしまうと、「輻楯の上に何かが関節していたようだ」と結論付けるしか術がなくなってしまう。こうなると、*O. spinulosus* と *O. gilolensis* が別種であるという直接的証拠は、永遠に失われてしまうこととなる。そういう意味でも、輻楯上の突起がかろうじて残っており、それを私が現代になって写真に収めたことは、まさに不幸中の幸いと言えよう。ちなみに、本書では *O. gilolensis* と綴っているが、実は本種の種小名の綴りは、デーデルラインの原記載では *gilolense* となっている。どちらが正しいのか、と言えば、実はどちらも間違いではない。少し文法の話をしよう。種小名と属名は、お互いの性を一致させる必要がある。日本語には馴染みがないが、ドイツ語などの多くのアルファベット言語では、単語に性が定められている。ラテン語の場合は男性、女性、中性があり、*Asteroschema* は中性、*Ophiocreas* は男性である。種小名の *gilolensis* の〝*ensis*〟の部分は「〜産の」という意味の語尾で、これは性に応じて変化し、中性では *gilol-ense*、男性（もしくは女性）では *gilol-ensis* となる。このように、種小名の中には、所属によって綴りを変化させなくてはならないものがある。デーデルラインは、*Ophiocreas* を、*Asteroschema* の亜属と考えていた。この場合は、種小名は *Asteroschema* の中性と一致させる形で *Asteroschema*（*Ophiocreas*）*gilolense* と綴らなくてはならず（亜属名はこのように、属名と種小名の間に括弧書きで表す）、実際に彼はこのように綴っている。対して、本種が *Ophiocreas* に属すると考える場合は、*Ophiocreas gilolensis* と綴らなくてはならないのである。この決まりのおかげで、生物の名前の中には例えば *Ophiocreas glolense* のように、属の変更が反映されていない「綴り間違い」が散見される。しかしこれは異名とはならず、後からその間違いを発見した人が綴りを直せばよいことになっている。

乾燥標本の観察も大分佳境に入ったある金曜日、デイビッド博士が私に忠告をしてくださった。巨大な大雪嵐がワシントンを直撃するので、帰り道に気をつけろと言うのだ。しかし忠告に素直に従わなかった私は、その日もやや遅くまで博物館に残っていた結果、外に出てびっくりするほどの積雪に遭遇することとなってしまった。視界一メートルくらいの、札幌でもなかなかないような大嵐のようだ。後に「スノーマゲドン」と呼ばれるこの一〇〇年ぶりの規模の嵐は、大雪に慣れないワシントンっ子の主な交通手段を完全に麻痺させた。私はホテルから地下鉄で博物館まで移動していたが、何せ一〇〇年ぶりの大雪である。

電車が鈍行になっていることに加え、異常な数の利用客が殺到した地下鉄は人であふれかえっており、東京の通勤ラッシュさながらであった。大御所の忠告は聞くものである。ほうほうの体でホテルに帰った私は、窓外が白く染まっていくのをただただ見つめるだけであった。翌日、ワシントンは完全に雪に閉ざされて真っ白だった（図3・16）。一日でこれほど変わってしまうものかと自然の猛威に感服しながら、その日は土曜日だったが博物館に行ってみることにした。

当然ながら公共交通機関は完全運休で、地下鉄に至っては入口から閉鎖されており取り付く島もない。徒歩でスミソニアンに向かうしかなかった。ホワイトハウスやワシントン記念塔を横目に、博物館にたどり着くまでに約一時間がかかったが、入口には警備員がいるではないか（図3・16）。人がいることに安堵し、中に入れてくれないか尋ねてみると、答えは〝NO〟。「ここまで来たのに……」。訪問者の身分なので文句は言えない。と言うより、おそらく来る方がどうかしているのだろう。また元来た道を歩いて帰るのかと思うと石のように足取りが重くなったが、そのときどうやって帰ったのか、残念ながらあまり記憶がない。素直に歩いて帰ったような、その頃には地下鉄が動いていたような気もする。いずれにせよ、ワシントンは完全に機能を停止し、土日はホテルに缶詰め状態となってしまったのだった。ちなみに、後から聞いた話によると、その翌日の日曜日はワシントンの市民が集まって大雪合戦大会が開かれていたのだそうだ。ワシントンに情報網のない私は、この面白そうなイベントを完全にスルーしてしまったのであった。

比較動物学博物館のときの反省を活かし、二週間と長めに日程を取っていたのが吉と出た。土日で作業

図3･16　ワシントンの風景その2．a：スノーマゲドンに襲われた市街を，窓から眺める．b：スノーマゲドンから一夜明け，雪に閉ざされた市内．c：博物館に向かう途中で見たワシントン記念塔．d-f：博物館の廊下に飾られた，時岡先生(d)，テオドア･モルテンセン博士(e)，アディソン･ベリル博士(f)の写真．
ⓒNational Museum of Natural History – Masanori Okanishi

はできなかったが、月曜には既に乾燥標本の観察は終え、液浸標本の観察に取りかかることができた。前述したようにスミソニアンには世界中からサンプルが集まっている。日本では絶対にお目にかかれない種のDNA用のサンプルもあるはずだ。大雪の影響で時間を食ってしまったせいで、液浸標本の観察時間は予定よりも大分短くなってしまったが、それでも〇（ゼロ）になってしまうこととは天と地ほどの差がある。タイプ標本の観察は、あらかじめ作業量がある程度わかっているので、調査日程が立てやすい。しかし、膨大な標本の中から自分に有用な標本を取捨選択するとなると話は別である。理想を言えば、とにかく標本を片っ端から顕微鏡で観察し、同定し、写真を収め、DNA用に組織をもらう、という作業が行えるとベストである。しかし山のような標本の中から限られた時間でサンプルを見繕うとなると、標本庫にこもり、瓶の蓋を開けずに、中の標本を素早く同定・査定し、有用なものだけを、一発勝負でピックアップすることになる。そしてこの作業は、その分類群の専門家しか成し得ない。もしアメリカ大統領が私財を投げ打ってツルクモヒトデの同定に乗り出そうとしても、短期的には、日本の博士課程の学生にはかなわない（はず）。ということで、液浸標本の観察時間が少しでも確保できたのは幸いであった。デイビッド博士に車を出してもらい、スミソニアンから一〇キロメートルほど離れた別棟に連れてきてもらった。これだけの標本を運ぶのに、いったいどれだけの労力をかけたのだろうと思うほど、膨大な標本が収められていた。間違いなくこれまでに訪れた博物館の中ではナンバーワンであった。棘皮動物だけで巨大な一郭が形成されており、標本を運ぶためのカートや、はしごなどの設備もしっかりと揃っている。普通、ツルクモヒトデは棚一～二個分あればいい方であるが、ツルクモヒトデだけでその何倍もの棚が用いられており、かつある程度の分類がなされていた。DNA解析に使えそうなもの（年代が新しく、ホルマリン固定でないもの）を見ていくと、やはりアメリカ大陸周辺のものが多かった。特に南米の標本などは自力でのアクセスに相当な労力を払わなければならないため、ここでDNA標本を収集できるのは極めて効率的であった。*Astrochlamys* や *Astracme*、*Astrogomphus* など、文献でしか見たことがない種が続々と手に入っていく充足感は筆舌に尽くしがたい。まず（自分にとって）伝説の種が目の前に現れた衝撃が最初にあり、後から追うように、それを解析できるという多幸感がじわじわと脳内を埋め尽くしていく。これほどの幸せはそう味わえるものではない。中でも度胆を抜かれたのが、比較動物学博物館でも私にその存在を深く刻んだ *Ophiocreas spinulosus* の採れたてほやほやの標本であった。まずこの種の標本が二〇個体ほど採れていることに狂喜したし、さらに驚くべきことに、この個体では、体のサイズが小さくなるにつれて、突起も小さく、少なくなっているではないか。中には突起がないものまでいる。繰り返すが、この種の特徴はその盤上の円錐状の突起なのだが、この標本の存在は、その特徴が成長の過程に従って消長するものであることを示している。そうすると、*O. spinulosus* や *O. gilolensis* の幼若体が、他の種と混同されている可能性も浮上する。この驚くべき形態可塑性が他のツルクモヒトデ目にもあるのだとすると、本目の分類形質は全体的に再考する必要があるかもしれない。いずれにせよ、この大変貴重な *O. spinulosus* の組織片は丁重にDNA用に拝借することとなった。

雪に見舞われるトラブルはあったが、スミソニアン調査の結果も上々であった。これでかなりの数のタイプ標本を確認できたことになる。初めはサンプルがなくて泣きそうになったところから始まったツルクモヒトデ目研究であるが、気づいてみると多くの人の助けを得て、何とかそれなりに形を成し始めている。しかし、系統分類学を進める上では避けて通れない聖地への巡礼がまだ終わっていない。

スミソニアン調査から約八か月後、私は満を持して、人生最長となる海外調査を敢行する。目的地は分類学発祥の地であり、それ自体が巨大な博物館群となっている、ヨーロッパである。

コラム・時岡先生のお写真

スミソニアン博物館の無脊椎動物のフロアの廊下には著名な無脊椎動物学者の顔写真が掲載されていた。デンマークのテオドア・モルテンセン（Theodore Mortensen）博士や、アメリカのイェール大学のピーボディ自然史博物館の初代動物学教授を務めたアディソン・ベリル（Addison E. Verrill）博士など、ツルクモヒトデ目の重要な記載論文を著した偉大な研究者群の中に、一人の日本人が混じっていた。〝Takasi Tokioka〟、時岡隆先生その人である（図3・16）。如何に不勉強な私と言えども、時岡先生の名前は存じ上げていた。簡単に時岡先生についてご紹介しよう。時岡先生は一九三八年から、和歌山県白浜町にある京都大学の瀬戸臨海実験所に勤められた分類学者である。一時期京都大学の農学部に転任されていた時期もあるが、一九七七年の退官まで、四〇年近くにわたって瀬戸臨海実験所に勤められた。生涯で二〇〇編以上もの査読付き英文論文を筆頭著者として出版され、そのほとんどで海産無脊椎動物の分類に関する成果を発表された。扱う分類群は多岐にわたっており、ベントス性のホヤ類を中心としながら、ヤムシ、オタマボヤ、クラゲなどのプランクトン、さらには軟体動物、棘皮動物、扁形動物、環形動物、動吻動物など、まさに枚挙に暇がない（岡西ら、二〇一三）。その精力的な研究成果を見て、時岡先生が日本を代表する「傑出した」海産無脊椎動物学者であったことに異論を唱えられる猛者はそう多くはないだろう。その時岡先生のお写真がスミソニアン博物館の名だたる研究者の列に加わっている事実は、先生の研究活動が世界的に認められていた証に他ならない。目標とするにはあまりに偉大な先生だが、同じ日本をフィールドとするいち海生生物分類学者として、あやかりたいと思うくらいは許されよう。しかし後述するように、私がその後、瀬戸臨海実験所に籍を置くことになろうとは、そのときには思いもよらなかった。

6 ヨーロッパ周遊

博物館を直接訪問しなくてはならない理由は先に述べた通りだが、ヨーロッパにはさらに、訪れるべき特殊な理由がいくつかあった。一つは、ヨーロッパ各国の行き来が非常に簡単な点である。陸続きになっているため、煩わしい入国審査などは基本的には必要なく、東京－大阪を新幹線で移動する感覚で各国を自由に行き来できる。従って、複数の国に跨った博物館周訪も比較的容易なのだ。もう一つは、パリ国立自然史博物館（le Muséum National d'Histoire Naturelle）の存在である。この博物館は、南太平洋の深海調査を継続的に主催しており、その大量の標本を抱えているという話は、海産無脊椎動物学者の間では有名である。実際に、調査参加者や、そこで得られた標本をもとにした記載論文の著者からお話を伺っていた。特に、今ではアクセスや標本の持ち帰りが難しい東南アジアや南アフリカの標本が多分に含まれているという話は、私がパリを目指す理由としては十分だ。これに輪をかけて、オランダのアムステルダム動物学博物館（Zoological Museum Amsterdom）、デンマークのコペンハーゲン大学動物学博物館（Zoological Museum, Natural History Museum of Denmark）には観察すべき貴重なタイプ標本が保管されている。もはや訪問は運命づけられていた。訪問時期はいつにするべきか？　実は二〇一〇年の一〇月に、ドイツのゲッティンゲン（Göttingen）で、欧州棘皮動物学会議が開催されることが決定していた（図3・17）。「分子系統解析用標本の収集」、「タイプ標本の観察」に加え、「国際学会発表」も同時にこなすことができる超お得プランが、D2の秋という最も研究に時間を割ける時期に転がっている。目を閉じると、学芸の女神Museが私に向かって手招きをしているのが浮かぶようであった。こうなってくるともう病気である。

ところで、二〇一〇年度はもう水産無脊椎動物研究所の育成助成金期間が終了していた。私がどうやって旅費を捻出したかと言えば、実はこの年度から、運よく学振の特別研究員DCに採用されていた。と言っても、M1のときに呪いのように私の脳内を占拠していたM2の春に申請したDCは当然のごとく不採用だった。学振への特別研究員や科研費の応募結果は、不採択（不採用）の場合は本人の希望に応じて、その中での順位が、A、B、Cの三段階で開示される。Aが最も惜しかったグループ。Cが最も惜しくなかった、すなわち順位の低いグループである。私が初めて申請したDCの成績開示は〝C〟で、不採用だった人の中でもさらに下位グループだったということだ。そんな私がなぜDCに採用されていたかということだが、実はDCにはDC1、DC2という種類がある。DC1は、博士課程の一年から三年までずっと採用されるというもので、こちらが私が不採用だったものだ。それに対し、DC2とは敗者復活戦のようなもので、博士課程二年、あるいは三年から二年間採用してもらえるものである。つまり、M2からD2までの三年間は、毎年、その次の年のDCに採用してもらえるチャンスがあるのだ（図2・2）。私は、二度目の挑戦となるDC2への申請が採択され、D2の二〇一〇年からD3の二〇一二年まで、二年間の助成を受けられることとなった。あれほど熱望していたDCである。採用の際の達成感はさぞや、と思っていた。実際、採用決定の報を受けて素直にうれしかったのだが、喜びよりも、他の不採用だった人の分までちゃんとやらなくてはと、兜の緒を引き締めるような思いの方が強かった。とは言え、これで博士課程三年までの研究費が獲得できたことは強力なアドバンテージである。前述した欧州国際会議にも、これで参加が可能になったという次第だ。貴重な研究費をできる限り有効に活用するため、ヨーロッパ訪問計画は綿密に練り込んだ。

欧州棘皮動物学会議（European Echinoderm Conference: EEC）は、「欧州」と銘打ってはいるが実際にはヨーロッパ以外の各国の研究者が集まる国際会議である。正式な経緯を把握しているわけではないが、日本の棘皮動物研究集会のように、初めはヨーロッパで行われていた会議が口コミで知れわたり、あれよと言う間に各国の参加者が増え、国際学会の体をなしていったのではと拝察している。明確な定義があるわけではないが、どんな国の人の発表も正式に受け付けていれば、国際（会議）学会と呼んでもよいだろう。国際棘皮動物会議に比べると、EECは化石に関する話題が多かった印象を受ける。プレートの交錯地となっている日本では、激しい地殻変動によって地層が曲げられ、ちぎられ、時代の古い地層ほど複雑

図3･17　第7回欧州棘皮動物学会議の様子．左：入村精一先生と共に，看板の前で．右：ポスター会場の様子．まだ全てのポスターは貼り切られていない

に分布しがちである。地層と運命を共にする化石も、生き物とは思えないほど致命的な変形を被ってしまい、日本で産出する標本の保存状態は悪くなりやすい（椎野、二〇一三）。対して、ユーラシアプレートの西部に位置するヨーロッパでは、地震や断層運動を伴うプレート境界から離れているため地質構造が安定しており、変形の少ない良好な状態の化石が数多く産出する（例えば北里、二〇一二）。地質学的、古生物学的な利点が追い風となるヨーロッパでは、様々な時代から産出した多種多様な化石を材料とする研究が、網羅的かつ継続的に進められてきた。事実、ルクセンブルグのアンドレアス・クロー（Andreas Kroh）博士、イギリスのアンドリュー・スミス（Andrew Smith）博士、オランダのジョン・ヤット（John Jagt）博士など、ツルクモヒトデ目に関する数少ない化石記録を扱った論文には、必ずと言ってよいほどヨーロッパの研究者が関与している。

　ＥＥＣではＩＥＣ以来の懐かしい顔との再会もあったが、それよりも新たに出会う研究者の方が圧倒的に多かった。特に、ティーブレイク中に私に話しかけてくださった一人の紳士の名札を見て、私は度胆を抜かれた。彼こそ、私が北大でクモヒトデの分子系統を行う際に、最初にプライマー設計の際に参考にした論文の著者、アンドリュー・スミス博士その人であった。狭義の専門はウニだが、棘皮動物全体を対象に、化石、現生を幅広く扱い、形態を用いた分岐分析法や分子系統解析を取り入れ、包括的に系統学的な研究を推進されている棘皮動物進化学者である。すらりと背が高く、顔の側面全体に髭を蓄え丸メガネをかけた風貌は、映画に出てくる白人研究者そのものであった。彼は私の口頭発表（ツルクモヒトデ目の分子系統解析に関する発表）を聞いてわざわざ話しかけに来てくれたようで、ツルクモヒトデ目の研究について色々とアドバイスをくださったようだ。語尾に「ようだ」がついてしまったのは、いきなり憧れの人に話しかけられて舞い上がってしまい、何を話したのかあまり覚えていないのと、彼の流暢な英語をうまく聞き取れなかったからだ。必死に記憶を手繰ってみる限り、おそらく、系統解析を行う際の外群に関する注意点を熱く述べてくれたのだと思うが、結局うまく議論ができずじまいだった。

化石と言えばベン君である、勿論彼もこの会議に参加していた。そして彼は院生にしてこの会議のオーガナイザーを務めただけでなく、またしても発表賞（しかも学生限定でなく発表者全体から選ばれる賞）を射止めていた。それも口頭発表、ポスター発表両方で最優秀賞である。何という漢だろうか。棘皮動物界における彼の地位はもはや揺るぎない。どうにも敵うところないベン君だが、彼を見て、いつかは私も世界に認められるような研究をしよう、と心に誓ったのであった。ちなみに、私は残念ながら受賞とはならなかったが、藤田先生はポスター賞を受賞されていた（めでたい）！　私はまだまだであると改めて自覚したＥＥＣであった。

うれしかったことを少しくらい書いても罰は当たるまい。私の発表を聞いた何人かの研究者が私を、“You are the only specialist of the order Euryalida!〟と評してくださった。そもそも、他に研究者がいないので、私が唯一の専門家であることは客観的事実である。それは、私が修士で「テヅルモヅルの分類をします。」と言った時点でそうなったのであろう。しかし、少なくともこれはホバートでのIECでは誰にも言われなかった言葉である。ツルクモヒトデ目という奇妙な分類群を飽きもせずにつっつき続けているアジアの院生に対し、ついに世界の研究者が「ツルクモヒトデ目に詳しい人」から「テヅルモヅル研究者」へのステップアップを許してくれたのかもしれない、と、誰も知らない密かな達成感を、私はドイツのホテルで一人噛みしめていた。

ゲッティンゲンを後にした我々（藤田先生もご同行くださった！）は、高速鉄道を乗り継ぎ、一路フランスはパリの国立自然史博物館に向かった。ウミユリ類の研究者であるマーク・アルーン（Marc Eleaume：フランス人の名前の発音は難しい……）博士と落ち合い、液浸標本庫を案内してもらったが圧巻であった。地下二階がまるまる巨大な標本庫となっており、廊下の端がはるか遠くに見えた。パリでの目的は先ほど述べた南半球の深海サンプルである。登録標本だけでなく、まだ採れたての未整理標本も見せてもらうことにした。海外の博物館の豊富な標本整理のための人員をもってしても、やはり採れたての標本が標本棚に収められるには若干のタイムタグが生じる。従って、未整理の標本の中にも宝が潜んでいる可能性は十分にある。実際、東南アジアや南アフリカ産のサンプルが収められた密閉タンクはまさに「宝箱」であった。中には冗談抜きで垂涎の品がぎゅうぎゅうに押し込められているのである！　各タンクに一つは逸品

図3・18　パリの博物館での標本調査風景．左：密閉タンクの中からお目当てのツルクモヒトデ目を探し当てる著者．日本と同じように，チャック付きポリ袋の中に，ラベルと一緒にサンプルを分けて入れてある．ちなみにタンクの中の液体は高濃度エタノールなので，本当はゴム手袋などをしないと手が荒れる．右：最終的に選り分けたサンプルを，密閉瓶に小分けした様子．後で学芸員の方が棚に管理しやすくするためである．写真撮影：藤田敏彦（国立科学博物館）．
ⓒMuséum National d'Histoire Naturelle – Masanori Okanishi

があるので、テレビゲームよろしく、タンクを開ける度に中からまばゆい光が漏れ出ているような錯覚に陥った（図3・18）。特に、南半球でしか記録がないユウレイモヅル科の *Asterostegus* や、*Astroceras nodosum*、*A. spinigerum*、タコクモヒトデ科の *Asteroschema edomondsoni*、*A. horridum*、*A. migrator*、*A. salix* などが手に入り、手薄になっていた二科のサンプルが増強できたことは僥倖というより他ない。パリの滞在日数は約一週間で土日を挟んでいた。できれば土日も仕事できないかとマーク博士に告げると、「できないこともないが、自分が来なくてはいけない」と明らかに嫌がっている感じだったが、一応土曜日は調査をさせてもらうことにした。が、実にしんどそうに出勤してくるのを見てさすがに日曜日は休むことにした。この頃には学会からの疲れが少し溜まっていたらしく、藤田先生と二人で博物館の近くの広場の屋台で昼食を食べた後、二人して公園で糸が切れたように居眠りしてしまうこともあったのでちょうど休み時でもあった。せっかくなので初のパリを観光したのだが、結局張り切ってか

図3・19　パリの観光風景．a：凱旋門．b：エッフェル塔．c：街中でいただいた，（筆者的に）パリっぽいと思う食事

なり歩き回ってしまい、かえってへとへとになってしまった（図3・19）。

パリでの成果も上々であった。上々記録街道ばく進中である。今回はパーフェクトな調査ができたと思って、最終日にいそいそと標本があった棚の番号をチェックしていると、棚の上の方にどこかで見たようなテヅルモヅルの標本が収められていた。手に取って見たところ、なんとなく私の記憶の中にあるケーラー（Koehler）博士の論文のスケッチにそっくりである。本当にギリギリの時間しか残されていなかったため、その場での更なる観察は断念せざるを得なかったが、あれはひょっとすると、ケーラーが残して所在不明となっているタイプ標本だったのではないだろうか？　その後パリを再訪する機会には恵まれていないが、機会があれば、是非とも詳しくその標本を調べてみたいものである。

博士論文の執筆に欠かすことのできない成果が得

られたパリを後にし、次に高速鉄道で向かった先はアムステルダムである。ここにもケーラーが残したタイプ標本が多く保管されている。しかし、実はそのうちいくつかは既に郵送で日本に送ってもらった際に観察済みであったので、ここでの滞在は数日とした。藤田先生と二人でもくもくと作業をこなす。かなり広い部屋を与えてもらい、カメラ付きの顕微鏡も貸し出してもらえた（図3・20）。それにしても、タイプ標本の観察は毎回不思議な気持ちになる。直近の一世紀は、人類にとっても激動の世紀であったと言えるだろう。世界恐慌、世界大戦、復興、特需、バブル崩壊……日本列島をこれだけの騒動が駆け抜けた間、これらのタイプ標本は安静に、その姿を変えることなく保管され続けてきたのである。私の人生の数倍以上もの時間を経験しているその標本に向き合うとき、単なるクモヒトデのエタノール漬だけでない何か、ある種神聖なものに触れるような気持ちが胸の中に湧き上がるのを感じていた。

日本で借りていた標本はタコクモヒトデ科だけだったので、改めて未観察であったツルクモヒトデ目のタイプ標本の観察も行ったのだが、やはりここでも成果が上がった。これはかなり具体性のある未公表データなのでここでは書けないが（おそらく述べてもそのアイデアを盗もうという奇特な人はいないと思うが）、ツルクモヒトデ目の非常に珍しい、一種しか知られていないある属が、近年になって記載されたある別の属と同じであることが、なんと一目でわかってしまったのだ（図3・20）。すなわち、後から記載された属は、このアムステルダムに保存されていた属の新参シノニムなのである。未公表データなので詳しくは述べないが、このアムステルダムの属は、その唯一の種の原記載から、ある重要な特徴が完全に抜け落ちているのだ。本当に著者が見落としていたのか、あるいは故意かはわからないが、これでは後世の

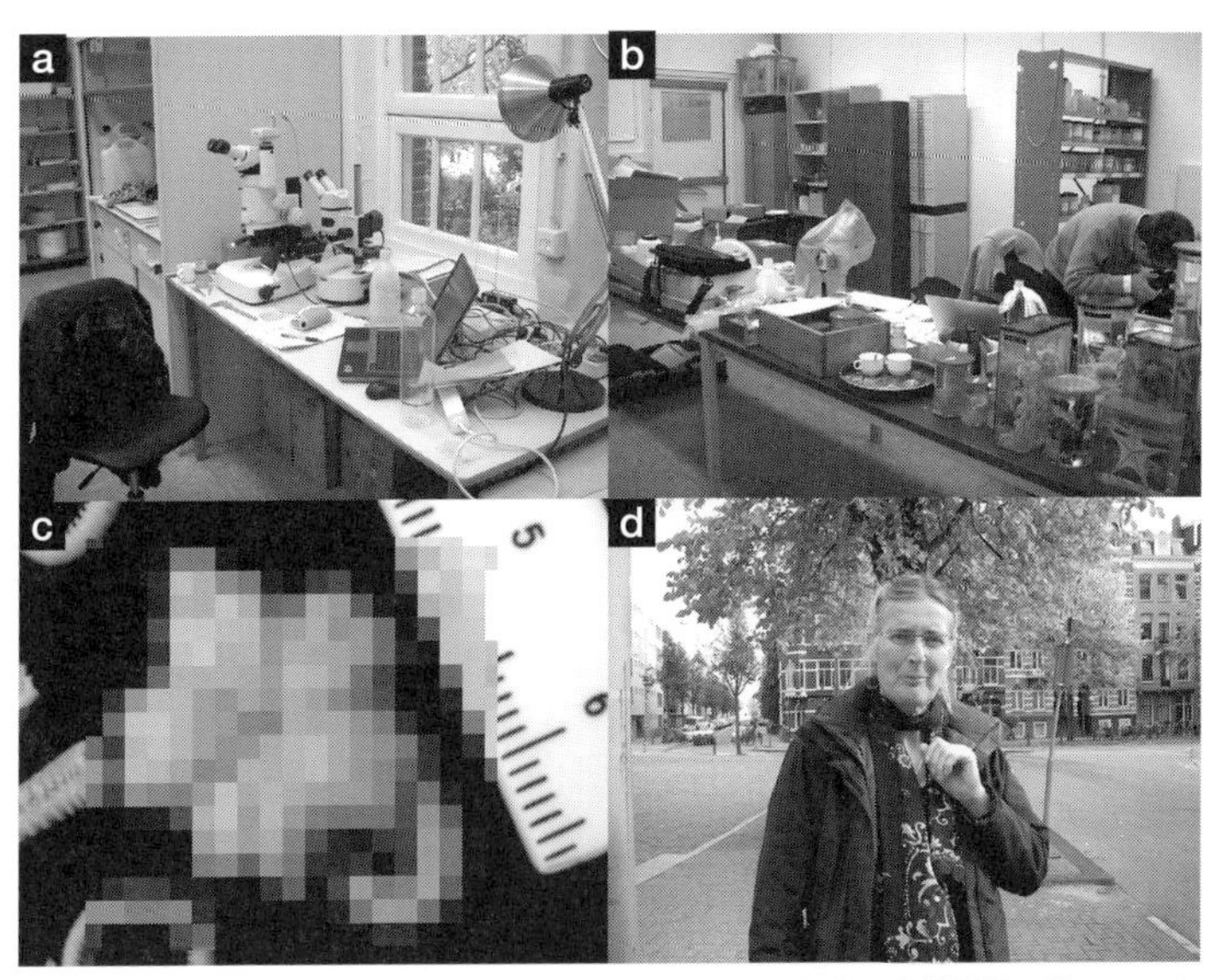

図3･20　アムステルダム動物学博物館での調査風景．a：拡大写真撮影用に貸していただいたカメラ付き顕微鏡．b：作業室．右手で写真を撮っていらっしゃるのが藤田先生．c：分類学的に問題があることが発覚したある属．モザイク処理を施してある．早く論文にしなくては．写真撮影：藤田敏彦（国立科学博物館）．d：アムステルダム博物館でのお世話をしてくださったジョーク・ブリーカー女史．ⓒZoological Museum, University of Amsterdom – Masanori Okanishi

分類学者がこの論文を見落としても仕方がない。このような思いがけない発見があるから、分類学はやめられない。誰も気づかなかった見落としや間違いを整理する分類学的行為は、分類学の重要な成果の一つである。確かに新種記載などと比べると数も少なくインパクトも小さいと思われる節があるが、実際には、分類学的な整理の成果は、新種記載や、分子系統解析による新分類群の発見などに比べて、何ら劣るところはないのである。

私のアムステルダムの滞在を一日残して、藤田先生は先に帰国されることとなった。藤田先生は、アムステルダムで少しクモヒトデ以外の棘皮動物のタイプ標本を観察されてはいたが、ゲッティンゲン以降では、基本的には私のツルクモヒトデ目研究のサポートに回ってくださった。延べ約二週間という決して短くない時間を割いていただいたことに対し、私は一生頭が上がらないだろう。改めて、この場で篤くお礼を申し上げておきたい。さて、藤田先生のヨーロッパ最後の夜を迎えるにあたり、近くのバーで一席構えることとなった。同じく、外国（北欧だったような気がするが、記憶が定かでない）からアムステルダムに旅行に来られていた貴婦人二人と知り合いになった。やはり彼女らも日本の文化に興味があるらしく、日本の修学制度や我々の研究の話でひとしきり盛り上がった。途中、バーのＢＧＭが止んだかと思うと、突然男女二人によるジャズセッションが始まった。確か女性がベース、男性がドラムだったような気がするが（逆だったかも）、正直あまりうまいとは思わなかった。外国では腕の立つ人だけが淘汰されていくイメージがあったので、帽子を片手に店内を一周するその二人と、その帽子におひねりをねじ込む観客双方に私は疑問を覚えた。その日は日付が変わるくらいのところで私の所持金が尽きてしまい、お開きとなった。二人の麗しき、おそらくは私の母親と同じくらいの妙齢かと思われる貴婦人方と別れ、最後のツインベッド（コラム「アムステルダムでの思い出」参照）の夜は過ぎた。

翌日もその宿で一人のんびり過ごしてもよかったのだが、宿代がバカにならないことと、私自身の興味もあって、藤田先生を見送った後のアムステルダムでの宿泊はボートホテルで過ごすこととした。運河の街ゆえか、アムステルダムの港のそここにボートが停泊しており、それらの一部はホテルとして運営されている。価格や設備としてはユースホステルに近いような感覚で、若者に親しまれているようだ。実際、宿泊者は若者が多く、食堂の冷蔵庫にはビールが格安で売られていたりしてリーズナブルであった。私は

図3・21　アムステルダムでの風景．左：アムステルダムのホテルの「ツイン」ベッド．右：アムステルダムのオーステルドックの桟橋に並ぶボートホテル

二段ベッドの一部屋を与えてもらい、至極快適に過ごすことができた（図３・21）。

船ホテルでゆったり一日過ごした後はデンマークはコペンハーゲンに移動である。本当は深夜バスなどが使えると非常に効率的なのだが、安全性の問題と、学振の規定の問題で断念し、今回は全行程高速鉄道移動である。アムステルダムからコペンハーゲンはなかなかの距離で、アムステルダムを朝六時に出て、コペンハーゲンの宿に着いた頃にはもうとっくの昔に日が暮れていた。途中びっくりしたのは、全て鉄道のチケットを取っているはずなのに、途中で突然電車から降ろされ、おそらく北海を渡るであろう船に乗せられたことである。勿論コペンハーゲンまでの途中に海峡を越えることは知っていたが、海底トンネルか立橋を通ると思っていたので、本当に驚いた。そうこうするうち、一〇時間以上の移動でへろへろになりながら、やっとたどり着いたホテルにエレベータがない事実を知ったときは、さすがに心が折れそうになった。私の宿泊部屋は七階である。既に日は暮れてホテルのスタッフはいなかったため、調査器材で鉛のごとき鈍重なスーツケースを、狭い階段で運ぶのは私以外にいない。途中で座り込んだりしたら、これはマジで起き上がれなく

図3・22　コペンハーゲンの風景．左：運河のほとりに立ち並ぶカラフルな建物．右：コペンハーゲン大学内の風景

なると思った私は、最後の気合を込めて、全身全霊で七階を目指した。途中で腕がちぎれそうになったが、たどり着いた部屋はなかなかどうして、屋根裏のスペースをうまく利用した秘密部屋風で、非常に居心地が良かった（こういうところだから安かったのかもしれないが）。朝食も付いて実にリーズナブルなこの部屋を拠点として、ヨーロッパ最後の調査が始まった。

ホテルから目的地のコペンハーゲン大学までは徒歩で四〇分ほどかかった。このホテルを紹介してくれたのはコペンハーゲン大学のホストのトム・ショルツ（Tom Scholtz）さんである。本当にここを毎回ゲストに紹介しているのかと思うほどの遠さだったが、普通はバスなどを駆使するのだろう。クレジットカードが機能しない恐れがあるので、現金をあまり使いたくなかった私は（コラム「アムステルダムの思い出」参照）、全日程を歩いて往復した。道中の美しい湖、公園の景色は見飽きがこず、「原色」で彩られた美しい街並みとの対比が目を楽しませてくれた（図3・22）。コペンハーゲンの水路脇に立ち並ぶ建物は、黄色や緑、茶色といった鮮やかな色彩で壁一面が彩られ、それらと、紅葉の織りなす自然の原色とのマッチングは、幻想的でさえあった。コペンハーゲン大学

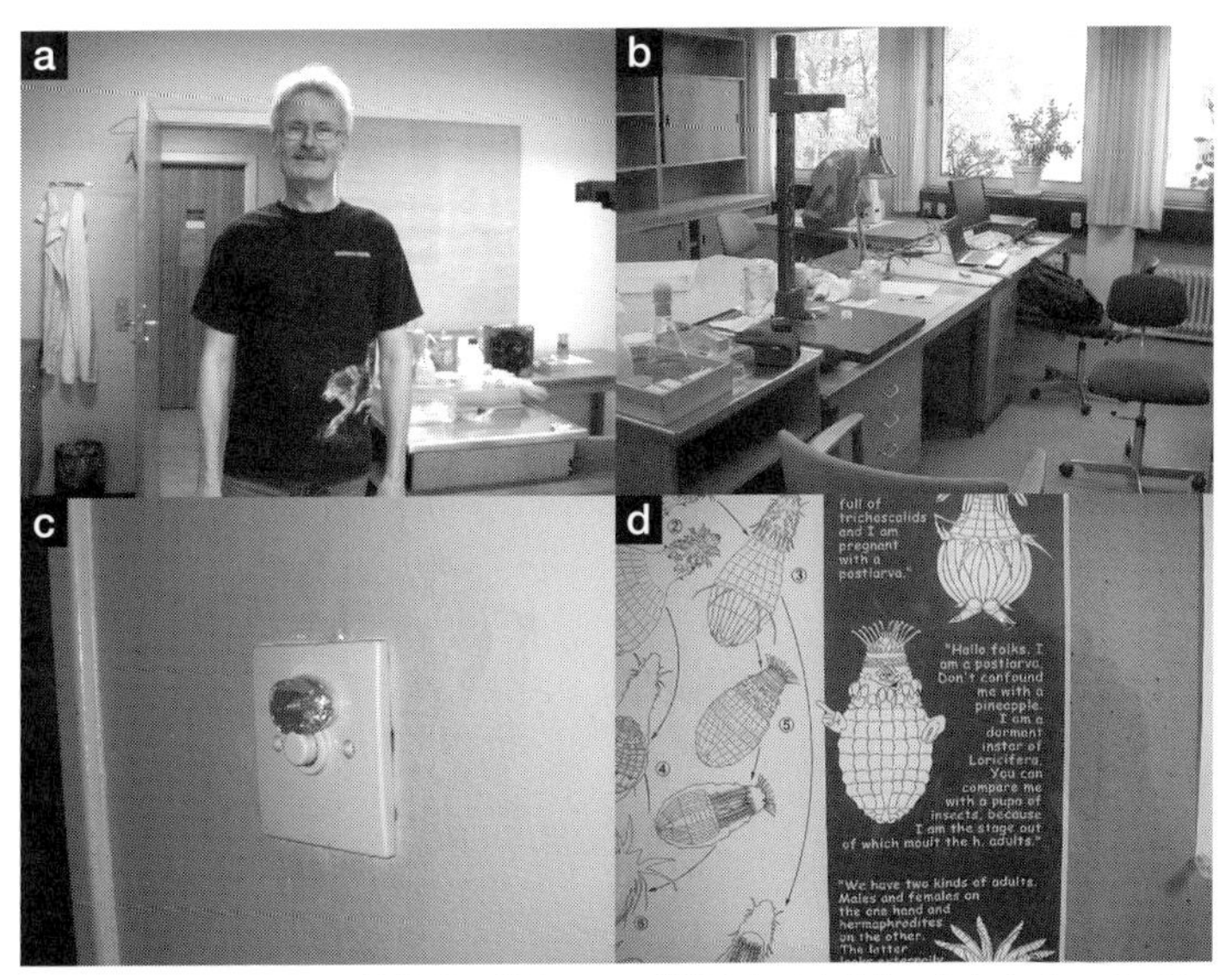

図3・23　コペンハーゲン博物館の様子．a：お世話をしてくださったトム・ショルツ氏．b：いただいた作業スペース．c：博物館の壁．この階は綺麗な水色である．d：私のいたフロアの壁に貼られていた，胴甲動物のポスター．ⓒZoological Museum Natural History Museum of Denmark, University of Copenhagen – Masanori Okanishi

の建築物は、外見こそ白や灰色だが、少なくとも博物館の内装は至る所に原色が用いられていた。どうやら階ごとに色のテーマが決まっているようであった。この惜しみない原色使いは、希代の童話作家アンデルセンを生んだ国のなせる業であろう（図３・23）。

他の博物館同様、コペンハーゲンでも非常に良好な調査環境を提供してもらった。事前に私がリクエストした標本をトムさんが用意してくださっていたり、私一人で一部屋を独占させていただいたりと、至れり尽くせりであった（図３・23）。コペンハーゲンでの目的は、モルテンセンが残したタイプ標本の観察である。モルテンセンは棘皮動物研究者では知らぬものはいない

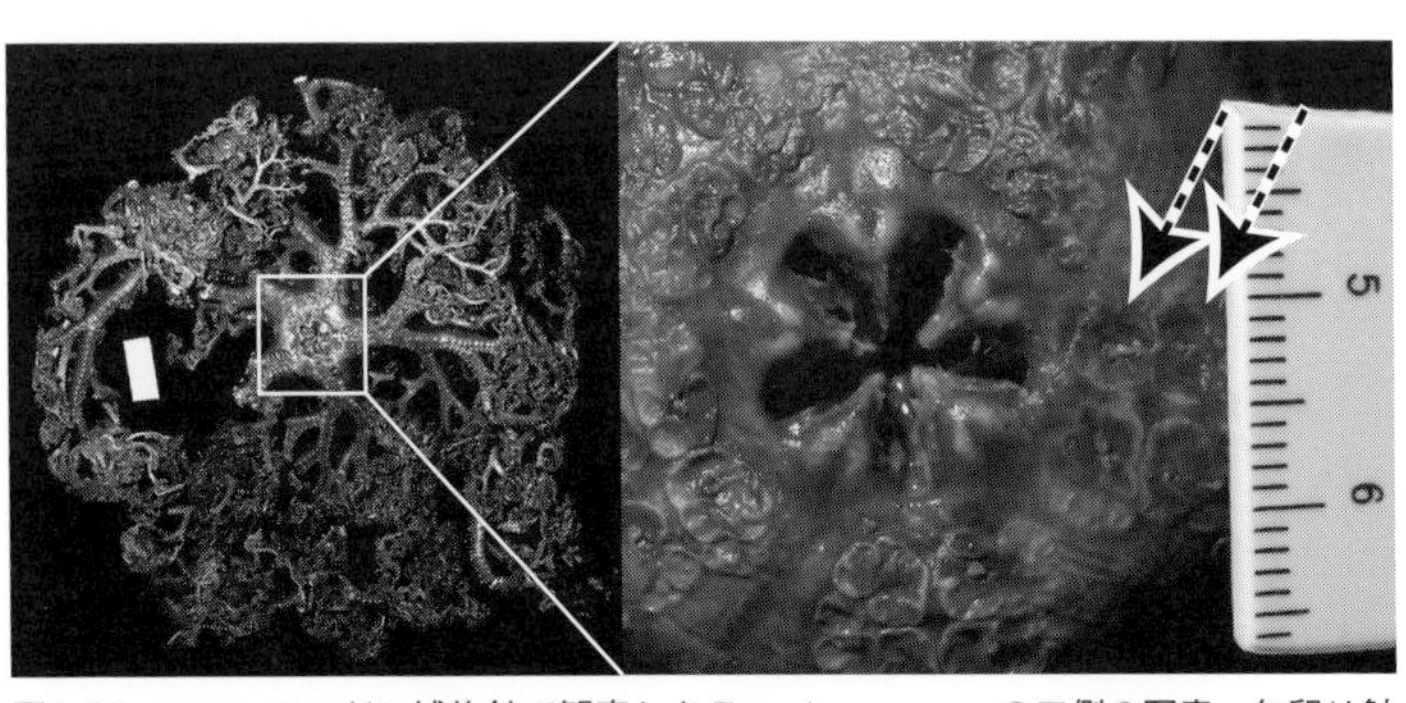

図3・24　コペンハーゲン博物館で観察した*Euryale purpurea*の口側の写真．矢印は触手孔の周りの凹みを示す．ⓒZoological Museum Natural History Museum of Denmark, University of Copenhagen – Masanori Okanishi

伝説の研究者で、分類群や研究分野を問わず、棘皮動物に関する膨大な数の論文を残している。ツルクモヒトデ目の系統分類に関する著作もあり、私の知る限り、私が研究を始めた時点で、実質的な科階級群に関する分類学的操作を行ったのはモルテンセン（一九三三）が最後のはずである。彼は、決定的な分類形質がなかったユウレイモヅル科とタコクモヒトデ科の間に、腕骨の形態的差違という、簡便かつ客観的に、誰でも判別ができる形質を見出し、その形質によって二科を頑然と分類したのである。私もちょうどその頃、ツルクモヒトデ目の科階級群の分類の確認を志していたので、モルテンセンの研究したタイプの観察から、何か分類のヒントが得られないかと期待していた。

百聞は一見に如かず、である。実物は、やはり文章では判じ難い様々な形質情報を含有している。例えばユウレイモヅル *Euryale aspera* Lamarck, 1816はインド - 西太平洋に広く分布する種だが、ユウレイモヅル属 *Euryale* には本種と、もう一種、*Euryale purpurea* しか知られていない。これを香港沖から記載したのは他でもないモルテンセンだが、彼のホロタイプのみに基づく原記載には、「腕の口側、触手孔の近くに大きな凹みがあり、これが *Euryale aspera* との形態的な違いである」とある（Mortensen, 1934）。しかし彼はこうも続けている。「しかしこの標本は香港の漁師からもらったもので、ひょっとすると標本状態が悪いために、体の一部が変性してしまった *Euryale aspera* である可能性も否めない」。この論文には、簡単な腕の口側のスケッチと、一個体分のかなり大きな写真が付けられているが、正直これだけでは *E. purpurea* の形態的特徴の把握は難しい。実際にコペンハーゲンでこの *Euryale purpurea* を観察してみたところ、確かにこの凹みはしっかりと観察できた（図3・24）。肝心の標本状態はと言うと、それほど悪くはないように思える。港で打ち捨てられたかわいそうなテヅルモヅルを見ると、状態が悪いものは、まず腕の先からボロボロになっている。しかし *Euryale purpurea* の標本は腕がしっかり先端まで残っている。そして、触手孔の周りの凹みという形質は、確かに *E. aspera* の個体では、少なくとも私は見たことがない。従って、現時点ではモルテンセンが論じた通り、*Euryale purpurea* は有効な名前として残しておくのがよいだろうというのが私の意見だ。できれば香港近海から追加個体を手に入れて、その種の地位を明らかにしたいところである。それを果たさんとするとき、今回のタイプ標本の観察経験は極めて重要な意味を持つ。

コペンハーゲン博物館は、海産無脊椎動物研究のメッカである。古くから著名な海産無脊椎動物学者が在籍し、華々しい業績を上げている。例えばクラウス・ニールセン（Claus Nielsen）博士は、大変な形態の多様性を誇る海産無脊椎動物全体に精通した、世界的に有名な系統分類学者である。また、コペンハーゲン博物館と言えばラインハルト・クリステンセン（Reinhardt Khristensen）博士は欠かすことができない。近年の動物の高次分類群に関する研究の動向としては、「珍渦虫動物門」や、それと無腸動物類を合わせた「珍無腸動物門」などの「新門」の存在が、分子データ（発生学的なデータもあるが）によって明らかにされたことが記憶に新しい。ところが彼は、そのような分子データの力を借りずに、胴甲動物門（Loricifera）、有輪動物門（Cycliophora）、微顎動物門（Micrognathozoa）の、実に三つの動物門を、形態・生態・発生的な証拠のみで記載している傑物である。彼の主な専門はメイオベントスで、彼が記載した門は全て体調が数ミリの小さき者たちである。故にこれまで発見が遅れていた分類群なのであろうが、それにしても全ての動物門に精通していないと、たとえ顕微鏡の視野の中に新動物門を捉えたとしても、「見たことないヤツがいるな」で終わりである。彼の動物門の発見は、彼が運よくそれをたまたま手に入れたからではなく、これまで誰も注目していなかったミクロの世界にメスを入れるチャレンジ精神と、広範な動物群の膨大な知識に支えられた賜物であると言えよう。また、ラインハルト博士の功績の影響があってか、コペンハーゲン博物館ではメイオベントス学が隆盛のようである。私の滞在中に、院生の居室でカメラ付き顕微鏡を使わせてもらったのだが、そこの学生のデスクの様子を見る限り、彼らはどうもメイオベントス、それも動吻動物の研究をしているようだった。また、居室の外のポスターには、胴甲動物がキャラ化されたポスターが掲載されており、コペンハーゲンにおけるメイオベントス学の栄華が垣間見えた（図3・23）。

コペンハーゲンでの五日間の調査をもって、今回の博物館周訪は終了である。一〇月一日にドイツ入りし、一一月一日にコペンハーゲンを発ったので、ちょうど一か月。これが短いととるか長いかととるかは人それぞれだと思うが、毎週毎週、国を変え、組織を変え、四か国を見てきた経験を振り返ると、やっぱり自分でも長かったのか、短かったのかはわからない。いずれにしろ確実に言えるのは、こんな充実した調査を行う機会はこの先数えるほどしかないかもしれないということと、それだけに得られたものは非常に大きかったということだ。調査を終えてみて、改めて、ヨーロッパが巨大な博物館群であることが理解できたし、そこに収められている「宝」のうち、私が観察できたのはほんの一握りだということも把握できた。そのうち、もし私がヨーロッパを再訪することがあったなら、そのときは「ツルクモヒトデ屋」ではなく、「クモヒトデ屋」、いや「棘皮動物屋」になれていればいいなあと密かな野心を胸に秘めつつ、研究資料で重くなったスーツケースを引きずりながら、ヨーロッパを後にした。

このD２の欧州訪問が、私にとっての実質的な研究データ収集の最後だった。ここまで、国立科学博物館を含めて六か国八研究機関をめぐり試料を収集してきた。勿論この間、小笠原諸島での調査や豊潮丸調査など、フィールドワークにも参加してはいたが、量的にも質的にも、私の院生時代の調査はとにかく「博物館調査」に集約されたと言ってよいだろう。本書は「フィールドの生物学」であるが、私の場合は博物館調査こそが野外に次ぐ第二のフィールドワークであったということで、このような執筆の割合となったことをご容赦いただければ幸いである。さて、このフィールドワークを通じて私が観察したタイプ標本は四三属一一七種、比較した標本は約二五〇〇個体で、収集した分子系統解析用の組織は約一〇〇種であった。研究の醍醐味は、収集した試料からいかに科学的データを取り出し、それを吟味するかというところにある。次章からは、こうして持ち帰った試料の解析に関する話をしていきたいと思う。

コラム・守衛のおじさんとのやり取り

英語を喋らないパリっ子は多い。英語がわかるのにわざと喋らない人もいるが、本当に英語がわからない人もいる。パリの博物館の標本庫から我々が貸し与えられた作業室に行く途中には守衛室があった。標本庫に来たときには、毎回そこで守衛さんに一言挨拶してから作業室に向かうようにしていた。ある日昼食をとった後にいつものように守衛室をノックして開けたら守衛のおじさんが食事中だったようで、慌てた様子でこちらに駆け寄ってくる。フランス語でまくしたてられたが、フランス語の修学経験が一片もない（フランス語を操るラップメタルバンドのCDは愛聴している）私は苦笑いを浮かべるだけだった。その後、また別のときに同じように守衛室に寄ったら、今度は守衛さんが、フランス語でのコミュニケーションを諦めたのだろう、守衛室の監視モニターと自分の目を交互に指さしながら、〝Camera, me〟と片言の英語で必死に何かを伝えようとしてくる。初めはどうしようと思ったが、そのうち〝Camera〟、〝me〟に〝you〟が加わり、モニターと自分の目と私を順番に指さし始めた。ようやく呑み込めてきた。おそらく、入口の様子は逐一監視モニターで確認できるので、いちいち守衛室を開けるな、と言っているのだろうと思い、私も「カメラ、あなた、私、見える、ここ、来る、必要、ない」と日本語と身振り手振りで伝えながら、〝OKOK〟を連発していたら、彼は満面の笑みを見せた。その後、彼とは顔を合わせる度に、なんとなく笑いあう仲になった。互いに共通の言葉を持たないという境遇と、にもかかわらずお互いコミュニケーションがとれたという達成感が、かえって我々に親近感を抱かせたのかもしれない。ボディランゲージは、言葉よりももっと根底でわかり合うことのできる優れたツールなのかもしれない。

コラム・アムステルダムでの思い出

ヨーロッパでの宿泊や移動経路は、ほとんど私が藤田先生との二名分を予約した。基本的にはそれぞれ別々の部屋になるように予約したのだが、アムステルダムだけは近くに手ごろな宿がなかった。インターネットを駆使して、一件だけ、ツインベッドの部屋を見つけることができた。同室になってしまうが経済的にも厳しいいし、まあたった三日くらいならば別にいいだろうと藤田先生の承諾を得てその宿を予約した。実際にその部屋を見て驚愕した。部屋があまり広くないことは承知していたが、問題は部屋の真ん中に置かれているベッドである。一見すると二つに見えないその「ツイン」と称されたベッドは、真ん中をよく見ると、かろうじて二つのベッドを隔てる木枠の境界があるだけで、実質ほぼダブルベッドであった（図３・21）。小笠原調査で同じ部屋になったことはあるが、これだけの距離で指導教官と夜を共にするとは前代未聞である。藤田先生も同様に開いた口が塞がらなかったようだが、さすがにここまで来て変更はできないと諦めたご様子だった。「ツイン」ベッドの三晩によって、師弟の絆がグッと深まったことは言うまでもない。

藤田先生が発った翌日の土曜日は一日フリーだったので、アムステルダムを観光して歩いた。コーヒーショップに行く勇気はなかったが、運河の街の美しい風景を堪能できた。レストランで夕食をとり、その後のコペンハーゲンでの旅程を考えてなんとなく現金を使いたくなかった私は、クレジットカードで支払うことにした。すごくきれいな店員のお姉さんにその旨を伝えカードを渡すと、なんだか妙に処理に時間がかかっているようだ。大分経ってから少し困ったようにお姉さんが戻ってきて、クレジットカード用の、署名欄のある領収書でなく、コンビニでもらえるような普通の領収書を持ってきて、「これの余白にサインしろ」と言うのだ。どうやらクレジットカードがうまく機能しなかったのでこれで代わりにしようという魂胆らしいのだが、それでうまく支払いができるものだろうか？　言われた通りにサインすると、〝Wow! Are you Chinese!?〟と言われたので、〝I am Japanese.〟と答えたら、それ以上会話は発展しなかった。なんだったのだろうか。その後何の問題もなくレストランを後にしたが、案の定その後私にそのレストランでの食事代の引き落とし明細が届くことはなかった。それもそのはずで、後になって気づいたのだが、実は私はそのとき、渡欧前の買い物分の引き落としがうまくできておらず、カード差し止め状態になっていたのだ。恐らくあのお姉さんは私の食事代を無駄にタダにしまったのでその後レストランで叱られたかもしれないが、それがわかった頃には私はコペンハーゲンでカードが使えないことがわかって青くなっており、そんなことに気を取られている場合ではなかった。

第４章
ミクロとマクロから系統を再構築する

1　形態形質を精査せよ

国内の海や海外の博物館を駆けずり回って収集した珠玉のサンプルたちであるが、ただ集めただけでは単なるコレクターである。博物館の責務は収集した標本から得られる知見を社会に還元することであり、それを可能にするのが研究者だ。博士課程では、学位の取得に際し、科学的に新しい成果の発表を求められる。私も例に漏れず、集めたサンプルをもとに研究成果をまとめるべく動き出していた。私の研究の主なテーマは以下の二つである。①まずは集めたサンプルと、観察したタイプ標本の形態情報を比較して、種の分類を正確に整理すること、②分子系統解析によって、現行のツルクモヒトデ目内の系統分類体系の是非を問うべく、系統樹の作成を行う。この二点だ。

まずは①、種の分類の整理についてお話ししよう。本目の分類が混乱している原因は、成長に伴って変化しやすい外部形態が主な分類形質として扱われている点や、研究者ごとに注目している形質が違う点である。後者はタイプ標本の観察により整理し直すことができるが、前者の問題を解決するには、成長によらず不変な新たな分類形質を探求する必要がある。ツルクモヒトデ目の系統分類に関わる大規模な論文は、実質モルテンセン（一九三三）にまで遡る必要があった。少し前章でも述べた通り、彼は、腕の中の腕骨という骨の形が、ある科の分類の指標になることを見出した（図4・1）。その後、ベーカー（一九八〇）やマクナイト（二〇〇〇）の研究もあるが、実質、新たな際立った分類形質は発見されていないようだ。ということは、現在の技術で、モルテンセンが見たような内部形態も含めたなるべく多数の形質を検討す

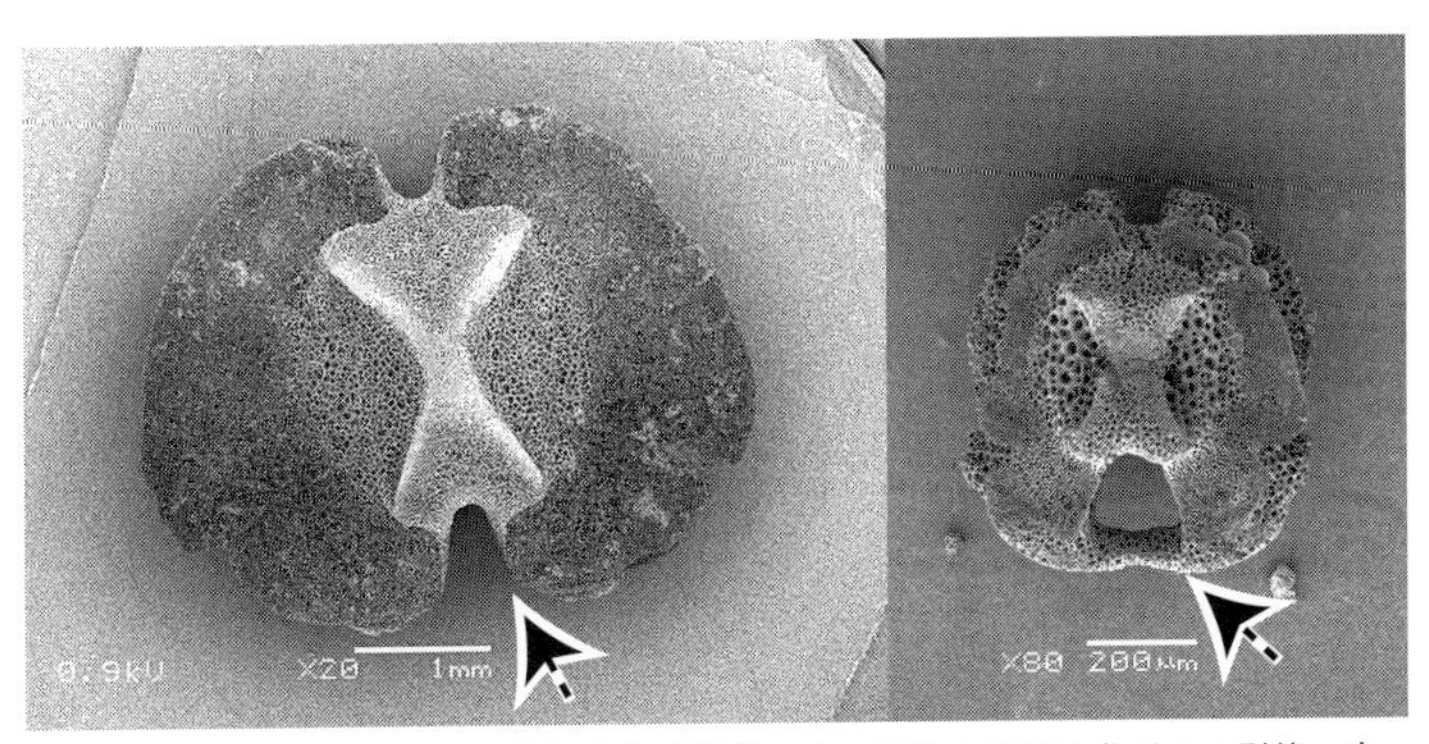

図4･1　ツルクモヒトデ目の2種類の腕骨形態．左：腕骨の口側に溝がある形態．右：腕骨の口側の溝が，板状の構造で閉じられている．この構造はユウレイモヅル科にしか見られない

れば、新たな分類形質が見つかる可能性は多いにありそうだ。そこで、これまでの記載に用いられてきた形質だけでなく、とにかくツルクモヒトデ目の形質を片っ端から取り出してみることにした。ここで再びＳＥＭの登場である。以前、タコクモヒトデ科の形態に基づく系統樹を作成する際によくＳＥＭを利用したが、その際に見た体の表面の骨片だけでなく、今度は、ツルクモヒトデ目全体を対象として体中の骨片をつぶさに観察してやろうと考えたのである。ＳＥＭ用の骨片抽出の手順は以下の通りである。まずは骨以外の組織を溶かすためにキッチンハイターに漬けるのだが、ここからピンセットではとても摘めないような微小な骨片をどう取り出せばよいだろうか。乾燥を試してみる。骨が入った液を放置しておけば液は蒸発する。しかし、数十ミリリットルとはいえ、時計皿の中の液が蒸発するには数日を要するし、なによりキッチンハイターの主成分の次亜塩素酸ナトリウムが析出して骨にくっついてしまい、観察どころではない。特にＳＥＭでは、可視光でなく観察対象物の表面からはじき飛んだ二次電子の波長を捉えるため、表面構造しか

観測できず、骨片とその他の物質を見分けるのは困難を極める。従ってキッチンハイターの結晶が骨片の表面にあると本当に単なる邪魔にしかならない（コラム「新種？」参照）。そこで、どうにかしてこのキッチンハイターを取り除かなくてはならない。私が行っているのは、キッチンハイターからエタノールへの置換である。エタノールは蒸発のスピードも速いし、骨片の表面にも残らない。とは言え、いきなりキッチンハイターからエタノールへの置換は難しいし高価なエタノールをバンバン使うわけにもいかないので、蒸留水を経由する。手順は以下の通りである。①キッチンハイターを、パスツールピペットを使って慎重に取り除く、②蒸留水を洗瓶などで静かに入れ、ピペットでよく攪拌する、③蒸留水をピペットで慎重に取り除く、④二、三回②と③を繰り返す、⑤エタノールを洗瓶などで静かに入れ、ピペットで攪拌する、⑥エタノールをピペットで慎重に取り除く、⑦空気乾燥によってエタノールを蒸発させる。このうち、①、③、⑥の取り除く作業では、骨片まで吸ってしまわないよう細心の注意を要する。小さな骨片だとうっかりピペットで吸ってしまう場合があるので、私はパスツールピペットの先を熱して細くしたものを使っている。こうして時計皿に残った骨片を、今度はＳＥＭのスタッブ台というものに載せる。多くのＳＥＭでは観察にあたり専用の金属の試料台があり、機種によってはそれでないとうまく撮影スペースにセットできない。骨片は非常に小さいので、摩擦抵抗のないツルツルの金属の台の上にそのまま置いておくと、ささいな風で簡単に吹き飛んでしまう。またＳＥＭ内で長時間加速電圧にさらされた骨片は帯電することがあり、そうすると帯電した部分がピカピカに光ってうまく観察ができなくなってしまう。これらの問題を解決するため、我々は「電気絶縁性の両面テープ」を使っている。スタッブ台の上に両面テープを貼り付

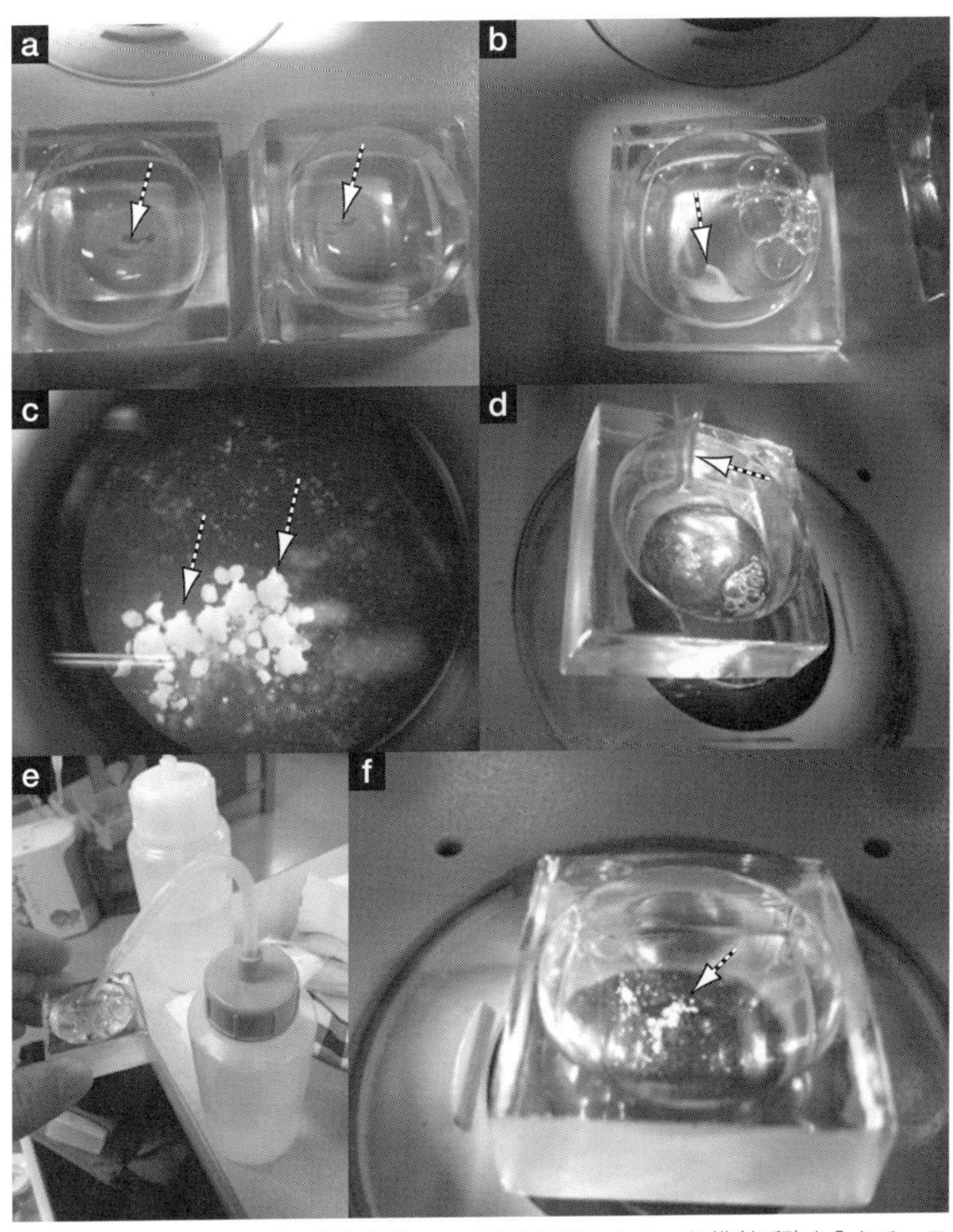

図4･2　クモヒトデの骨片の抽出作業．a：時計皿に溶かしたい組織（矢印）を入れる．ここでは，腕の一部を入れてある．b：時計皿にキッチンハイターを入れる．組織（矢印）が発泡しながら溶けていく．c：軟組織が完全に溶けて骨片だけになった様子．矢印は溶けだした腕骨．d：ピペット（矢印）で，骨片を吸い込まないようにハイターを吸い出す．e：洗瓶で蒸留水を時計皿に入れる．f：最後にエタノールを飛ばした様子．時計皿の底に乾燥した骨片（矢印）が残る

図4・3　SEMのスタッブ台の上に載せた骨片．黒い部分は専用の両面テープで，矢印は全て骨片

け、その上に骨片を貼り付けることで骨片の紛失と帯電を防ぐのだ。また、我々は撮影前に観察する骨片の表面を白金や金でコーティングしている。これを「スパッタリング（蒸着）」と言う。白金や金は高速電圧を照射した際に得られる二次電子の収量が大きく、また金属粒子も小さい。この性質を利用して骨片にスパッタリングすれば、より鮮明な画像が得られるという仕組みである。門外漢なので詳しい仕組みまで理解しているわけではないが、スパッタリングの実際のメカニズムは、高圧電流によってイオン化した電子を高速で白金や金に当てることによって、数十〜数百個の金属原子塊をはじき飛ばし、これが漂って観察試料の表面にくっつくというものらしい。絶縁テープの上に試料を載せる作業にも、実はまた技が必要となる。骨片は角度によって見える形質が全然違うので、同じ種類の骨片でも複数方向から観察しなくてはならない。しかし、一度テープの上に貼り付いた微小な骨片をもう一度引きはがすことは至難の業だし、おそらくどう頑張っても無傷ではがせない。そこで、一種類の骨片につき複数の向きのものを試料としてスタッブ台に載せることで対応している。とこ

ろが、〇・一ミリメートルほどの微小な骨片になってくると、細密ピンセットでも摘むのが困難だし、なにより摘んだ衝撃で骨片が割れてしまう。そこで、無理にピンセットで摘まず、ピンセットの先で試料に優しくチョンと触れる。そうすると、静電気力で骨片がピンセットの先にくっついて落ちなくなる。そのまま、衝撃で落ちないように、慎重にピンセットを平行移動し、スタッブ台にそっと載せることで、ある程度自分の望む角度の骨片試料ができあがる（図4・3）。あとは顕微鏡下で如何に集中力と根気を維持できるかである。

このような作業を経て、片っ端からツルクモヒトデ目の骨片を観察しているうちに、色々と形質の状態がわかってきた。まず、先にも述べたように、体表面の皮下骨片の形状はこれまでにも使われていたように重要な形質であることには間違いなく、直接取り出して観察してみることで、様々な同種異名と思われる種が発見された。*Ophiocreas sibogae* は、有名なオランダの調査船シボガ（Siboga）によって採集され、ケーラー（一九〇四）によって記載された。種小名の〝*sibogae*〟はこのシボガにちなんでいる。本種の特徴は、体表面に全く皮下骨片が存在しないことであり、その特徴によって他の種と区別されてきた。私は科博の標本の中に、この *O. sibogae* の記載の色味やスケッチに比較的似たものを発見していた。乾燥させてみると体表面に皮下骨片がいくつか見出されるので、*O. sibogae* とは別種かと思っていた。しかしアムステルダム博物館の *O. sibogae* のタイプ標本を観察してみると、驚くべきことにその体表には小さな皮下骨片がやはり埋め込まれている。このタイプ標本には乾燥させた形跡がなかったため、液浸状態だけでは視認しにくい皮下骨片が見落とされていたのではないかと思われた。私は盤径数センチになるこの科博の標本

を *O. sibogae* と断定したが、この標本の瓶の中には他に、この種の他の成長段階と思われる個体がたくさん入っている。そしてそれらの体調数ミリの、幼若体と思われる標本の体表面は、皮下骨片でびっしりと覆われていたのだ。そして、この形質を持つ種を、私は文献で見たことがあった。*Asteroschema bidwillae* McKnight, 2000と *Asteroschema wrighti* McKnight, 2000である。この二種は、皮下骨片の密度や筋肉の盛り上がり、体の口側の皮下骨片の密度が薄いという特徴によって記載されており、私の見た標本にはこの特徴にそっくり当てはまり、二種に同定できるものもあれば、同じサイズのものの中にこれらの形質がないものや、互いの形質との中間形を見ることもできた。すなわち、この二種の分類形質は使えない可能性があるのだ。また、科博の標本には幼若体と成体だけでなく中間段階の標本も見られたが、その形態は、*Asteroschema tubiferum* Matsumoto, 1911のタイプ標本と形態的に類似する。これらの種を、共通に見分けるとされている形質は皮下骨片の密度の違いだが、この観察結果から、私はある一つの仮説を見出した。

「ひょっとすると、この四種はある一種の各成長段階が、別々に記載されただけではないのだろうか」

そこで、これらの各成長段階の標本から骨片を取り出し、その直径と厚みを調べてみた。すると、成長段階にかかわらず、全ての骨片がほぼ一様に直径約〇・一ミリメートルであったのだ。ここから、これらの個体は、幼若体の時期には直径約〇・一ミリメートルほどの骨片を体表面に形成しているが、成長に伴ってその数は増えないため、成長するに従いその密度が低くなり、発達する皮に覆われて外見から見えにくくなってしまうだけなのではないかという結論に達した（図4・4）。すなわち、これらの四種は同種異名となる。しかも、これは単なる種の分類の問題にとどまらない。*Asteroschema* と *Ophiocreas* は体表面

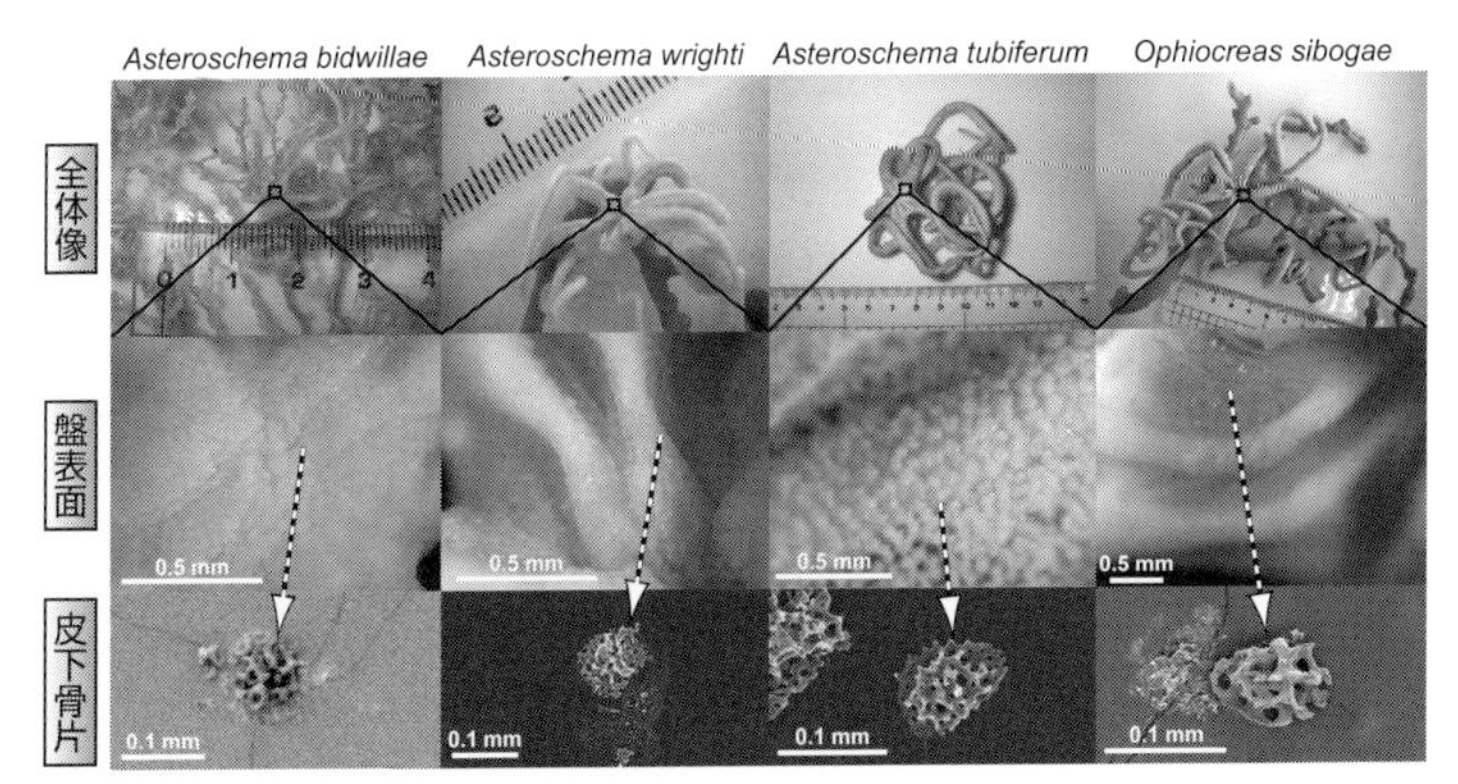

図4・4　科博の*Asteroschema bidwillae*, *A. wrighti*, *A. tubiferum*, *Ophiocreas sibogae* の標本．それぞれの全体像（上段），盤の反口側の拡大図（中段），取り出した1つひとつの骨片のSEM画像（下段）を示す

の皮下骨片の有無によって分類がなされている。しかし皮下骨片の粗密で分けるべきだと言う研究者もおり、両属は統合、分割を繰り返してきた。典型的な分類の混乱である。私のこの観察結果は、両属は成長によって状態が変わってしまう体表面の骨片という形質では到底区別できるものではないことを示していた。以上の話はホバートで口頭発表した内容なのだが、その根拠となっている科博の標本は三重県の尾鷲沖七七三メートルより一九八八年に採られたもので、それ以降、同じ場所からの追加標本がない。できれば新鮮な追加標本を用いてDNA解析を行い、これらが本当に同種であることを証明してこの仮説の裏付けを取りたいところだが、残念ながらこの場所へのアクセスがまだできていない状況である。いつかは尾鷲沖に出向いて、採集をしてみたいと思っているが、まだその夢は果たせていない。

ところで、私の処女論文の話を覚えておられるだろうか？二〇〇八年の八月に投稿した後、タスマニアに向かう直前、一二月の末に、本論文の受理（accept）の報を、柁原先生よりいただいた。これは翌年七月に発刊されたSpecies Diversityの第一四巻二号に、奇しくも北大で同期だった嶋田君の処女論文と共に掲載された。このときに記載した新種には*Asteroschema amamiense*という名前をつけた。〝*amamiense*〟は「奄美産の」という意味で、本種が奄美大島沖より採集されたことにちなむ。実は投稿後に一発でacceptに至った原稿は、私のこれまでの研究人生では、これが最初で最後である。このグズグズのまんじゅうを立派な食用に至らせるまでに、藤田先生がどれほどの時間をかけてサポートしてくださったかと想像するだけで、胸が痛くなる。そうして人の世に知らされた*Asteroschema amamiense*であるが、私は本種と*Astrocharis*に共通して見られる形質を数多く見出していた。実はその一つが、これまでに知られていなかった新しいものだったのである。クモヒトデの盤の腕のつけ根あたりには輻楯と呼ばれるひときわ大きな骨片が存在する。多くのクモヒトデ目では、これが大きな一枚の板状なのだが、ツルクモヒトデ目では、ほぼ全ての種で棒状であり、さらにこれが多数の薄い板状の骨片が互いに重なり合った多層の状態となっている。ところが、私が*Asteroschema amamiense*と*Astrocharis*の種を解剖し、体内の輻楯を取り出したところ、これが多層でなく、クモヒトデ目のように一枚の板状なのだ（我々はこれを「単層」と呼んでいる）（図4・5）。*Asteroschema amamiense*の記載のときにはせいぜい、手元にある*Astrocharis*と比べるくらいだったが、段々標本が集まってくると、この形質がいかに尋常ならざるかがわかってきた。少なくとも私の手元の標本を見た限りでは、この特筆すべき単層の輻楯は、例のオーストラリアのビクトリア博物館から貸借した*Asteroschema*の未記載種の標本にしか見られなかった（図3・10）。

　このように、海外の標本を網羅的に観察するうち、私の頭の中にツルクモヒトデ目の形質データベース

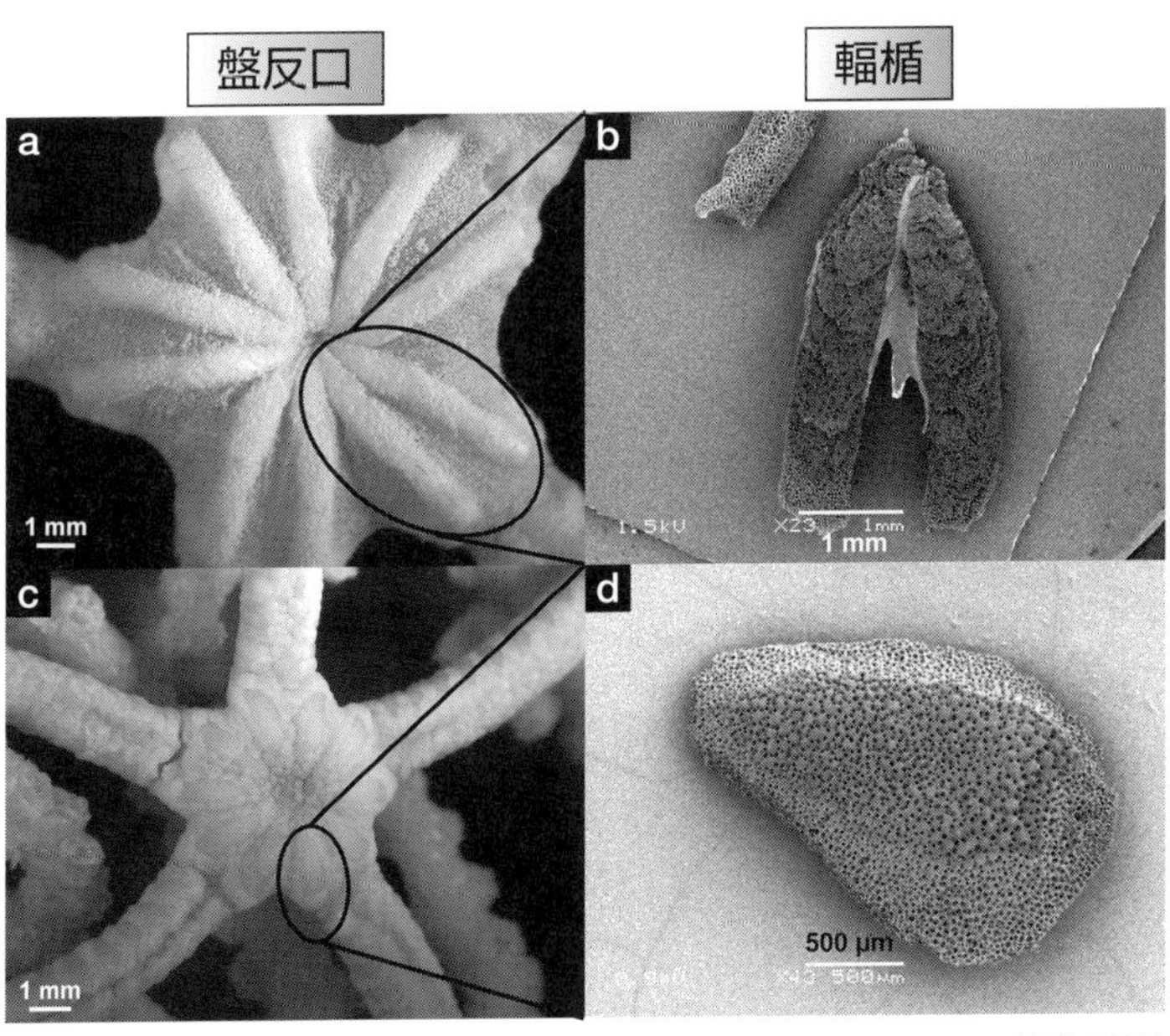

図4･5　ツルクモヒトデ目の輻楯の形態．a, b：*Asteroschema tubiferum*の輻楯の外見(a, 黒丸)と取り出したペアの多層の輻楯(b)．c, d：*Astrocharis monospinosai*輻楯の外見(c, 黒丸)と取り出した単層の輻楯(d)

のようなものが構築されてきたようで、分類階級内では多型の多い形質などが、標本を見るだけで把握できるようになっていった。この結果を踏まえ、私は、それまで四八属一八五の有効種が知られていたツルクモヒトデ目の中に一四種の同種異名（特にタコクモヒトデ科に多かった）を認めた。さらに、日本で発見した四種と、ビクトリア博物館に所蔵されていたオーストラリアの標本、パリの博物館に所蔵されていた南アフリカとパプアニューギニアの標本、シンガポールで藤田先生が採集された標本に、それぞれ一種ずつ、計八種の未記載種を認めた。また、後述する分子系統解析の結果も加味し、新属の提唱や、幼形が記載されたものと思われる*Ophiocrene*属の無効を認めたため、四八属は一減一増し、最終的に、ツルクモヒトデ目は四八属一七九種に整理された。

初めは同定にあたってすら途方に暮れたツルクモヒトデ目の分類であるが、藤田先生をはじめとする様々な方のサポートのおかげで、何とかそれなりに整理することができた。この成果のうち、まだまだ世に出せたものはほんの一握りすぎないが、これまでに少しずつ論文にしてきている（岡西ら、二〇一一；Okanishi and Fujita, 2009; Okanishi and Fujita, 2011a, 2011b, 2014a, 2014b; Okanishi *et al.*, 2011a, 2013, 2014）。しかし、研究はこれで終わりではない。次に、私が院生時代に心血を注いだ分子系統解析について述べることとする。

コラム・新種?

ニュージーランドで観察した標本の中に、一目見て、これは新種だ！　と思うものがあった。タコクモヒトデ科に属するのだが、体表面に見たことのない形の骨片の突起が散在しているのである（図4・6）。喜んでその標本を貸借し、早速記載論文を準備した。かなり書き上がった段階で、せっかくなのでこの面白い骨片の形を、盤に乗ったままの状態でＳＥＭで見てやろうと思い、盤の一部を丁寧に切り取って見てみた。そうすると、どうも見れば見るほど生物の生み出した骨片とは思えないのである。普通、棘皮動物の作り出す

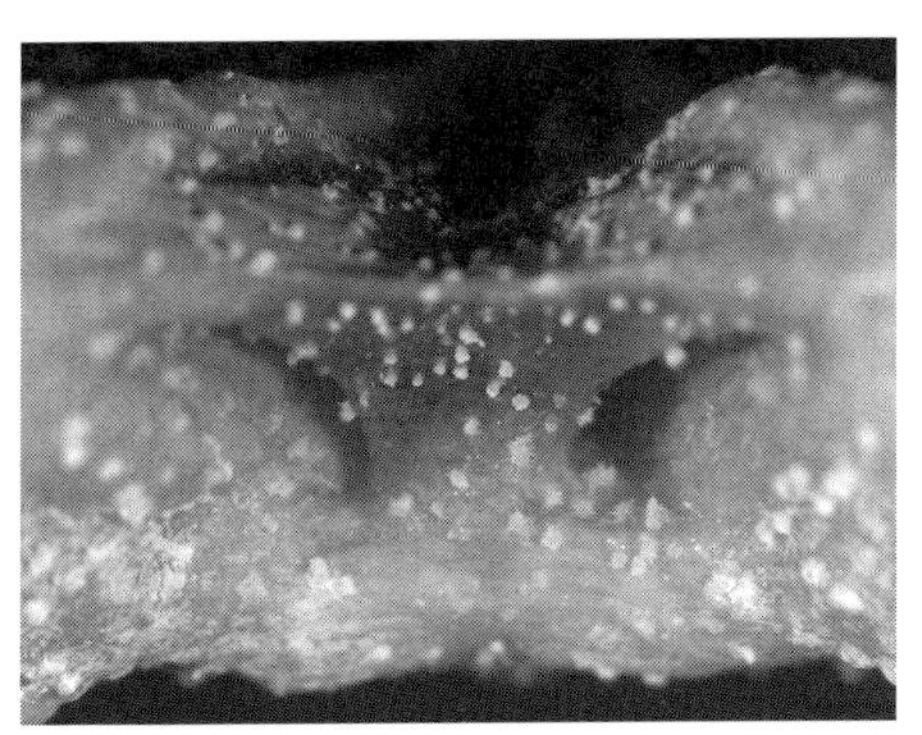

図4･6　未記載種かと思った*Ophiocreas*の一種の盤の側面．体中に点在する白いポツポツ（大きなもので約1mm）が骨片かと思っていた

炭酸カルシウムの方解石は網目状構造になっているのだが、そのような構造がないばかりか、なんだか一方向に筋が入った、鉱石のような構造ばかりが目立つ。いろんな人に話を聞いてみて、これは恐らく、標本の中の何かの化学物質が、クモヒトデの体の表面で結晶化したものだろうという結論に至った。とんだぬか喜びである。恐らく論文にしたところで査読者からリジェクトを喰らって終わりだったであろうが、これが偽の形質であることに気づかずにある程度のところまで論文を準備してしまったことが、情けないやら恥ずかしいやらであった。いずれにしろ、SEMの威力が変な意味で発揮された一幕であった。

2　分子系統解析に取り組む

第一章で述べたことの若干の繰り返しになるが、元来、系統樹を描くにはそれ相応の知識、特に系統樹を描く対象となった生物の比較解剖学的な知識が必要であった。そのため、とにかく多くの種の標本を集める気概と、それらを徹底的に解剖し、形態形質を把握する知識と技術が求められ、系統樹を描ける研究者は限られていたはずである。また、初期の系統樹は、研究者が重視すべきと考える形質を持つ分類群を順にまとめていくことで描かれていたが、扱う種の数が多ければ、その作業量は相当なものになったことは想像に難くない。と言うより、分類群の数が一〇〇を超えたあたりでその系統樹を描くのはほぼ不可能となる。そこで、形態を数値化し、それをコンピューターで計算することで系統樹が描かれるようになってきた。これにより、系統樹の客観性と、扱える種数が増えたことには違いないが、それでも形態形質の把握と、データ化の苦労は並大抵ではなかったであろう。

しかしながら、実は形態に基づく分類学もそうであるが、形態を用いた解析には、どう頑張っても完全な客観性を与えることはできない。どれほど多くの形質を取り出そうとも、どれだけ客観的に（と研究者が考えて）形質を数値化しようとも、その形質を選んだ理由は人によって異なるし、そもそも「選んだ」という時点で主観的になる。こうなると全ての形態形質を抽出するしかないが、細胞レベルにまで落とし込むと、実は形態形質は無数に存在すると言ってよい。また、一つの形質の種内の安定性を測るためには、統計的に有意差を出せる個体（普通は二〇個体以上）を、各地から集めてこなくてはならない。そんなことはほぼ不可能だし、だからこそ、分類学者は自分が観察してきた近縁種との比較データに基づいて、分類形質を「主観的に」選出しているのである。このあたりが分類学が科学でないと言われる理由かもしれないが、私は、これこそが分類学の真髄だと解釈している。すなわち、その分類群を分類しようとするには、それ相応の経験が必要なのである。いかに画像認識能力が発達しようとも、人の認識能力はまだまだコンピューターには劣らない。たくさんの標本を眺めているうちに、あるとき突然「これは別種なのでは?」とひらめく瞬間があるということは前述した通りであるが、私の見解では、おそらく人間は、ただ単に眺めるだけでもすさまじい精度でその標本の形質を瞬時に脳にインプットしており、そのデータがある程度蓄積された時点で、「分類」という結果として出力できるようになるのではないかと思っている。問題は、そのような豊富な知識に基づく直感に従わず、自分の個人的な理由などで分類学的な研究を進めてしまう場合が、万一あった場合である。こうなると、分類学はたちどころにその科学的な意味を失う(勿論これは分類学に限った話ではないが)。また、人によって得てきた知識には差があるので、直感は、人それぞれで精度が違ってしまうところが分類学の難しいところでもある。このような研究上の意見対立や恣意性は、複数の他の研究者によって検証がなされ、場合によっては排除され、ある程度の振れ幅を持ちながら真実に近づいていくのが科学だと私は思っている。私の知る限り、「分類学が科学でない」という指摘の主な根拠は「研究者の主観に基づいて分類群の境界が決められているじゃないか」というものである場合が多い。確かにそう見える部分もあるかもしれない。しかし、例えば分子生物学などの分野においても、実験計画を立てるのが人間である限り、そこには主観性の入り込む余地があると言えないだろうか。そして他の研究者による検証によって、少しずつ客観性を与えられながら、その実験結果は真理に近づいていくものではないだろうか。いかにそれがセンセーショナルな結果であったとしても、十分な検証がなされなければ、真実と受け入れがたいことは、最近世間を賑わせた細胞生物学研究の例でも明らかであろう。では仮に、非常に独創的で、他の追随を許さない分子生物学者が、極めて意義深い多数の研究成果を世に残したとしよう。そしてその中に、ごく僅かではあるが、間違いがあったとしよう。それらの研究はあまりに独創的なので、検証の遅れによってその間違いが一〇〇年間放置されてしまうこともあるかもしれない。「分子生物学においては、そんなことはありえない！」という批判が聞こえてきそうだが、勿論仮の話である。しかし分類学ではこの「そんなこと」が普通である。例えばイカ、タコ、カニ、エビ、ウニ、ヒトデ、これらの一般になじみの深い分類群にすら、分類に問題が見られる種は非常に多い。これらの分類群の専門家にきけば、ほとんどが「うちの分類群は専門家が極めて少なく、検証が追い付いていない状態である」と述べるだろう。

さて、前置きが長くなったが、このような諸々の問題をはらむ形態解析に対する分子系統解析の客観性は前説した通りである。いよいよツルクモヒトデ目でも、各地から集めた標本を用いて分子系統解析を開始することとなった。最初にネックになるのはやはり「お金」である。DNAを抽出するための試薬は、五〇個体分で約三万円、PCR試薬が一〇〇回分で二万円、シーケンス用試薬が一〇〇回分で三万円、すなわち、一個体の一遺伝子を解析するのに約一一〇〇円かかる計算になり、一〇〇個体のDNAを三遺伝子に基づく解析を行うとすると、三×一一〇〇×一〇〇＝三三万円が必要となる。これにプライマーが一本一五〇〇円程度、各遺伝子で一〇のセット（二〇本）を用意するとすれば、一一〇〇×二〇×三＝六・六万円となる。しかも、これは解析が百パーセントうまくいった場合の話である。ツルクモヒトデ目のようにこれまで誰も研究を行っていなかった生物の場合、実験が成功する確率はあまり高くない。DNA抽出、PCR、シーケンスの成功率がそれぞれ七〇パーセントだとしても、〇・七の三乗で全体の成功率は約三分の一の三四・三パーセント。すなわち、（三三＋六・六）×三≒一一九万円の研究費が必要という計算になる。また、場合によってはこれにピペットマンなどの器機、電気泳動用のマーカーやゲル、泳動液などのお金がかかってくる。さすがにこれくらいの価格になってくると個人で支払うわけにはいかない。運のよいことに、私は水産無脊椎動物研究所の助成金と学振の研究費を連続で獲得できていたので、これを実験費にあてることができた。

北大であらかた手法は習っていたが、M２の春に解析を始める段階で、最後の実験から一年以上が経過していたので、科博で寄生虫の分子系統解析をご専門にされている倉持利明先生に基本的な教えを請うた。倉持先生は、分子系統解析の黎明期から研究を行っていらっしゃる専門家で、北大で広瀬先輩に教えていただいた各工程に加え、その意味も逐一詳しくご教授くださった。私の分子系統解析の師匠はこのお二人である。

さて肝心の実験経過はと言うと、最初はあまり順調というわけではなかった。北大の際に使ったプライマーでまずはＰＣＲを試みたのだが、どうもうまくいかない。クモヒトデ目（Ophiurida）では使えるようだが、ツルクモヒトデ目（Euryalida）で使ってみると、増幅されたＤＮＡ配列の大きさを表す電気泳動のバンドの位置がてんでんバラバラだったり、一つのレーンに複数のバンドが出てしまったりする。前者はプライマーが標的とは別の配列に結合してしまったことを、後者はプライマーが複数の配列と結合してしまったことを意味する。特定の配列だけを増やすのが目的なので、これは失敗である。というわけで手元のプライマーではどうにも「絶望の夜景」しか得られないため、早々にそれらでの実験は諦め、ここでもユニバーサルプライマーを試してみることとした。分子系統解析の黎明期に、様々な生物の遺伝子領域の配列を解析し、たくさんの海産無脊椎動物用のプライマーを開発したPalumbi（1996）を参考にしたプライマーを、いくつか倉持先生からいただき、PCRにかけてみたところ、18S rRNAと28S rRNAでうまく配列が増えることがわかった。私の経験では、（他の実験も勿論そうであるが）分子系統解析はとにかく最初が肝心である。標本の状態やDNAの質は勿論、プライマーの設計やPCRの実験プロトコルなどの条件を最初にきっちりと調べておく。また、ちょっとうまくいったからといってその方法にいつまでも固執していると、大抵どこかで行き詰まる。そういう手法などには早々に見切りをつけ、最初に調べた条件をもとにまた新たな方法を試す、あるいは新しいDNAを抽出するなどの方向転換が必要だ。とはいえ、少し矛盾する話になるが、ちょっとうまくいかないからといってすぐ投げ出すのも問題である。諦めるならば様々な方法を試しつくしてからにしたほうがよい。よく「私の分類群は分子系統解析はうまくいかなかったのでやっていない」という話を聞くが、それは通り一遍のプライマーや実験条件しか試していないからではないかと私は思っている。勿論、実際、DNAの装飾などの問題で分子系統解析が難しい分類群も存在するにはするが、そういった分類群でも解析はできるわけである。当然DNAの蓄積情報が少ない分類群では解析に伴う苦労は多いが、それでもきちんと結果を出している研究者も知っている。彼らに話を聞くと、やはり最初は実験がうまくいかず、様々な方法を試しつくし活路を切り開いたという答えが返ってくることが多い。

ツルクモヒトデ目の解析では、28S rRNAのプライマーがうまく合ったので、当面はそれで解析を始めることとした。最初に解析に選んだ種は八種、今でも忘れない、キヌガサモヅル科の①キヌガサモヅル *Asteronyx loveni* と② *Astrodia abyssicola*（当時は *Astrodia* sp. までの同定だった）、ユウレイモヅル科の③ムツウデツノモヅル *Astroceras annulatum* と、④ツルタコクモヒトデ *Trichaster palmiferus*、タコクモヒトデ科の⑤タコクモヒトデ *Ophiocreas caudatus* と、⑥ヒメモヅル属の未記載種 *Astrocharis* sp.（後に *Astrocharis monospinosa* として記載）、テヅルモヅル科の⑦シゲトウモヅル *Asteroporpa hadracantha* と⑧オショウテヅルモヅル *Astroboa globifera* である。このうち、①、②は蒼鷹丸で、③、⑤、⑦は淡青丸で自ら採ったサンプル、④、⑥はそれぞれ藤田先生と国立科学博物館の十脚類の専門家の小松浩典先生が、豊潮丸で採ってきてくださったもの、⑧は科博に保管してあったサンプルである。これらはいずれもDNAの状態が良好だったようで、二、三回の実験で全てPCRに成功した。早速科博のシーケンサーで塩基配列を読み、系統樹を作成してみた。今回の解析ではツルクモヒトデ目の四つの科を一種ずつ含んでいたので、期待としてはこれらがそれぞれ単系統（ある祖先とその子孫全てを含む種の集合）としてまとまってくれればと思っていたのだが、実際には系統樹上の各枝の単系統性を示す支持値はいずれも低く、系統関係を表す結果は得られなかった。それでも、私にとって、「とりあえずやってみた」ではなく、「自分で考えて選んだ種」の解析結果は感慨深く、その系統樹をしげしげと見つめたのを覚えている。思えばそれが私のこれまでの研究人生の起点となる、初めての能動的な実験結果ではなかっただろうか。

系統樹の結果は芳しくはなかったが、この一連の実験から、「全ての科でPCRに成功する」プライマーが得られたことは大きな成果だった。分類群によっては、進化速度に極端な差があり、異様に塩基置換数が多いこともある。そういった分類群ではユニバーサルプライマーが合わないことがあり、手掛かりなしにその分類群のプライマーを探さなくてはならないことがある。これはなかなか骨の折れる作業である。全ての分類群からそれぞれ数種ずつでもいいのでPCRが成功する種がいると、たとえ他の種の解析ができなくても、その成功種の配列を手掛かりに、その分類群に特異的なプライマーを設計することができる。こうしてプライマーを作っていけば、どれかがいつかはヒットする。この方法は、全くの手探りで作っていくよりもよほど楽である。ということで、ツルクモヒトデ目では、「やれば結果は出る」ということがわかった。後は手を動かすだけである。このM2の五月から、私の院生活の残りの四年間の多くは分子系統解析に費やされた。前述したように、フィールドや海外の博物館から新しいサンプルが手に入る度、DNAを抽出して分子系統解析を行った。今思えば結構夢中だったと思う。形態観察に基づく分類学も勿論面白いが、果てない形質変異の境界の探索に頭をひねる日々がしんどくなるときもある。また、あまりに形質の変化が多様すぎると頭の中で整理が行きつかなくなり、途方に暮れることもよくある。それに比べて、分子系統解析はやればやるだけ結果が出るし、自分の分子系統樹にサンプルが追加され、その度にどんどんビルドアップされていくという単純な創作の楽しさもあり、あまり苦には思わなかった。

近年では属や科以上のレベルの系統を論じる際には、複数の遺伝子を使うことが推奨されている。そのため、28S rRNAだけでなく他の遺伝子領域の解析も並行して行う必要があった。これらのユニバーサルプライマーが次々に当たったことも幸運だった。28S rRNAと同じ核の18S rRNA遺伝子、そして、当時同じ部屋で学振PDとして在籍されていた中野智之さん（カサガイ類の分子系統の専門家）にいただいたミトコンドリア遺伝子の16S rRNA遺伝子のユニバーサルプライマーが相次いで実験に成功したのだ。そんなこんなで解析を進めていき、これらの三遺伝子領域について、修論では二六種について解析を行い、①ツルクモヒトデ目は単系統となること、②キヌガサモヅル科、ユウレイモヅル科は単系統となること、③タコクモヒトデ科は側系統（系統樹上で連続しているが単系統ではない分類群）となること、④ユウレイモヅル科とタコクモヒトデ科を合わせたグループが単系統となること、を突き止めた。これで何とか修士は取らせてもらったものの、最も多くの属を含むテヅルモヅル科が単系統にならないなど、まだまだ系統学的な結果としては十分とは言えず、さらなる実験が求められた（図4・7）。ここで、「単系統」や「側系統」といった聞きなれない単語が現れたと感じられる方もおられるかもしれないが、これは系統学の用語である。進化の道筋を表す系統樹を見ながら、どこからどこまでのグループがひとまとまりなのか？　あるいはどれとどれが近縁なグループなのか？　を議論するときのために用いられる便利な用語である。この後にも登場するが、上記の二つの他に「多系統（系統樹上で連続しない分類群）」を併せた三つの用語によって、系統樹上のグループの状態を言い表すことができる。例えばある属の妥当性を分子系統樹から検証する場合、それが単系統であれば、これまで通り問題なくその属を使えることになろう。もし多系統であれば、その属は一旦分解し、一部は他の属と合併、一部は新属として残す、そしてタイプ種を含むグループに元の属の名前を維持する、などの措置をとることになる（勿論実際はそう簡単ではない場合も多いが）。問題は側系統群になった場合である。決して一つのグループではないのだが、共通の祖先を持ち、連続しているということこの状態の分類群の扱いには、系統学者は頭を悩ませてきた。側系統を構成している

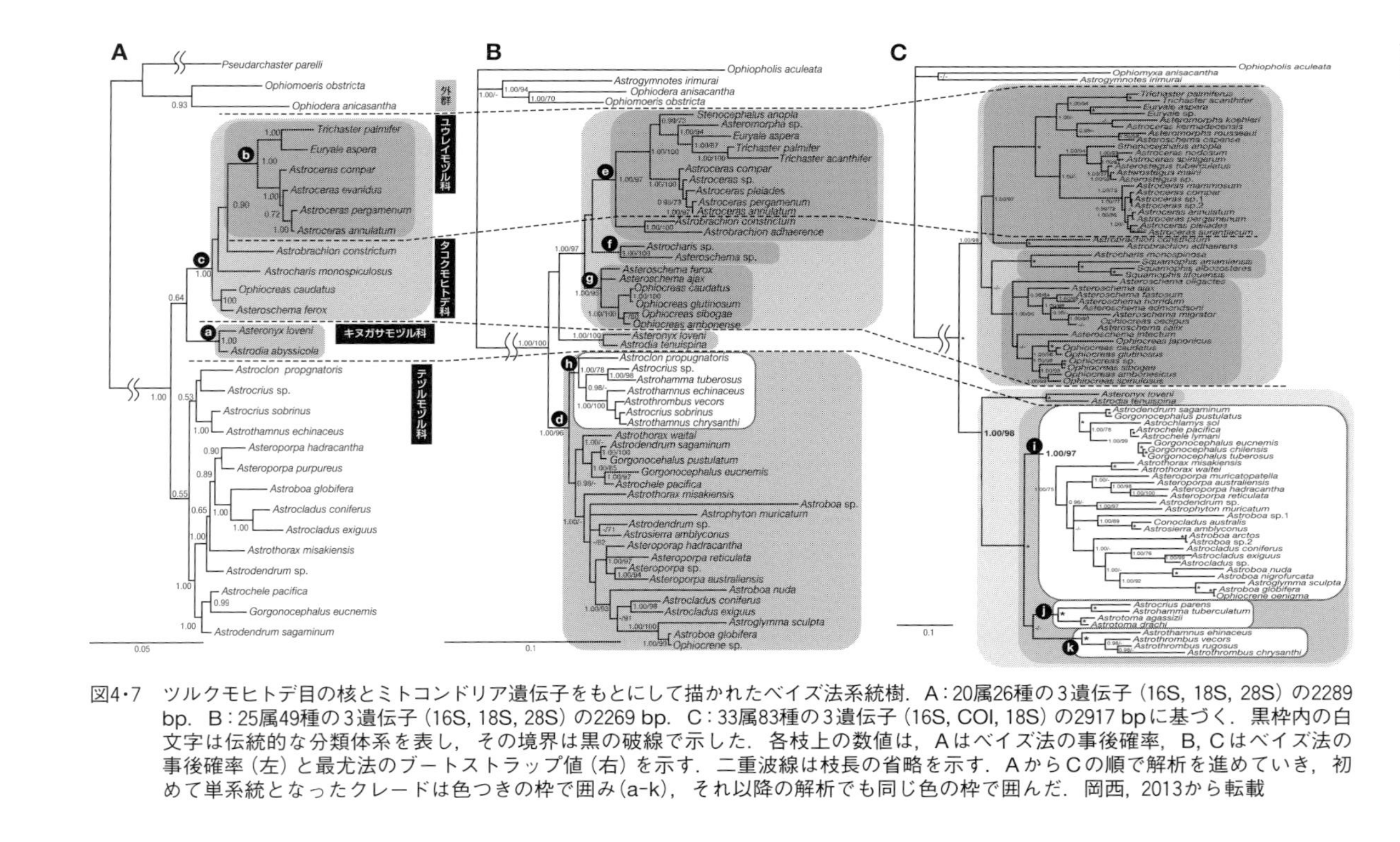

図4・7　ツルクモヒトデ目の核とミトコンドリア遺伝子をもとにして描かれたベイズ法系統樹．A：20属26種の3遺伝子（16S, 18S, 28S）の2289 bp．B：25属49種の3遺伝子（16S, 18S, 28S）の2269 bp．C：33属83種の3遺伝子（16S, COI, 18S）の2917 bpに基づく．黒枠内の白文字は伝統的な分類体系を表し，その境界は黒の破線で示した．各枝上の数値は，Aはベイズ法の事後確率，B, Cはベイズ法の事後確率（左）と最尤法のブートストラップ値（右）を示す．二重波線は枝長の省略を示す．AからCの順で解析を進めていき，初めて単系統となったクレードは色つきの枠で囲み（a-k），それ以降の解析でも同じ色の枠で囲んだ．岡西，2013から転載

グループを細かく分けて、その一つ一つを独立の分類群（この場合は属）にすべきとの主張がある一方で、分類群が単系統になっていく際には、必ず側系統の過程を経なくてはならないため、側系統群の単一性を許容する学者もいる。後述するように、筆者自身もこの問題に突き当たったが、私の場合は、側系統群を構成するメンバーを定義できる形態形質を認め、それぞれを独立した分類群とした。しかし、そううまくいかない場合は、おそらく相当に頭を悩ませることになるだろう。ちなみに、このような系統に関する話題を、一般にもわかりやすく解説している「きまぐれ生物学」という、慶應義塾大学で特任講師をされている仲田崇志先生のウェブサイトがある（URL: http://www2.tba.t-com.ne.jp/nakada/takashi/index.html）ので、興味のある方は是非覗いてみてほしい。

　博士になっても相変わらずＰＣＲとシーケンスの日々が続いた。それに伴い、少しずつ解決しなくてはならない問題も増えてきた。系統分類学を考える際には、必ずキーとなる分類群が存在する。例えば生きた化石。彼らは太古の昔から姿を変えておらず、だからこそその系統的な位置は進化を考える上で常に注目されてきた。化石から得られる形質には限界があるが、生体からならば、現生生物と比べるべき形質が必要十分に得られるからである。生きた化石は、系統学においては古代の種と現生の種を繋ぐ架け橋となる。また、複数の分類群の中間の形質を保持している分類群なども、系統を考える上で極めて重要である。分子系統解析により、それが本当に中間で、かつ他の分類群と類縁性がないことがわかれば新しい分類群の誕生ということになるし、場合によっては進化の順番も明らかにできよう。それが他の分類群と単系統になれば、それらの分類群の定義形質を見直す非常に強力な指標となる。さらに、突飛な形質を持つ分類群も注目に値する。ある分類群の中で、一種あるいは数種だけ、どうにも形態が他と異なる分類群が存在したりする。果たしてその形質は、進化的にどのような意味があるのか？　――このように分子系統解析では「是非とも解析したい、外せない」キータクサがあるものである。そして、このようなキータクサの系統的位置の決着なくしては、頑強な分類体系の構築が成せたとは言い難い。手当たり次第にＰＣＲが成功したものを解析していっても、以上のようなキータクサのデータが必要不可欠な段階になってきた。同時に、海外博物館から持ち帰ったサンプルの中にＰＣＲの成功率が悪いものがあることにも気づいてきた。原因は定かではないが、自分たちの自前のサンプルとは違った固定方法や保管方法などが解析に影響しているのかもしれない。しかし、海外博物館のサンプルは、キータクサが多いだけでなく、日本の研究者にとっては珍しいものばかりであり、これらの解析なくしてツルクモヒトデ目の系統構築は成し得ない。そこで、試薬の量の調整や、ＰＣＲのときのアニーリング（プライマーとＤＮＡの定着）温度の調整、nested PCRという二重にＰＣＲをかける方法などを試したのだが、あまり効果的ではなかった。さて困った。他がうまくいっても、キータクサが解析できなくては意味がない。頭を悩ましているときに、あることを思い出した。そういえば北大時代に、富川光先輩が、同じ棘皮動物のヒトデの分子系統解析の研究発表を見たことがあるという話をされていた。それによれば、ＰＣＲを行う際の実験試薬混合液中のＤＮＡ量を薄めるように調整するというのだ。正直なところ、これは半信半疑だった。なにしろ簡単すぎる。ものは試しと、二倍、四倍、八倍……とＤＮＡを薄めていっても、やはり出ない。そこで、そのヒトデ研究の発表者に、直接コンタクトを取ってみることとした。

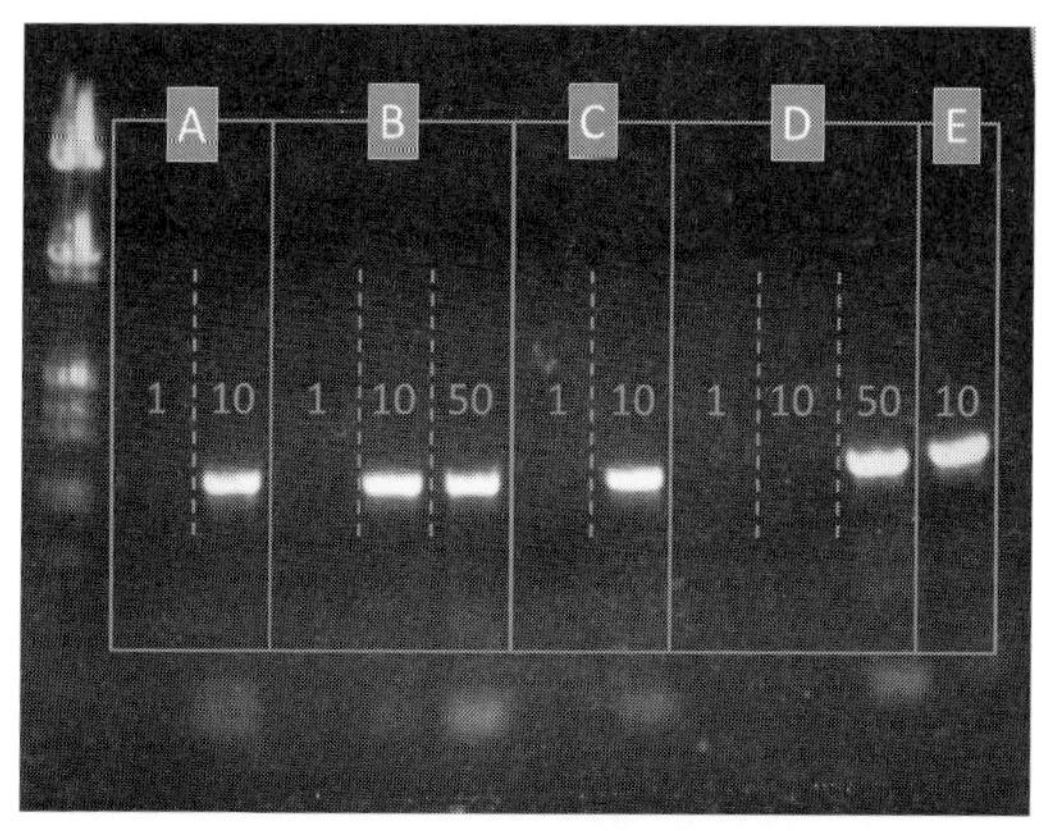

図4・8 ツルクモヒトデ目の18S rRNAのPCR産物の電気泳動画像．A-Eはそれぞれ別の種の実験結果．各レーン上の数字はPCR実験に用いたテンプレートDNAの希釈倍率．一番左のレーンに流しているのは，DNAの断片長の指標になるマーカー．岡西，2013から転載

広島大学に赴任されていた富川先輩に早速メールを打ったところ、鐘のように返事が鳴り響いた。彼の人は、富山大学理工学研究科の院生の若林香織さんであった（現在は、奇しくも富川さんと同じく広島大学に勤められている）。不躾とは思いながらも、早速教えていただいたアドレスにメールを打ったところ、こちらも迅速にご返信をいただけた。若林さんによると、棘皮動物ではＤＮＡを抽出する際に体組織中のムコ多糖などが混入してしまうことがあり、これがＰＣＲの阻害物質になるということだった。そして聞いた通り、ＤＮＡの濃度を振ればほとんどの問題が解決するという話だったが、問題はその振り幅で、彼女は一〇倍、一〇〇倍、一〇〇〇倍……と、私が思いもしなかったスケールで希釈するというのである。藁にもすがる思いでこの「大規模薄め法」を行ってみたところ、なんとこれが効果覿面（てきめん）であった。確かに、その規模でＤＮＡを薄めると、突如ＰＣＲが成功するのである（図４・

８）。これで解決の糸口が見えた！　私は喜んで他のＰＣＲが未成功のサンプルを解析した。それでも解析ができないものも勿論あったが、それらはもうＤＮＡが分解されきっているのだろうと諦め、とにかくできる解析を続けた。

3　初の実験成果

若林さんから教わった薄め法を切り札に、とにかく手に入ったサンプルをシーケンスしまくり、解析種数が五〇種に達しようとしたある日、系統樹が思わぬ様相を呈してきた。まず、修論提出の時点では多系統だったテヅルモヅル科が単系統となった。テヅルモヅル科は形態的に非常にまとまっているので予想はできたことだったが、改めて結果として示されると嬉しいものである。一方で、側系統だったタコクモヒトデ科は側系統のままだったが、ユウレイモヅル科との特筆すべき関係が見えてきた。相変わらず単系統性を示すユウレイモヅル科に、タコクモヒトデ科の一つの属である *Astrobrachion* 属がくっつき、一つの単系統群をなしたのである。そして残りのタコクモヒトデ科は三属だが、これらはその分類の通りにはならず、二つのグループに分かれた。一つは、私が新種を記載したヒトデモドキ属とタコクモヒトデ属が入り混じるグループで、従来この二つの属には中間的な種も存在するため、そもそも二属に分けない分類もあったくらいなので、これは驚くには値しなかった。むしろ、中間的な種も含めて一つのグループになったことで、改めてこれらを一つの属にしてしまえると思ったくらいである。問題はもう一つのグループであ

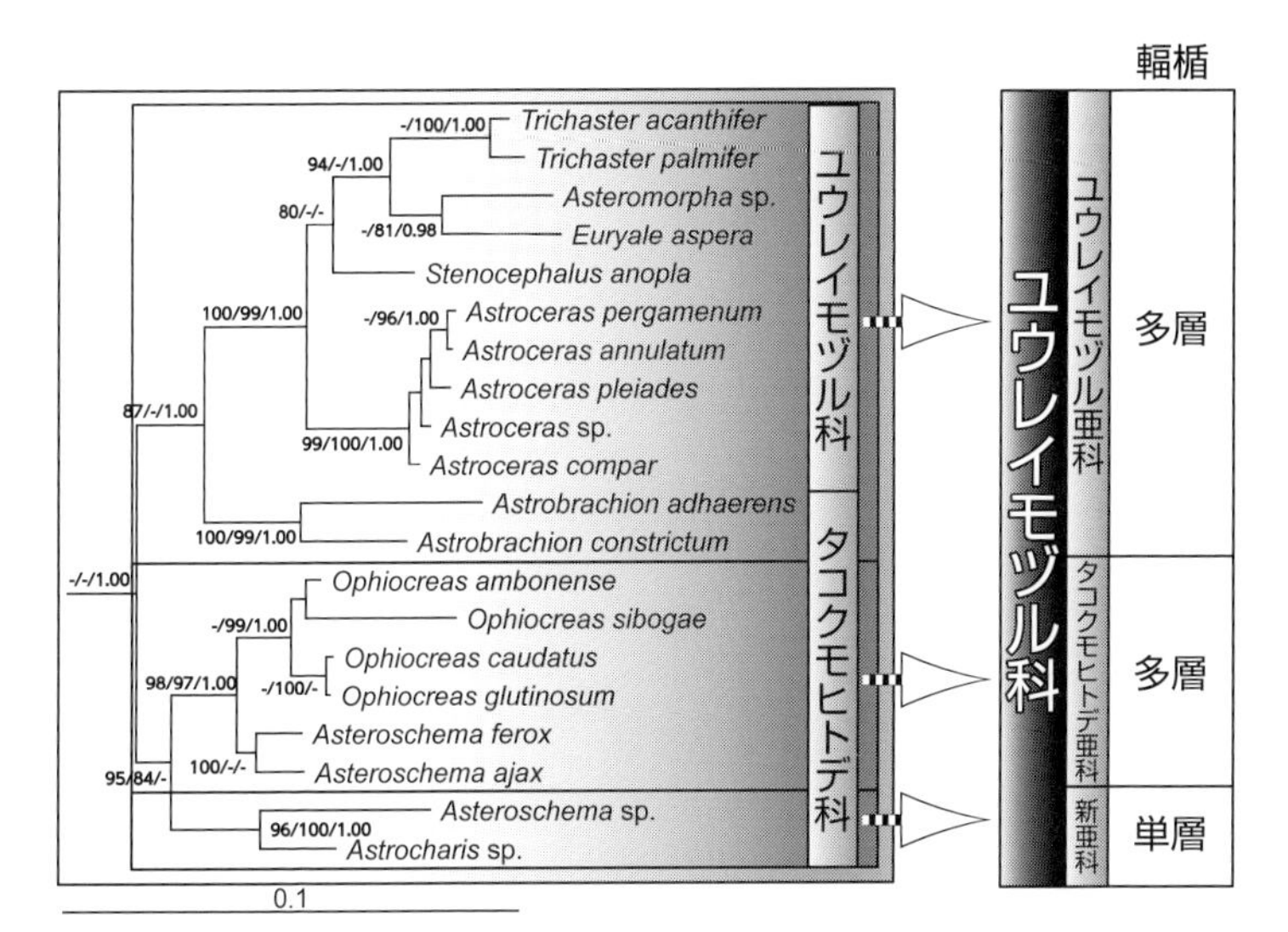

図4·9　タコクモヒトデ科の従来の分類体系と分子系統解析の結果．系統樹のすぐ右の「ユウレイモヅル科」と「タコクモヒトデ科」は従来の分類体系．系統樹上の枝の上の数値が100または1.00に近いほど，その枝が1つのグループである確率が高い．系統樹上の枠は，1つのグループのまとまりを示す．矢印の先は新たな分類体系と示す．従来の2科は1つの大きな科になり，その中に3つの亜科が設けられた．これらは輻楯の形質状態によって分けられる

る。なんとこのグループは、私が記載した *Asteroschema amamiense* と、その近縁性が疑われた *Astrocharis* 属のみが含まれるのである。系統樹の結果は、私が処女論文で散々頭を悩ました末に結論づけた両属の近縁性が正しかったことを示していた。やはり、これらは同じグループにすべきだったのだ。そしてさらに私を驚かせたのは、そのグループの系統的な位置である。*Asteroschema amamiense* と *Astrocharis* の単系統群は、ユウレイモヅル科と *Astrobrachion* のグループからも、他のタコクモヒトデ科のグループからも独立していた。このことは、このグループが新たな分類群、すなわち科の中の亜科であることを示していた（図4・9）。

これは私にとって青天の霹靂（へきれき）だった。

科階級群と言えば種の上の上、いわゆる高次分類群である。当然、分類群が上位になればなるほど、一般にその発見は難しいと言われる。正直言って、自分にそんな大それた発見ができるとは思っていなかった。確かに、「科の系統分類体系を確かめる」という目標ではあったが、せいぜい、従来の分類体系と一致することを確認して、それで終わりだと思っていた。しかし私が自ら生み出した系統樹は、新たな亜科の設立の必要性を頑然と示している。しかも、自らが発見した形態的証拠もそれをサポートしているのだ。話ができすぎていると思った私は、まだ半信半疑の状態で藤田先生の元を訪れた。我々が記載した分類群が、どうやら新しい分類群になりそうだということを説明した。しかしそれでもまだ及び腰だった私は、その新しい分類群を族（亜科よりも下の分類群）にしてはどうかと提案した。亜科の設立など畏れ多いと思ったのである。しかし、先生はあっさり言い退けた。

「いや、って言うか亜科にすればいいいんじゃない」

4　科レベルの記載

最初は信じられなかった。新属の発見ができれば、自分にしては上出来だと思っていた。そんな私が、いきなり新亜科である。甲子園出場を夢見る地方高校の球児が、プロリーグの打席でタイムリーヒットを打ってしまったような感覚である。しかし、系統樹をじっくり眺め直してみると、確かに族のような、少なくともクモヒトデ類では使われていない分類階級を設定するよりは、新亜科の設立の方がよほどリーズナブルである。でもやっぱり自信が持てない……くよくよ悩み続ける私に、この実験結果の真偽を諮るよいチャンスが訪れた。日本動物学会である。その年、この分子系統解析の結果を発表するべく、初めて動物分類学会以外の学会に発表を申し込んでいた。動物分類学会の一〇倍くらいの規模の大きな学会で、日本中の動物学研究者による動物学祭りである。勿論、分子系統解析の専門家も来られるので、私の系統樹に対する客観的なコメントを得るよいチャンスだと思ったのだ。二〇〇九年九月、会場は静岡県コンベンションアーツセンター グランシップ。動物分類学会とは桁違いの参加者数に戸惑いながら、恐る恐る分子系統解析の結果を発表した。質疑応答では特に誰にも文句を言われることもなく、すんなり発表は終わった。正直拍子抜けしたのだが、ひょっとすると個人的にコメントをくださる方もいるかもしれないと思い、学会場で東大の上島励先生に、自分の発表の是非を伺ってみたところ（私の発表をお聞きだったことは演者席から確認していた）、「おお、別にいいと思うよ？ よかったじゃない」というお言葉をいただいた。上島先生は陸生を中心とする巻貝類の分子系統解析の専門家で、分子系統解析の総論も書かれているスペシャリストである（上島、一九九六）。しかも、実は私が当時所属していた東京大学大学院理学系研究科のご所属でもあったので、是非ともご意見を伺っておきたかったのだ。その上島先生に太鼓判を押され（たと私は理解した）、私はますます自分の研究結果に自信を持った。また、話は学会前に遡るのだが、この動物学会での発表にあたり、普段分子実験室を共同で使っている鳥類や魚類の研究室の分子系統解析に携わっておられる先輩方にもお話を聞いてもらおうと、発表時間を設けてもらった際の話である。発表が終わった後、一緒に話を聞いていた同室の芳賀さんが、「岡西君、今日のネタ〝Molecular Phylogenetics and Evolution〟いけるよ！」と太鼓判を押してくださったのである。〝Molecular Phylogenetics and Evolution〟（通称MPE）は、和訳すれば「分子系統と進化」。文字通り、DNAレベルでの系統解析や進化学的研究の論文の専門誌である。勿論棘皮動物でもいくつかの論文を目にしていたが、それらはいずれも包括的な、属〜科のレベルの良質かつ重厚な論文揃い。当時の私にとっては雲の上の、いわゆるハイジャーナルであった。当然、そんなところに論文を出すなど思いもよらなかったため、その一言に私の心は揺れた。しかし言われてみれば、別に馬鹿みたいに高い投稿料を取られるわけでもなし、確かに出してみる価値はあるかもしれない。ダメでもともと、投稿してみようじゃないか。息巻く私に、さらなる幸運が訪れた。

5　初めてのポスター賞

東京大学は当時、グローバルCOEプログラムと呼ばれる事業に採択されていた。グローバルCOEとは、「我が国の大学院の教育研究機能を一層充実・強化し、国際的に卓越した研究基盤の下で世界をリードする創造的な人材育成を図るため、国際的に卓越した教育研究拠点の形成を重点的に支援し、もって、国際競争力のある大学づくりを推進することを目的とする事業（日本学術振興会HPより抜粋）」である。特にこれに採択されているからと言って、科博に通っていた私に何の影響があるわけでもないと思っていたのだが、実はこのGCOEプログラムがリサーチアシスタント（RA）を募集しており、私は運よくそれに採択されていた。このRAは、基本的には私の研究成果をもってGCOEの支援ということになり、給付金をもらえるというシステムである。学振に採用されていなかったD1の頃にこのRAに採択され、経済的に非常に助かっていた折に、GCOEプログラムのリトリートと呼ばれる研究発表会が開催され、RAに採択されている者はそこで発表する機会を与えられた。このリトリートは毎年の恒例行事となっているらしいが、その年は国際学会形式でやや規模が大きいようだった。時期は静岡での動物学会の約半年後、二〇一〇年三月である。場所も東京大学本郷キャンパスと近いので、上記の分子系統解析の結果を含む系統分類学的な研究をポスターにまとめ、リトリート会場に掲示した。医療系などがひしめく中でそのポスターはさぞ異彩を放っていたことであろう。しかし、何の間違いか、その私のポスターが、二〇〇題超の中からポスター賞を受賞したのである。後にも先にも国際学会での受賞はそれだけであるが、非常に恐縮しつつ、懇親会の席で表彰されたことを覚えている。そしてこのとき、私の心に、「系統分類でも、ちゃんとやっていれば、認められるんだ……」という驚きにも似た、自分の研究への誇りが芽生えた。実を言うと、私は国立科学博物館で系統分類学的な研究を進めながら、段々と鬱屈した気持ちに襲われるようになっていた。理由は様々だが、一つは、東京大学の中での国立科学博物館の立ち位置である。国立科学博物館は一九九五年から東京大学との連携を始めている（国立科学博物館HPより）。それから私が科博に通い始めるまで一〇余年の間、幾多の大学院生が排出されているのだが、実はその当時はあまりいい噂を聞いたことがなかった。すなわち、東京大学では国立科学博物館は疎まれており、大学院生は意地悪をされる、という噂である。後にわかったが、勿論これは全くのでたらめである。確かに、先輩方を見ていると学位取得に苦労されている様子ではあったが、それは本人たちも納得の上であったし、本学の先生方も非常に真摯に、熱心に指導されていた。また、本学の学生にしても、苦労しているのは皆同じである。しかし、東京大学にはほとんど知り合いはいないので噂の真偽を確かめる術はなかったし、そもそもそんな噂も真実に思えてしまうほど、その頃の私は自分の研究に自信が持てなかった。M2のときに東京大学で修士の中間発表を行った際も、修士発表本番の際も、いつ誰に怒鳴りつけられるか、とビクビクしていた。採集に行く際も、こんなことに意味があるのだろうか？　と自問し続けた。東京大学の同期と自分の研究を比べて、自己嫌悪に陥ることもしばしばだった。系統分類学は孤独である。選ぶ分類群にもよるが、ほとんどの場合、一人でその研究対象の謎に挑まなくてはならない。指導教官もわからない現象の方が多い。そんなとき、頼りになるのは同じように分類学を進めている学生の存在であるが、前述した通り、国立科学博物館にはそのような学生は芳賀さんしかいなかった。ということで、芳賀さんには大変お世話になったのであるが、芳賀さんも私の二つ上で、同期ではない。周りに仲間がいた北海道大学が恋しいときもあり、やはり自分の中の研究への疑問は胸の中にくすぶったままだった。

そんな気持ちを三年近く胸に秘めていた折であったから、グローバルCOEでの受賞は本当に驚きだった。明らかに場違いな分野だったはずである。それでも受賞できたということは、私の研究内容を理解し、それが他の研究分野に劣らないものであると、少なからず認めてくれる人が存在するということだ。自分のそれまでの行為は無駄ではなかったと噛みしめた。「誰かに、認められた」。そのことだけで、胸にためた込んでいたもやもやが、すっと消えていくのを感じた。そして同時に目の前が開ける思いがした。それ以来、私は多少なりとも自分の研究に自信を持つことができるようになったと思う。そしてこの頃には、公務員試験の受験はあまり考えなくなっていた。

自信が持てたからと言って、やることが変わるわけではないのだが、自分の研究をより純粋に楽しみ始めた気がする。その後も分子系統解析を続け、さらに結果を増やしていった。28S rRNA遺伝子領域は情報が少なく、かつPCRの成功率も良くなかったので、思い切って18S rRNAだけを残し、ミトコンドリアのCOI遺伝子領域を新たに解析した。種数は最終的に八三種に上った。この傍ら論文執筆を行い、動物学会で発表した内容について、なんとあの〝Molecular Phylogenetics and Evolution〟に論文を掲載することができた（Okanishi *et al.*, 2011）。本誌の出版社である〝Elsevier〟のロゴが入った自分の論文を手に取ったときは、さすがに感無量であった。そして最終的な解析結果からは、さらに驚くべき結果が得られた。

タコクモヒトデ科とユウレイモヅル科の関係は相変わらずであったが、キヌガサモヅル科とテヅルモヅル科が一つのグループになるという思いがけない結果が得られた。キヌガサモヅル科は腕が分岐しない種のみを含むグループで、多くの研究者が、同じように腕の分岐しないタコクモヒトデ科との近縁性を説いていた。しかし、Murakami（1963）とMartynov（2010）は、口を構成する骨片の形状にテヅルモヅル科との共通点があることを見出しており、我々の研究によっても、顎の周辺の歯や口棘の配置、生殖腺の位置などが共通することが確かめられた。また、多くの属を含むテヅルモヅル科の中には、三つのグループが存在することが明らかとなった。テヅルモヅル科の亜科の分類は、デーデルライン（一九一一：一九一二七）と日本のクモヒトデ研究の基礎を築いた松本（一九一一：一九一七）の間で対立意見があった。デーデルラインは腕の分岐の有無によって本科の中に二つの亜科を設立したのに対し、松本は解剖学的な知見から、腕の周りの筋肉の配置や生殖裂孔の位置などに注目し、本科をデーデルラインのものとは異なる二科に分けた。それ以来約一〇〇年間、テヅルモヅル科の分類については手つかずのままであったが、私の系統樹は、概ね松本の分類体系を支持する結果となった。しかし、先に述べたように、私の系統樹でテヅルモヅル科の中に見つけたグループは三つ、松本の分類では二つということで、松本には認められなかったグループが存在することになる。このグループを構成する種を見たとき、私の脳内に閃くものがあった。これらは、全て多孔体の位置が他と異なる種だった（図4・10）。まさかそんな形態がこのグループの系統を反映するとは思っていなかったが、これらの形態的な特徴をもって、テヅルモヅル科の三つのグループを亜科にすることを提唱し、これを持ってツルクモヒトデ目の科階級群の系統には一旦のけりをつけることとした（Okanishi and Fujita, 2013）。

まとめると以下の通りである。これまでタコクモヒトデ科、ユウレイモヅル科、キヌガサモヅル科、テヅルモヅル科、という四つの科で構成されていたツルクモヒトデ目は、ミクロなDNA解析の結果とマクロな形態観察の結果により、タコクモヒトデ科とユウレイモヅル科を合わせたユウレイモヅル上科、キヌガサモヅル科とテヅルモヅル科を合わせたテヅルモヅル上科に大きくまとめられた。タコクモヒトデ科は側系統群となり、従来のユウレイモヅル科も含めた三つのグループに分けられた。これらはそれぞれユウレイモヅル科、タコクモヒトデ科、ヒメモヅル（新）科と分類された。また、従来のテヅルモヅル科の中には三つのグループが認められ、これらはテヅルモヅル亜科、フシモヅル亜科、コブモヅル（新）亜科に

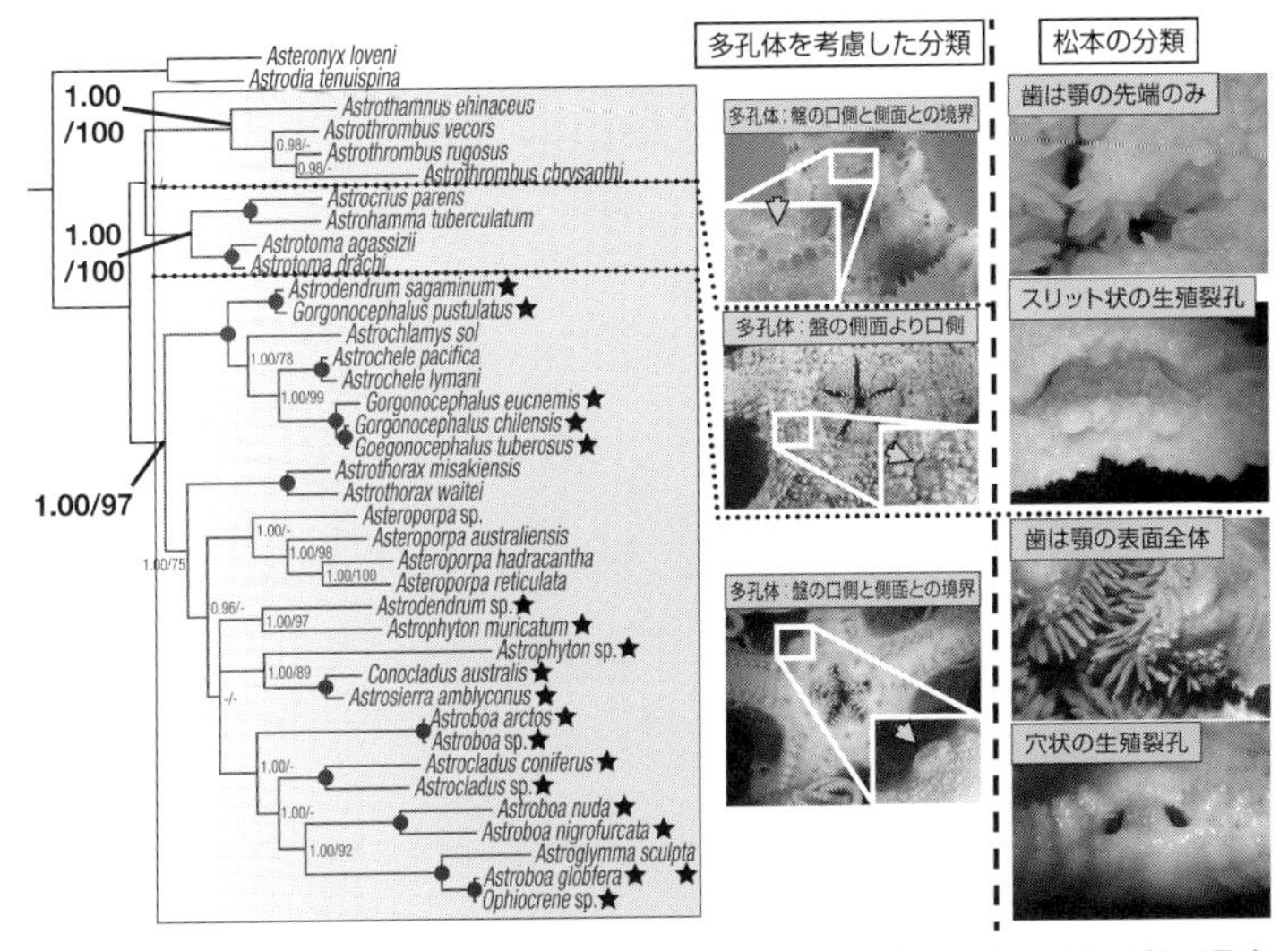

図4・10　テヅルモヅル科の分子系統解析の結果．樹上の（●）は，その枝指示値が最高であることを示す．系統樹上の枠は1つのグループのまとまりを示す．種名の横の★は腕が分岐する種．完全に多系統になっていることがわかる．系統樹の右側に，松本が見出した2つのグループに分ける分類とその根拠となる形態と，本研究で提唱した多孔体を考慮した分類を示す

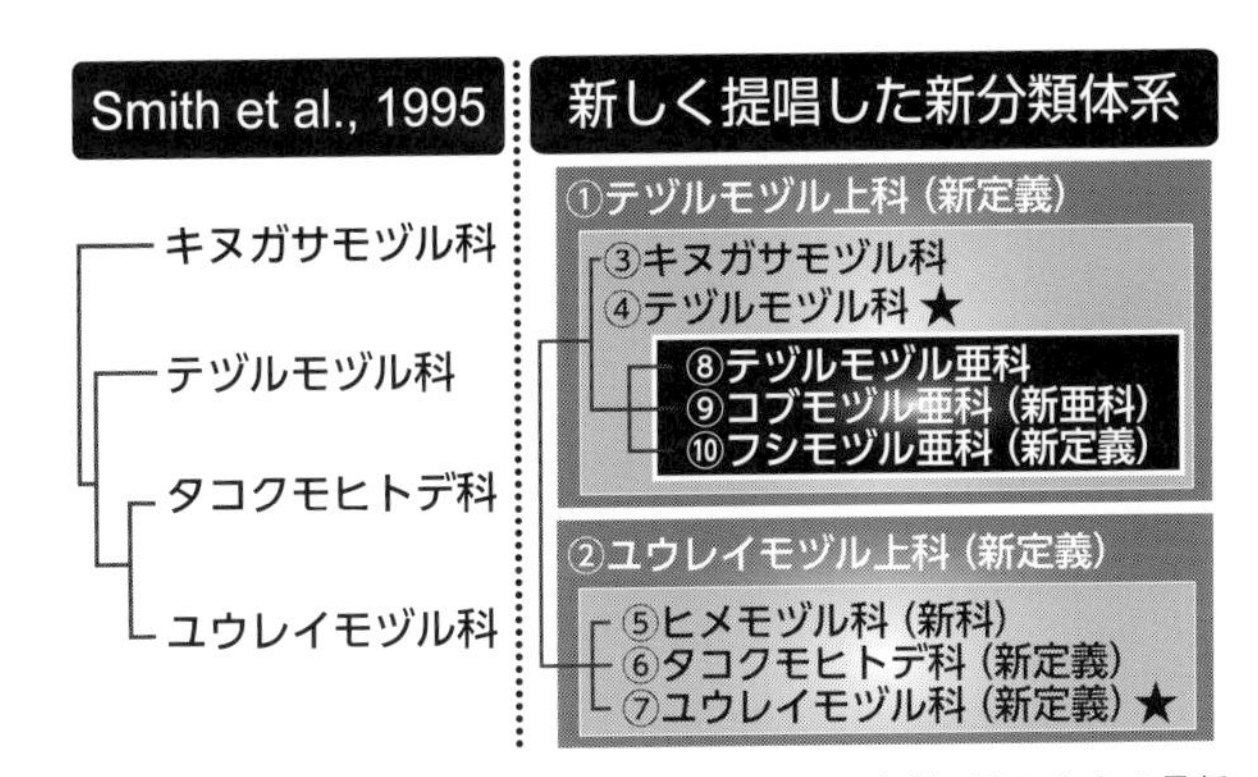

図4・11　ツルクモヒトデ目の分子系統のまとめ．左側がそのときの最新のスミスらの系統樹で，4つの科はそれぞれ同格に扱われている．右側が我々が提唱した新しい分類体系．2上科5科3亜科よりなるように改変した．★は腕が分岐する種を含む分類群

図4・12　「第2回若手分類学者の集い」の様子．日本動物分類学会第46回大会＠国立科学博物館（新宿）の後，国立オリンピック記念青少年総合センターにて開催された．本集いには学生・研究者を含む19人が参加し，国際動物命名規約を輪読した．写真撮影：伊勢戸徹（JAMSTEC）

それぞれ分類されることが明らかとなった（図4・11）。さて、後はこの結果をもとに、博士論文を執筆するだけである……のだが。

コラム・若手分類学者の集い

分類学は、かなり専門的な知識を必要とする研究分野だが、十分な研究者養成の機能を備えた研究機関は日本には少ない（馬渡、一九九四）。そのため、分類学の研究室がない大学や研究機関で壁に行き当たっている分類学徒も、潜在的に存在するだろう。このような状況を少しでも緩和するため、二〇〇九年の日本動物分類学会第四五回大会において、学会の仲間たちと、「若手分類学者の集い」による命名規約の輪読会を主催した。これは、各地で分類学に奮闘する若手研究者が、各々の分類の問題点を解決するための交流の場の提供を目的とした会で、主な活動は日本動物分類学会大会の後の、国際動物命名規約の輪読勉強会である。その後、これまでにこの会に参加してくださった全国のたくさんの学生や若手研究者が、メーリングリストの運用や毎回の会の開催をサポートしてくださっており、二〇一六年の六月の日本動物分類学会第五二回大会に合わせて、第八回目の輪読会が開催されることとなっている。もし分類学的な問題や、命名規約の解読に難儀している学生や若手研究者がおられたら、是非ともお気軽に本会に問い合わせてみるとよいだろう（HP：“http://wakate-taxonomists.jimdo.com/”）。メーリングリストへの登録・質問も歓迎である。

第5章

系統・分類学から進化を探る

1　なんかないの？

海外を駆けずり回り、国内の海を巡り、顕微鏡を覗き、来る日も来る日もピペットを握りしめたツルクモヒトデとの四年間が終わった。最後の一年は博士課程三年、いわゆるＤ３である。この一年で博士号を取得するために、これまで頑張ってきたのだ。先に述べておくが、理学の博士号ほどつぶしが効かないものはない。これがあったからと言ってどこの就職に役立つわけではないし、誰が知る資格でもない。しかし理学部の博士課程の学生はこの号の取得を目指す。なぜか。それは、その人たちが科学者たらんとするからである。自分の中に芽生えた疑問を、科学的な手法で解明せんと欲し、それを究明した、またはそれを究明するための知識と技術を有する証だからである。科学者である自分の存在証明を得る、それが理学の博士号を得るということであると私は認識している。とはいえ、この博士号がないと、多くの研究職に就くことはできないため、一人前の研究者の証明と言っても間違いではない。普通、博士課程取得の年限は三年だが、年限通りに取得できる例はそう多くないらしい。これは大学院にもよるのだが、三年を超えて、四年、五年、あるいは六年かかって博士を取得する学生もザラにいる。では、博士号取得の条件とは何なのか。これも大学院によりけりであるが、「国際誌に論文を一報」というのが最もコンセンサスを得られる条件だろう。しかし系統分類ではなかなかこうはいかない。分類学は生物系の中でも論文が出やすい分野であろうことは前述した通りである。論文持ちの学部生も少なくないため、例えば一新種の記載論文一報で学位が取得できるかと問われれば答えはＮＯだろう。分類だけで攻めるとしても、このような記載論文とは別個に、ある地域に生息するある分類群について、網羅的に系統分類学的な研究を行った、といったようなまとまりがないと、学位に足る研究とは認めてもらえまい。

果たして私の場合、論文は何とか二報以上あったため業績の点はクリアしていたようだが、問題は学位論文の内容である。運よく、分子系統解析の結果はそれなりにまとまっており、またタイプ標本もそれなりの数を見て種の整理を行ってきたので、私が学位論文のタイトルとして掲げていた、「西太平洋海域におけるツルクモヒトデ目の系統分類学的研究」という内容に関してはそれを達したと言えるだけの成果は得たと思っていた。しかし、それでもなお東京大学大学院理学系研究科は学位を与えてくださらないようであった。藤田先生は何かにつけ、単なる分類だけでなく、何か生物学的、あるいは進化学的に面白いサブテーマを探しておけ、とアドバイスをくださっていた。勿論私もそれを意識しないではなかったが、何しろ分類が好きでやっていて、目の前に面白そうな分類のテーマが転がっている状況だと、どうしてもそちらを優先してしまい、「何か面白い」テーマ探しはすっかりおろそかになっていた。

苦肉の策で、得られた系統樹から「ユウレイイモヅル科の進化」、というストーリーを無理やりひねり出していた。系統樹から *Astrobrachion* 属がユウレイイモヅル科の祖先であることが伺え、現在 *Astrobrachion* 属がオーストラリア近辺にしか生息していないことを考えると、ユウレイイモヅルの進化はオーストラリア起源であると考えられる、という説である（図5・1）。これは、推測に推測を重ねた暴論で、しかも進化を考える上で欠かせないユウレイイモヅル科の化石は、ヨーロッパでしか得られていないのである。まったくもって信憑性のないこの説に、それでも私はすがるしかなかった。

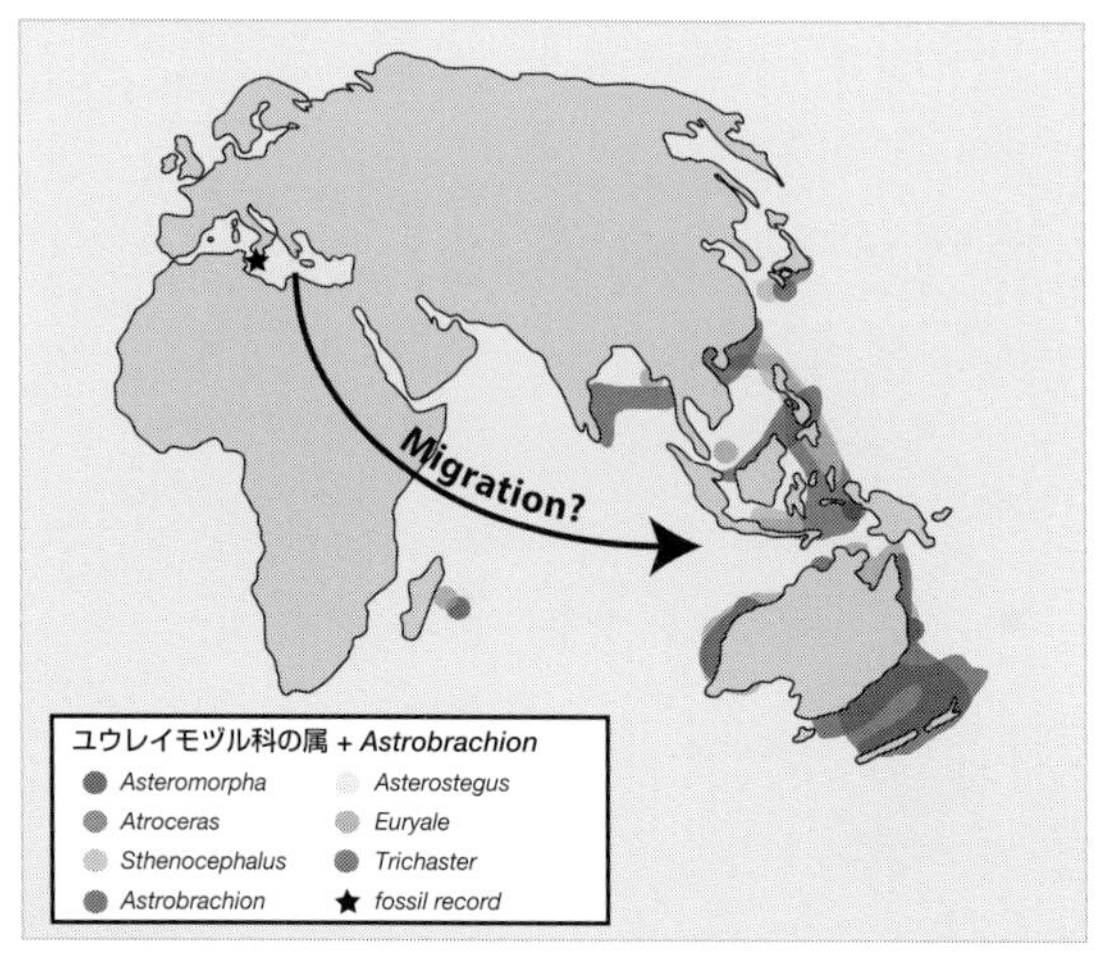

系統地理：

①ユウレイモヅル科は，現在オーストラリア・ニュージーランド (A/NZ) 海域にのみ生息する *Astrobrachion* 属を祖先とすることが示唆された．

②約 2800 万年前の A/NZ は南極により近く，西テチス海との交流は薄かったと思われている．

③A/NZ には現生のユウレイモヅル科のほぼ全ての属が生息している．

↓

従来のユウレイモヅル科の起源は**オーストラリア・ニュージーランド海域である**ことが新たに示唆された．

図5･1　奇説「ユウレイモヅル科の進化」．2011年の生態学会札幌大会で発表した内容を抜粋．唯一の化石記録が知られるヨーロッパのことを完全に無視している．他にも地理分布や現生種の分布などを一所懸命考えようとしているが，いずれも推論ばかりで基礎がぐらぐらの説である

東京大学の博士号審査の過程は、一〇月の末に合同予備審査、一二月の末に博士論文提出、一月の末から二月にかけて本審査、三月の頭に博士論文の製本提出、というスケジュールとなる。この中で一番の関門は何と言っても予備審査である。東京大学の本郷キャンパス理学部二号館の四階の講堂で、東京大学理学系研究科の先生方ほぼ全員に、自分の博士論文の内容を発表す

るのである。形式としては、修士の発表会と変わらないが、発表時間は倍近くで、聴衆も多い。何よりも、先生方の質問は、(敢えて)批判的なものばかりになるので、それに対していかに防御(Defense)するかの勝負であり、博士論文の審査のことを「ディフェンス」と呼ぶ場合もある。当然この予備審査を突破する必要があり、藤田研ではその年に学位取得を目指すのは私だけだったこともあり、念入りに準備をすることとした。まずは一〇月二七日の予備審査の予行演習として、ちょうど一か月前の九月二七日に第一回の発表練習を行った。系統分類の発表に加え、ユウレイモヅル科の進化について述べたが、藤田研のメンバーの反応はいまいちだった。実は私がD3のときから、北大で同室だった、分子系統師匠の広瀬さんが、日本学術振興会特別研究員PDとして藤田研に来られていた。広瀬さんも藤田先生も、一様に私の「ユウレイモヅル科オーストラリア起源説」には苦言を呈した。この段階でこれだけ突っ込みどころがあるのだから、予備審査では間違いなく針の筵(むしろ)だろう。この説は諦めるしか手がなかった。では、系統分類だけで勝負できるかと言えばそう甘くはない。藤田先生はしきりに、「なんかおもしろいことないの?」と聞いてくる。そんな簡単に面白いことがあったら苦労していないのだが……。しかし、予備審査まではあと一か月を切っている。このままでは、勝負をする前に終わってしまう。追い詰められた私は、初心に帰ることにした。とにかく、西太平洋海域のツルクモヒトデ目の生息情報を網羅的に調べることにしたのである。これまでに知られている文献情報、さらに私が観察した標本の採集情報を合わせて、一〇〇〇件の生息地情報をエクセルに打ち込むことにした。水深、水平分布、採集年月日、どこかに傾向がないかを見つけてやろうという、最後の策だった。策と言っても、特に勝算があったわけではない。タイミング的にも、これで何もなければ、もう一年という恐怖との戦いであった。
データの打ち込み自体は、それまでの日常的な文献収集によってある程度ベースを作っていたので、そう難しいものではなかった。

（椛原先生の教えの通りだ。）

もし文献収集を怠っていたら、と思うとぞっとする。おそらく予備審査に間に合わなかったのではないだろうか。椛原先生の「文献集めはボディーブローのように後から効いてくる」というお教えと、藤田先生や入村先生の長年にわたる文献収集の努力に心から感謝した。さて、しかしデータを打ち込んだはいいものの、問題はそこに意味があるか、である。水平分布を見てみたものの、何かがわかりそうにはなかった。科レベルで見ても、どこかに分布が限定されている分類群があるわけではないし、なんとなく属レベルで分布の偏りがあるようにも見えるが、そこから生物学的に面白そうなことがわかるわけではなかった。後は垂直分布、水深である。水深こそ海生生物ならではの分布様式である。これで何かなければもうおしまいだ。祈りながら、水深の列でエクセルをソートしてみる……と、何かそこに法則があるような気がする。水深の浅いものをエクセルの上に表示してスクロールしてみると、*Gorgonocephalus*、*Astrodendrum*、*Astrocladus*……という属が並び、下にスクロールしていくと、*Astrotoma*、*Astrothamnus*、*Asteroporpa*……といった属が並んでいる。すぐに閃いた。水深が浅いところに出現している属は、全て腕が分岐する、す

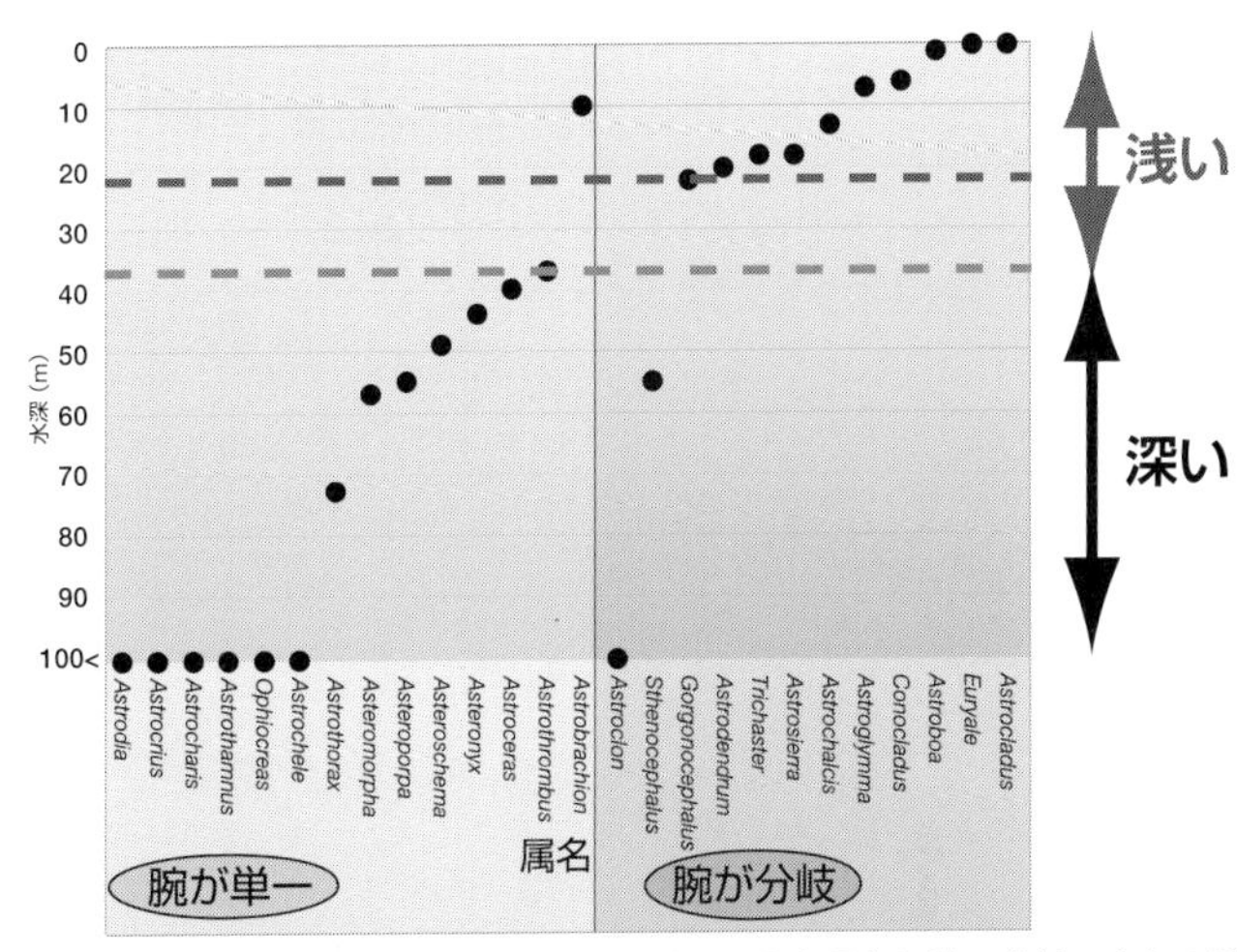

図5・2　西太平洋海域におけるツルクモヒトデ目の分布深度と腕の分岐の有無の関係．横軸に属（腕の分岐の有無で分けてある），縦軸に水深（上ほど浅い）をとり，全ての出現記録の中で最浅のものをプロットした．腕が分岐する属は浅海に出現するが，腕が単一な属は浅海には出現しない傾向にある

なわちテヅルモヅルばかりである。これは言い換えると、腕が分岐しない属は、浅い海には出現していないということある（図５・２）。確かに改めて考えると、ダイバーがテヅルモヅルを見ることがある、という話は聞くが、腕が分岐しないタイプのテヅルモヅル類を見るという話は聞かない。ひょっとすると、腕の分岐とツルクモヒトデ目の進化には、何か関係があるのではないだろうか。そう考えた私は、棘皮動物と水深、進化の関係について調べてみた。すると、ウミユリ類で興味深い進化が起きていることがわかった。古生代に繁栄したウミユリ類が浅海を追われ、中生代には深海に追われていったという話は先に述べた通りだが、その後、実はウミユリの仲間の中で再び浅海に適応したものがいた。ウミシダ類である。ウミシダ類は、茎のないウミユリ類と考えてもらえればよいのだが、ウミユリに比べてアクティブに動

くのが一つの特徴である。また夜行性で、普段は岩の上でじっとしていて、夜になるとアクティブにプランクトンなどを捕食する種が多い。実はテヅルモヅル類も多くは夜行性である。このあたりに、テヅルモヅル類の進化のヒントがありそうだった。まず、ウミシダが活動的で、夜行性であることがなぜ浅海への適応につながるのか。それは、捕食者から身を隠すために他ならない。特別な攻撃器官を持たず、かつ硬く強大な殻などの防御機関を持つわけではないウミシダ類は、逃避することでしか身を守るすべがない（体に毒を蓄えるものもいるが）。逆に言えば、逃避行動をとることができるようになったことで、捕食者の多い浅海に適応できるようになったと言えよう（Meyer and Macurda, 1977）。これをテヅルモヅルの腕の分岐にあてはめるとどうなろうか。腕の分岐しない分類群は、必ずヤギなどの固着性の生物に絡んで生活している。これは、移動能力が低いと言われるウミユリに共通する。そもそも彼らがこうした固着生活を行う理由は、ヤギなどが生育できる場所は潮通しがよく、プランクトンなどがよく流れてくるため、良い餌場になるからであろうと考えられる。ある研究では、タコクモヒトデ科の一種の *Ophiocreas oedipus* は、一生をそのホストのヤギの上で過ごすのだという（Mosher and Watling, 2009）。これに対し、腕の分岐するテヅルモヅルは、確かにヤギに絡んでいるものもいるが、ヤギに絡まない状態で発見されるものも少なくない。これは、テヅルモヅル類が、分岐させた腕をメッシュ状に広げることで、ヤギに上らなくても自ら効率的に餌を集めることができるようになった、すなわちヤギに絡まなくてもよくなったと考えられないだろうか？　固着性の生物に絡まなくてもよくなったということは、移動性を獲得したということである。そしてテヅルモヅルの多くはウミシダと同じく、夜行性である。これに、系統分類学的な研究の

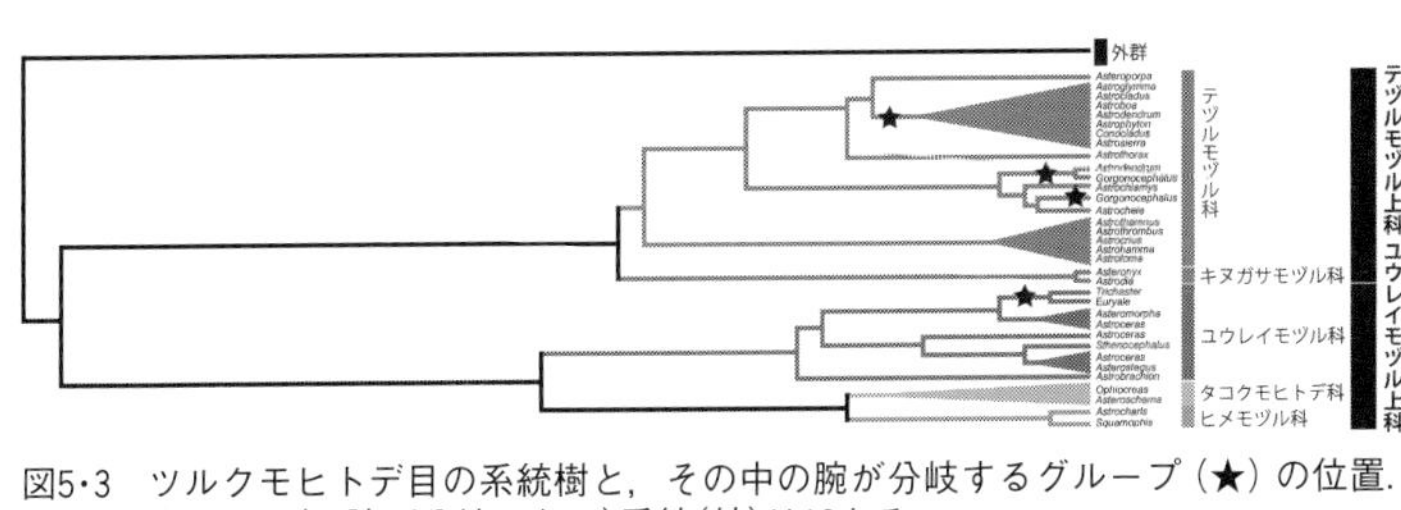

図5・3　ツルクモヒトデ目の系統樹と，その中の腕が分岐するグループ（★）の位置．★がない（＝腕が分岐しない）系統（枝）は10ある

結果も加えてみる。分子系統樹から、ツルクモヒトデ内で腕の分岐は、少なくとも四つの分類群で独立に起こったことが示唆されている。ここで、ツルクモヒトデ目の祖先では既に腕が分岐していたと考えると、現在のツルクモヒトデ目の中の腕が分岐しないグループへの進化は、それぞれの分類群で一〇回は起こったことになってしまう（図5・3）。それに対して、祖先が腕が分岐していなかったと考えると、腕の分岐は、四回という進化イベント数で説明できる。普通、こういった進化イベントの数は少ない方を取るのが進化の考え方なので、他の全てのクモヒトデ類の腕が分岐していないことから考えても、祖先は腕が分岐していなかったと考えるのが最も妥当かつ節約的である。最後に、分布調査の結果を考えてみる。西太平洋海域の全ての種の水深分布を比較してみると、例外はあるものの、水深四〇メートルよりも浅い深度に生息する種は全て腕が分岐していた。何の要因があるのかはわからないが、水深四〇メートルという深度を境界として、ツルクモヒトデの分布は明らかに変わってきている。これらの事実と推論をまとめ、私は一つの結論にたどり着いた。ウミシダ類が浅海に進化したメカニズムと同じように、「ツルクモヒトデ目の祖先は腕が分岐しておらず、固着性で深海性であった。そしてその中から腕を分岐させるように進化したものが、ヤギによる固着性の生活から脱却し、自由生活となった。こ

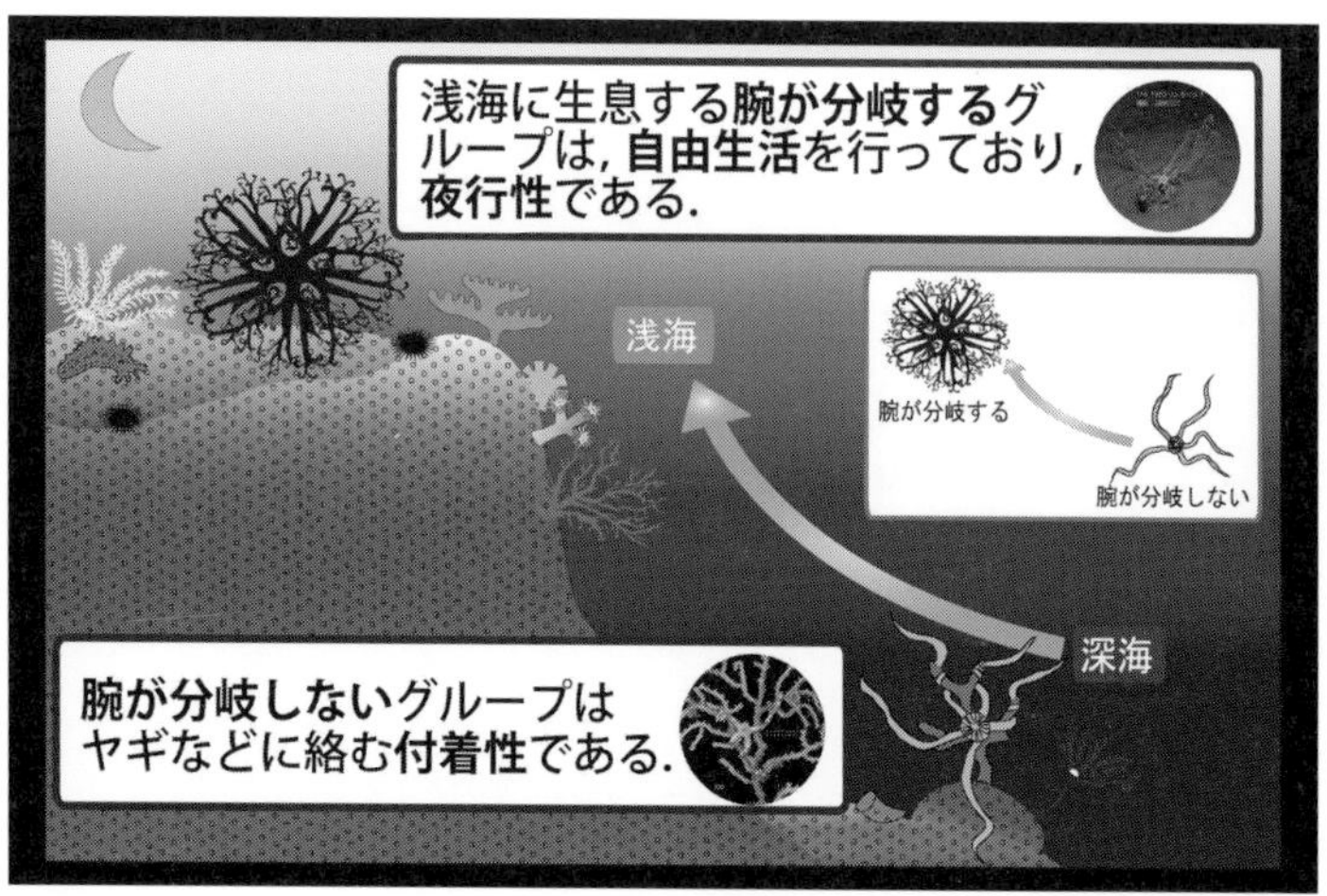

図5・4　ツルクモヒトデ目の腕の分岐の進化の概念図

れらはさらに夜行性という生態を持ち、浅海へ適応した」というものである（図5・4）。恐らく、これはテヅルモヅルの「腕の分岐」という形態に関する、包括的データに基づいた、世界で初めての進化学的考察である。

この仮説を藤田先生に恐る恐る申し出てみたところ、先生はあっさりこうおっしゃった。

「ほら、こうやってデータをまとめてみると、なんかわかるもんでしょ？」

なんということだろうか。先生はお見通しだったのだ。孤独だと思っていた研究生活かと思っていたが、先生はいつでも私の研究の先を見通し、私を導いてくださっていたのだ。釈迦の掌で逃げ回っていた孫悟空の気持ちだった。全ては先生の掌上だったのだろう。孫悟空なんていいものではない。筋斗雲も如意棒もなく何の力もない。そのくせ、緊箍児（きんこじ）もつけられずに好き勝手して迷惑をかけている、孫悟空には程遠い出来の悪い私を、先生はずっと指導してくださったのだ。思えば最初の論文のとき、どうして論文をもっと簡単に出させてくれないのか、不満に思っていたこともあった。溜まった不安を、先生にぶつけてしまったこともあった。それでも、先生は、あくまで着実に、確実に論理的に作業を進めていくことの重要さを説いてくださった。自分のことしか考えていないかった自らを恥じた。目先の業績に駆られて、論文をポンポン出すことは簡単かもしれない。しかしそれでは科学者としての誠の姿勢や人間性は身に付かない。先生はそのことを、ずっと、ずっと教えてくださっていたのだ。

2 学位を取得する

予備審査当日は晴れだったと記憶している。「西太平洋海域におけるツルクモヒトデ目の系統分類学的研究」と題した私の発表は、つつがなく行われた。あまり難しい質問はなく、拍子抜けするくらいあっさり終了した。その後の集団面接でも、当たり障りのない質問をされただけであった。その日の夜には先生からメールで「審査合格」の知らせがあった。それからはもう流れ作業のように日々をこなしたと思う。私のD論は、とにかく記載中心であったため、理論的な部分と言えば、先に述べた腕の分岐の進化や分子系統の部分だけで、後はひたすら記載である。予備審査の後は、一二月末のD論の提出まで、ひたすら一一二種に及ぶ記載を書き続けた。一二月末に事務にD論を提出したら、次は副査の先生に、論文を渡さなくてはならない。本審査は二月一日に決まった。年末年始返上で、D論をさらにブラッシュアップし、年明けに院生室のプリンターを占領してD論を刷り上げた。副査は四人、国立科学博物館の菌類の系統分類の細谷剛先生、同じく国立科学博物館の古生態の加瀬友喜先生、東京大学の上島励先生、そして東京大学の脊椎動物を含む進化の研究の野中勝先生である。それぞれの先生方にD論をお渡しし、その後は本審査の準備に励んだ。本審査では発表後、二〇〜三〇分ほどかけて聴衆も含めた質疑応答を行い、その後、審査員と私だけで、納得できるまで質疑応答を行う運びとなっていた。私はその頃、フィールドワークの際の雨男っぷりで猛威を振るっていたが、本審査の当日も徐々に天気が崩れる予報だった。藤田研のメンバーも連れだって東京大学に向かった。本審査の会場は東大のセミナー室の一つで、せいぜい二〇人も入れば身動きが取れないいくらいの部屋であった。当日は藤田研のメンバーと副査以外にも何人か聴衆がおり（応援にかけつけてくれた他学生もいた！）、セミナー室は満員近かったはずだ。本審査も、基本的には滞りなく終わった。最後の質疑応答が終わった後、先生方だけで協議に入った。その間、私は東京大学構内で待たされた。一時間も過ぎた頃だろうか。先生から携帯で呼び出され、本審査のあった部屋に戻ると、藤田先生だけが座っていた。そして、いくつかの先生方からの私のD論に対するコメントと共に、「本審査通過」の旨が言い渡された。その日の東京の天気は荒れたと記憶している。

3 学位取得、その後

分類学はとても楽しい。学位を取得するに至って、私はやっと胸を張ってそう言えるようになった。苦しんだこともあったのだが、楽しいと思わなければ続けられない作業であることは間違いない。ひょっとすると自分は見当違いなことをしていて、楽しい部分だけを味わっているだけなのではないだろうか？そんな思いに苛まれ続けた五年間であったが、学位という形で自分の研究に客観的評価を頂けたことで、自分が楽しみ続けていたことは、間違いなく分類学であったとの確信が得られた。しかし、楽しい気持ちだけでは研究は続けられない。研究に必要なものは「お金」と「ポスト」、そして「時間」である。お金が必要なことは言うまでもなかろう。まず食べていけるだけの収入がなければ研究以前に生命をつなげられない。分類学は比較的研究費が少なくてもやっていける分野である。標本と顕微鏡さえあればある程度研究成果を出せる場合も多い。しかし、それでも、標本の保管スペースの確保、分子系統解析や電子顕微鏡などの使用にあたっては、その設備を持つ研究機関に所属（ポスト）がなくてはならない。研究設備を備えた研究所で収入をもらえるポストに就いたとしても、自分の研究と関係のない業務に時間を割かれ、十分な研究時間が確保できないと、当然ながら研究は進められない。多くの研究者が、この三つの問題を天秤にかけて自分の研究を進めている。学生の時分はよかった。科博には研究設備が揃っているし、机も与えてもらえた。全ての時間を研究に費やすことができた。運の良いことに、私はＤＣ２に採用されていたので、お金の心配もなかった。しかし学位の取得が内定した二月上旬、私の将来は白紙だった（博士だけｎ）。そしてその白紙の上には、「お金」「ポスト」「時間」の三つが乗った天秤が置かれていた。さて、どこに重きを置くべきか。

学位取得後、研究職を得るまでの間の博士のことをポスト・ドクター、略して「ポスドク」と言う。ポスドクの身分で上記の三つの条件を全てを満たすのは、なんと言っても学振特別研究員ＰＤである。自分の研究に最適と思う研究機関に所属し、三年間自分の研究に専念でき、十分な生活費と研究費がもらえるという、至れり尽くせりな身分である。学位を取得した博士のうち、多くがこの学振ＰＤを目指す。初めの申請は学位取得予定年度の春であるが、残念ながら私はこの最初の申請を採択に至らせられなかった（図２・２）。本来であれば秋頃から何らかの職を求めて就活に勤しむ（といっても一般の就職とは違い、色んな人に職がないか聞いて回るくらいであるが）のであるが、博士論文の執筆に時間をとられそれどころではなかった。それでも少しは方々に連絡を取っていたところ、意外に身近に返信があった。

藤田先生に審査通過の旨を伝えられた直後、私は上島先生に呼び出されていた。実は上島先生のところで、週一で非常勤の研究員として雇ってもらえる可能性が浮上したのだ。東京大学の所属になれれば設備は使わせてもらえるとのことだったのでこれで「ポスト」の問題は解決できる。しかし週一のアルバイト料では（それでも勿論うれしいが）勿論、生活に十分な収入は得られない。そこで、他の日は夕方からバーテンダーでもやって生きていくかと思っていた。大幅に時間は削られてしまうが、背に腹は代えられない。一年間耐えしのいで、何とか次の学振ＰＤに採用されようという発想だった。上島研に移るにしろ何にしろ、私のテヅルモヅル標本はそのまま科博に残すわけにはいかない。審査の後はひたすら標本整理に明け暮れていた私に、科博で同室だった中野智之さんから連絡があった。彼は私が学位を取得するちょうど一年前に、京都大学瀬戸臨海実験所に助教として着任されていた。なんと瀬戸臨海実験所では、臨海実習に関わる諸々の業務を担当するポスドクを募集しているというのだ。私は一も二もなく飛びついた。ありがたいことにとんとん拍子で私の採用は決まり、次の四月から私は和歌山県白浜町にある瀬戸臨海実験所で研究員として勤務することとなった。

4 ポスドクを経て

瀬戸臨海実験所には私が研究を進めるに十分な設備があり、また生活に十分な収入も保障された。夏場は臨海実習で忙しいが、冬場は空いた時間に自分の研究も進められた。思いがけず、私は研究を進める三つの条件を満たす環境に身を置けることになったのである。しかしかなり良い環境であったとはいえ、包み隠さず言えば、やはり「学振ＰＤに比べれば」自分の研究時間は少なかったため、真の希望は学振ＰＤであった。所長の朝倉彰先生や中野さんもそれを応援し続けてくれていたのだが、残念なことに、結局私は学振ＰＤになれなかった。私の学振ＰＤの申請先は白浜ではなかったので、申請が通った段階で白浜を去る予定でいたが、最終的に二〇一二年の四月から二〇一五年の九月まで、三年半にわたり実験所に在籍することとなった。現在は茨城大学理学部に、任期付きの助教の職を得ている。

しかし、白浜での日々は、私を多いに成長させてくれたと強く思う。これまでに述べた通り、私のフィールドと言えば乗船調査か博物館訪問であり、海の生物研究の基本とも言える海岸での調査経験は、実はかなり少なかった。三年半にわたり、延べ五三回の近畿一円の臨海実習で学生指導にあたった経験で、不足していた海岸生物に関する知見を大いに吸収できたと思っている（図５・５）。また、研究面において

図5・5　瀬戸臨海実験所での臨海実習でナマコの解剖を教える筆者

も、白浜で出会った先生や研究員の方々から、飼育に伴う行動観察や、組織切片作成、樹脂包埋断片観察などの新たな研究手法をご教授いただいた。これらの経験を踏まえ、今、私の研究はツルクモヒトデ目の系統分類だけでなく、クモヒトデ綱全体を研究対象として捉えたものへと昇華しつつあると自分では思っている。しかし、ここでクモヒトデ綱の研究の話をしてしまっては本書の趣旨にそぐうまい。本書はあくまでもテヅルモヅルの進化についての私の学生時代を描いた本であるべきと思っている。「テヅルモヅルの進化を探る」話はここまでとして、最後に、私の考える系統分類学と、社会のつながり、あり方について述べて筆を置くこととしたい。

5　系統分類学は楽しい？

「楽しければいいのか？」

これは、私が二〇一三年に日本動物分類学会奨励賞を受賞したときの記念講演の後に、恩師馬渡先生に告げられたお言葉である。

「楽しいに越したことはない」と思っていた私は面喰らってしまった。その記念講演で私は、畏れ多くも若手分類学者の今後について偉そうに語ってしまった。細々した内容は省くとして、最終的に私は、「若手分類学者は若手らしく、分類学を楽しむべきである」と力説した。それに対する馬渡先生の第一声が「楽しければいいの？」だった。

私は驚きおののいた。それでいいと思っていた。だって、楽しくなければ意味がない。楽しいからこそ続けてこられているのだ。私はうまく答えることができず、そのときはただただ馬渡先生の真意を測りかねて愛想笑いを浮かべるだけだった。

それから三年が過ぎた。今になって思う。私はあの当時、ただかっこつけていただけだったのだと。「分類学を楽しんでいる自分」をアピールしたいだけだったのだと。実際には、「分類学をどう社会にアピールすべきか？」という本質的な問題から、逃げているだけだったのだ。「分類学を楽しめる」というのは非常に恵まれた環境だ。科学は、人の役に立つべきである。しかし分類学は、すぐに人の役に立つような科学ではない。だが私は、他の科学者から面と向かって「分類学なんて……」と批判を受けたことはほとんどない。むしろ、「分類学をやっているんだ、偉いね！」というような、ある種貴重な扱いを受けているような気さえしていた。しかし、それは、馬渡先生をはじめとする偉大な先輩方がその矢面に立ち、しっかりと分類学の重要性を訴えてこられた賜物である。その幸せな状況を享受しているばかりでいいのだろうか？　少なくとも学位を取得した身の上として、系統分類学の社会的意義も心に秘めて研究を進めていかなくてはならないのではないだろうか。自分が楽しいから研究をするのではなく、誰もやっていないからその分類群を志すのではなく、自分の研究する分類学が、社会にどう役に立つのか？　そう聞かれたときに、何でもいいので無言にならないよう、何らかの答えを自分の中に持っておくことが、これからの分類学研究者には求められるのではないかと、馬渡先生のお言葉を噛みしめた私は思い至るようになった。では、あなたは今、そんな答えをお持ちですか？　と言われれば、残念ながらまだ明確な答えはない。でも、そのようなことを日々意識しながら研究生活を送るだけでも大分違うのではないだろうか。常に、自分の研究を社会に役立てるアイデア。系統分類から、実学に一足飛びに行くことはなかなか難しそうなので、最近は系統分類学を軸としながら、いくつか他の分野の研究も進めつつあるので、この最終章でそれを紹介してみたいと思う。

6　クモヒトデの系統進化

他の分野と言っておきながら、「本書はあくまでも…」と述べておきながらいきなりこれであるが、まずは基本ということで。学位までツルクモヒトデ目の系統分類を進めてきたが、色々なことに目移りしてしまう私は、クモヒトデ全体の系統分類にも興味を抱き始めている。クモヒトデは、知れば知るほど奇妙な生き物である。何を食べているのか、どこに暮らしているのか、子供はどんな形をしているのか。これら

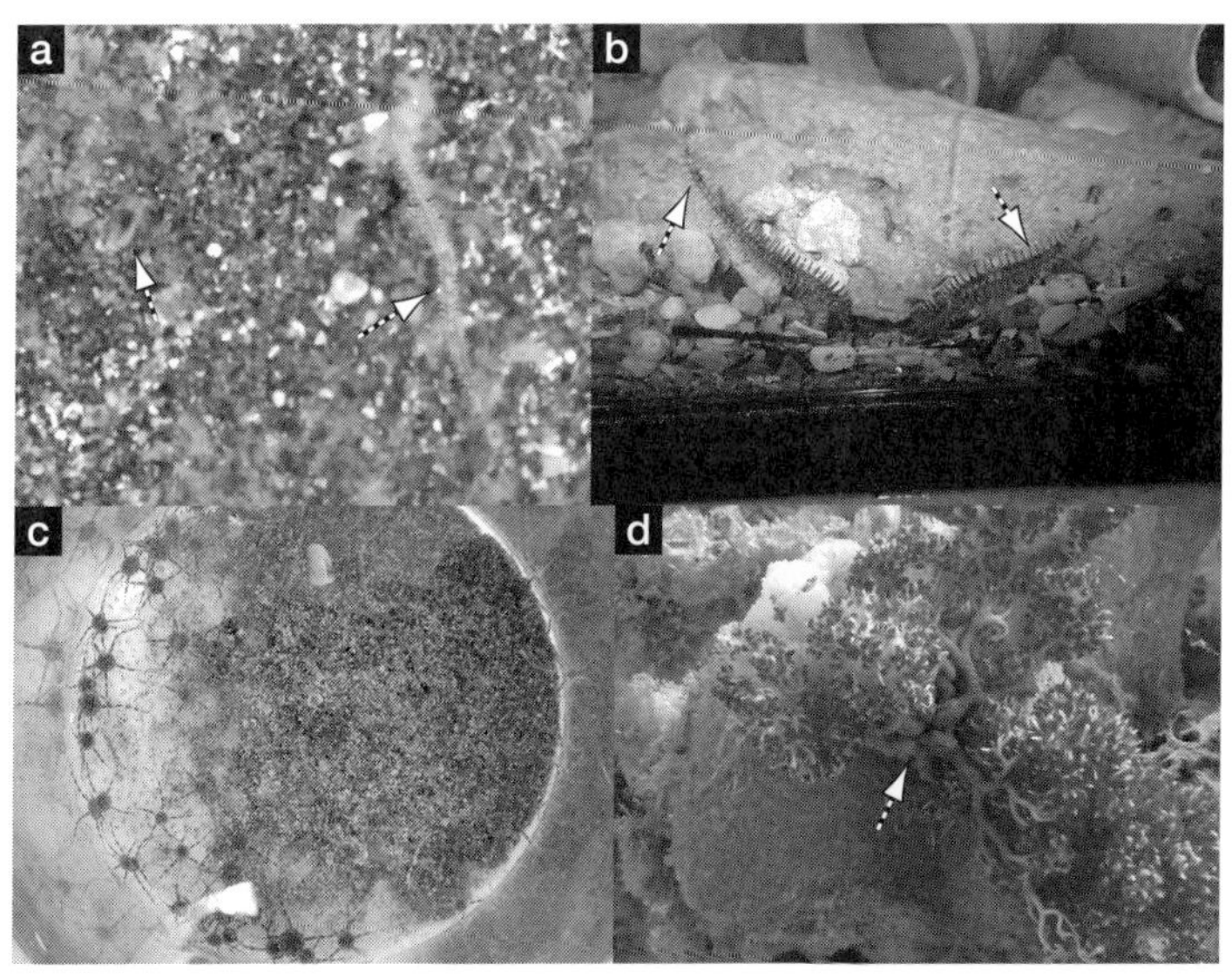

図5・6　クモヒトデの様々な生息姿勢．a：砂の中に潜り，腕（矢印）だけを出して餌を採るスナクモヒトデ科．b：石の下に潜み，腕（矢印）だけを出すクロクモヒトデ．c：シャーレの砂底に群生するクシノハクモヒトデ．d：トゲトサカにしっかり絡みつくサメハダテヅルモヅル（矢印）

が完全にわかっている種は、二〇〇〇種を超えるクモヒトデの中でほんの一握りである。その理由を問われれば、彼らが「隠れる」ことに長けていることを挙げたい。石の隙間、砂の中、他の動物の体の上、深海などなど、クモヒトデはとにかく隠れる。ウニやヒトデ、あるいは甲殻類や魚類などでも同様にして隠れる分類群は存在するが、綱という一つのまとまった分類群で、特に体が極小というわけでもないのに、これほどまでに多様に「隠れる」ことに特化したグループは少ないはずだ。おかげで人の目に触れず、おまけに毒にも薬にもならないために研究者が少なくこのような状況なのであるが、逆に言えば、こうした巧妙な隠密行動自体に彼らの進化のヒントがあるのではと、最近は考えるようになっている。

図5・7　あるクモヒトデの生息姿勢観察システム

「隠れる」、「潜む」ということは「動かない」ということだ。砂に潜るものは盤だけを浅くうずめ、その腕の一部を砂の表面に出し、盤までの通道を作り、食事と呼吸を行っている。ウデナガクモヒトデなどの類は石の裏に隠れながら、やはり同じように腕の一部を岩の外に出して有機物を口まで運んでいる（図5・6）。ニシキクモヒトデは、ホストのヤギを離すまいと、必死に絡みつく。トゲナガクモヒトデなど腕針の長いタイプのクモヒトデをアオサンゴの隙間に見つけても、それらを採るのは至難の業だ。腕針が周りのサンゴや石に引っかかって到底引っ張り出せたものではない。無理に引っ張り出そうとすると腕を自切するので、貴重なクモヒトデか貴重なサンゴ、どちらかをボロボロにしなくてはならないが、どちらをボロボロにすべきかは言うまでもないだろう。このように、腕をうまく使って様々な「生息姿勢」でじっとしていられることが、クモヒトデの進化の大きな原動力になったのではと、私は予想している。

そして、こうした生息姿勢は、生体観察なくして記録はできない。特にクモヒトデに多い深海性の種については、ツルクモヒトデ目をはじめ、ほとんどの生息姿勢が不明なままである。しかし、瀬戸臨海実験所のドレッジ調査で得られたものを飼育してみると、「こ、こいつこんな姿勢をとっていたのか！」と驚くものばかりである。この件に関してはまだ多分な未発表データを含むため詳しくは述べないが、現在、なるべく多くの種の生体を飼育しながらその生息姿勢を観察してデータを回収しているところである（図5・7）。今後は、クモヒトデ全体を対象とした系統分類学的な研究を行いながら、得られた系統樹に生息姿勢情報を加味し、彼らが、激変する地球環境変動をどのように生き抜き、現在のような多様性を得るに至ったか、その進化の過程を明らかにしたいと考えている。

そして、彼らの隠れている「隠蔽環境」という、これまで注目されにくかった環境における生命の進化から、地球環境変動の研究に新たな視点を還元できないかと考えているところである。

7　X線でお見通し

古生物学分野ではよく行われてきたようだが、X線スキャンで生物の内部形態情報を、非破壊的に得ようという試みが、現生生物においても頻繁に見られるようになってきた。レントゲンでおなじみのX線観察だが、理論としては、密度、厚さ、が大きい物質ほど透過しにくいX線を試料に照射し、その物質組成や密度の差を像として検出するというものだ。要は、皮膚などの柔らかいものは写らず、骨などの硬いものが写りやすい技術である。このX線によって得られた連続断面の写真を、コンピューターでつなぎ合わ

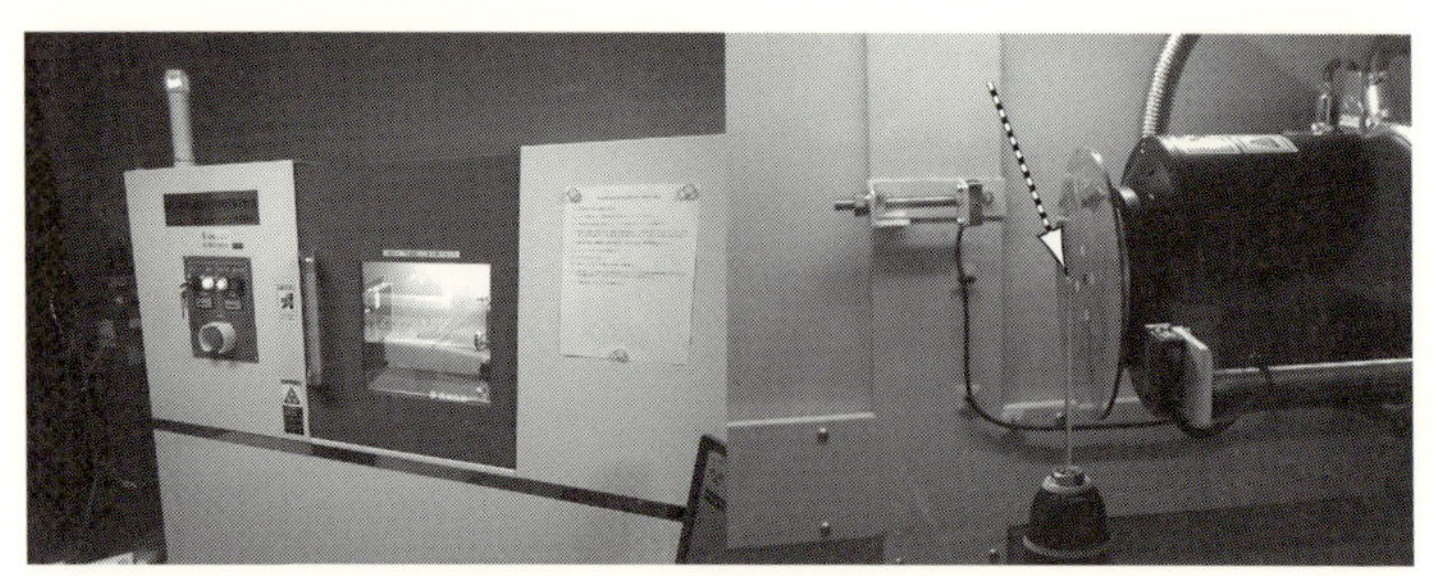

図5・8　東京大学総合研究博物館のマイクロX線CTスキャナ．左：外観．右：クモヒトデの骨片試料を撮影中の様子．矢印の先に試料が置いてある

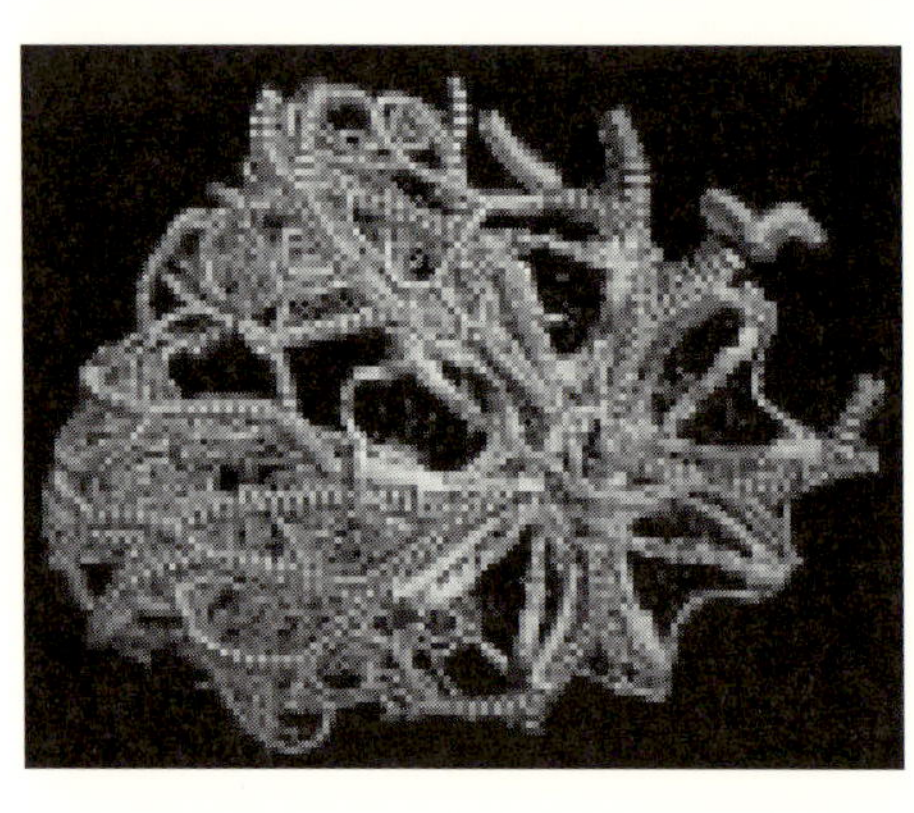

図5・9
X線CTスキャンで観たテヅルモヅルの3D立体構築画像．未発表データのためモザイクをかけているが，面白いことがわかりつつある

せて立体画像を構築する技術をComputer Tomography（CT）と呼ぶ。X線CTは、例えば類人猿の頭蓋骨の内容量の測定や、3Dプリンターまで幅広く応用されている技術である。クモヒトデのような体長数センチメートルの試料だと、立体構築はできてもその精度が問題で、細かい形質まで見きれなかったのだが、近年になって、マイクロX線CTスキャンと呼ばれる、文字通りマイクロメートル（ミリメートルの一〇〇〇分の一）の単位の解像度で、試料の立体構築ができる機器が登場した。これによって、数ミリメートルの生物でも、かなり高精度に観察ができるようになり、現生の海産無脊椎動

物においても観察例が増えてきている。棘皮動物でもウニで大規模な観察が行われている他（Ziegler *et al*., 2012）、最近はクモヒトデでも観察が行われている（Landschoff and Griffith, 2015）。私も最近、東京大学の総合研究博物館と共同研究という形で、クモヒトデのいくつかの種で観察を行わせていただいており、分類学、形態学、生態学的な研究に非常に有用であることを認めている（図5・8、5・9）。特に分類学においては、貴重なタイプ標本の内部形態を全く無傷のまま観察できる上、そのデジタルデータを電子媒体で共有可能にできるという点で、極めて利用価値が高いと言えるだろう。その他、最近では生物の構造にヒントを得て、工学から医学までの様々な分野への応用を目指す生物模倣（バイオミメティクス）という研究分野が開発されつつある。例えば、蚊の吻（刺す部分）を模した「痛くない注射針」や、カワセミの嘴を模した「新幹線の先端部」、フナクイムシという穿孔性二枚貝の穿孔行動を模した「シールド工法」などは、全てバイオミメティクスの恩恵である。クモヒトデにも、何に使っているのかわからない構造がたくさんあり、それらをCTスキャンによってデジタルデータとして蓄積することで、社会に役立てる日が来るかもしれないと、密かな野望を抱いている。

8　キヌガサモヅルの分類

深海生物の進化は、よくわかっていないことだらけである。例えば世界中に生息している種は、いったいどうやってその分布域を拡大しているのだろうか？　最近はこのような広域性種のDNA配列の比較か

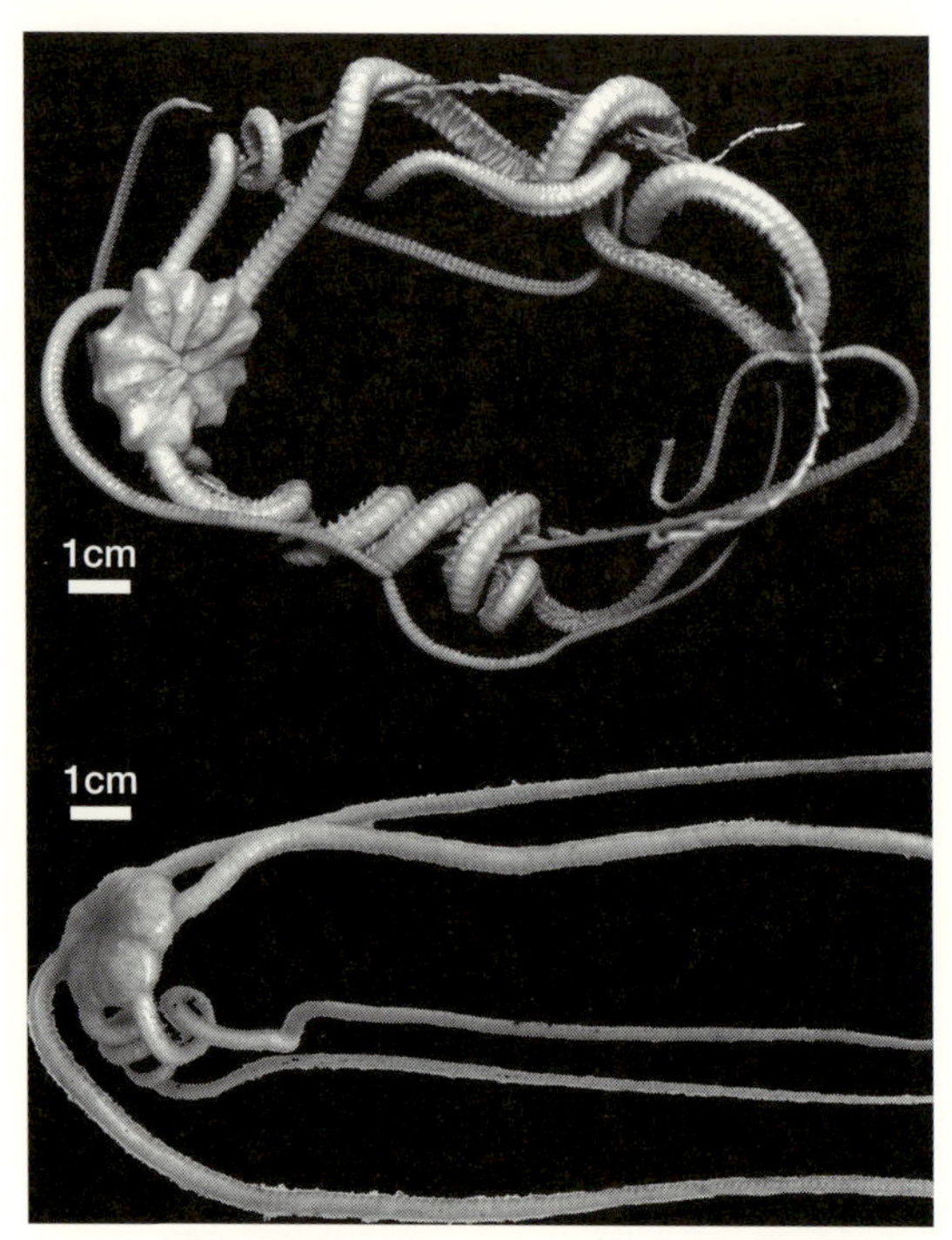

図5・10　日本で採集できるキヌガサモヅル．上は主に東北近辺で採れる個体．下は主に東シナ海あたりで採れる個体．同種とはとても思えない

ら地域ごとの近縁性を見出し、地史と比較することで、その生物がたどってきた進化と地理的イベントを考察する「分子系統地理学」という研究分野が知られるようになっている。特に直接的な環境測定が困難な深海においては、生物の遺伝子構造に刻まれた変異は、深海における環境の変遷を探るための数少ないデータとなり得る。

キヌガサモヅルは、キヌガサモヅル科の代表とも言える種で、世界中の二〇〇メートル以深の深海に生息していると言われている。日本のキヌガサモヅル科は *Astrodia abyssicola* とこのキ

図5･11　academistでのチャレンジの様子．予定金額の40万円を大幅に上回る寄付を集め，チャレンジは終了した

ヌガサモヅルだけであるが（Okanishi and Fujita, 2014）、キヌガサモヅルに関しては太平洋側に広く分布していることが、科博の標本から明らかになっていた。しかし、これらの標本を見ていると、現行の分類では全種キヌガサモヅルに分類しなくてはならないものの、どうも各海域で形態に違いがあるように思える（図５・10）。そこで、これらのキヌガサモヅルの標本のＤＮＡを片っ端から調べてみて、日本に生息しているキヌガサモヅルの分子系統地理学的な研究を進めている。研究の結果、どうも日本のキヌガサモヅルは一種ではないという結論が導かれつつある。さらに、その生息場所にも、系統ごとに面白いまとまりがあることを見出しつつある。キヌガサモヅルに代表されるように、ツルクモヒトデ目は多くの種が固着性の生物にその生息場所を頼っているためクモヒトデの中でも特に移動能力が低い。しかも、他の動物と同じく、ＣＯＩや16Ｓなどの一般的に研究に使われる遺伝子配列で、地理的な変異が蓄積されていると考えるに足る十分な塩基置換が起こっている。

従って、（分子）生物地理学的な研究の格好の研究対象であると言えよう。

ちなみに、この研究には日本初の研究特化型クラウドファンディングである〝academist〟にチャレンジし、多くの方々のご支援を受けている（図5・11）。この支援を受けた研究内容のデータは取り終わり、現在論文を執筆中である。

9 それでも、系統分類学！

というようなことを考え、系統分類学に軸足を置きながら、最近では色んな研究にチャレンジしようとしている今日この頃であるが、しかし私は、あくまでも分類学者であり、いついかなるときでも、そのクモヒトデの形質が、系統分類に活かせないか、思索を巡らせている。クモヒトデの生息姿勢は、そのまま形質にできないかと考えているし、腕骨の成長線のその形成過程に進化の兆しを観ようとしている。もうどうしようもない系統分類脳なのである。

生物学の基礎として、科学のまな板に乗せた分類群の自然な認識を提供するため、あるいはそこに新たな生物を乗せるために、分類学者はこの瞬間も生き物を探し求め、名前を調べている。そんな分類学が社会の役に立つかどうかは本書で何度か述べてきたところであり、今さら云々する必要はないだろう。最後に私がアピールしておきたいのは、やっぱり「分類学は楽しい」ということに尽きる。それだけでいいかどうかは別として、これだけはゆるぎない事実であると私は思う。新種を見つけた瞬間、ある分類群のシ

図5・12　下田沖より採集された謎のテヅルモヅル．幼体なのか，それともこれで成体なのか．現在DNA解析を進めている．写真撮影：周藤瞳

ノニムやホモニムが判明した瞬間、長い計算時間の末に系統樹がモニターに映し出された瞬間、そしてその系統樹が自分の仮説を証明していた瞬間。自分のみぞ知る事実が、今この手にある、という得も言われぬ充足感が胸の中に広がる。新宿の、筑波の、白浜の、そして水戸の小さな研究室の小さなPCと小さな男の脳内で、世界の通説をひっくり返すアイデアを育んでいるという秘匿感は、子供のときに自分だけの秘密基地で、自分だけの世界最強のカッコいい武器を作っているワクワク感そのものだと、私は常日頃思っている。確かに、分類学を社会のものにすることはとても重要で、我々はそのことを念頭に置いて研究を進めなくてはならないのかもしれない。しかし、研究を推進する原動力となるのは、そこに謎があるから解明したいというアルピニスト的な探求心と、その過程にあるワクワク感、達成感をまた味わいたいという衝動に他ならないことは、誰にも否定することはできないだろう。ほんの一部だけを紹介してきたツルクモヒトデ目であるが、他にもまだ人類が目に触れたことがないであろう、

非常に面白い特性を持った種が、続々と私の手元に集まっており、その数は増える一方である（図5・12）。恐らくクモヒトデ類の分類が終わる前に、私の人生は幕を閉じるだろう。何という果報者か。死ぬまで、楽しき分類学に携わっていられるのである。

限りある私のこの人生で、少しでも多くのクモヒトデの謎を解明できるように、今後もクモヒトデに連れ添っていくつもりである。そして、その際に、願わくば、一人でも多くの仲間も一緒にクモヒトデを見つめてくれることを夢見ながら。

おわりに

　まず、この本を手に取り、最後まで読んでいただいた皆様に、篤くお礼を申し上げたい。既におわかりかと思うが、私はあまり文章を書くのが得意でない。カッコいい文章に憧れるわりに致命的に語彙が少ないが故に、稚拙で回りくどい文章になってしまったことを恥じ入るばかりである。そんな私であるから、二〇一四年六月の日本動物分類学会第五〇回大会の席で、国立科学博物館の松浦啓一先生経由で東海大学出版部の稲英史さんからこのオファーをいただいたときに、「少なくとも今の私には執筆は不可能だ。書きながらスキルを上げていくしかない」と思っていた。果たして出版を経た今、私の執筆スキルが上がった気配はない。一朝一夕で身に付くものでもないのだ。藤田先生のもとを離れ、私は、文章力に限らず、研究者として、人間として、まだまだ未熟であることを痛感しっぱなしである。相変わらず自分の酒量の限界を顧みずに二日酔いを患っては皆さんにご迷惑をおかけしたり、最近では完成度の低い原稿を書いてしまい、査読者や編集者のお手を大変に煩わせてしまったりしている。こんな私が、お世話になった先生方や、分類学の巨人たちのように果たしてなれるだろうか？　想像しただけで、人生が何度あっても足りそうにないと、途方に暮れてしまう状況である。しかしそれでも、これらの反省を胸に、何とかまともな人間になろうと、気概だけは一人前に日々邁進しているつもりであるので、暖かく見守っていただければ幸いである。本書の執筆に当たっては正直途中で何度も心折れそうになったが、しかしそれでも書き続けられたのは、稲さんの温かい励ましがあったことと、とにかく私の中の情熱が冷めないうちに、この本を書き上げたいという一心があったからだ。

この本の大部分は、当時のメール履歴や、研究に関わる書類を見ながら書き起こしたものである。しかし当時の研究にかけた情熱、苦難、驚き、そして無上の喜び、それらの喜怒哀楽の感情の動きは、私の記憶に頼って書き起こすしかない。何とか自身の脳みそから記憶のエキスをぎゅうぎゅうに絞り出して、当時の私が研究活動に臨み考えたこと、感じたことを包み隠さず本一冊分の体に成したものが本書だと思ってほしい。ところが嘆かわしきことに、記憶を呼び覚まそうとすると、そういった感情の記憶が、私の中から抜け落ちて、あるいは薄れてしまっていることに気づくのである。第五章の最後でも述べたように、謎を解明せんと欲する単純かつ原始的な感情、初期衝動とも言うべきそれこそが、人を研究に奮い立たせる最も重要な要素である。分類学者同士の会話で「好きじゃなきゃやってられない」というフレーズをよく耳にする。数週間船に乗ってもう死にたいと思うような時化に遭遇し、それでも吐き気と闘いながら泥の中から生き物をピックアップする。数日間ほとんど寝ずに、生物をひたすらソーティングする。漁港に揚がった腐物の中に手を突っ込み掻き分ける。真夏の炎天下、数時間ひたすら岩をひっくり返す。持ち帰った標本を、文献を片手にひたすら観察する。骨片を取り出す。何週間も何か月もSEMの前に座り続ける。毎日毎日ピペットを握りしめ、電気泳動の結果に一喜一憂する。今思い返してみて、私はこれらの作業がしんどいと思ったことはあったが、「なんでこんなことしなきゃいけないんだ!」と投げ出したくなったことは、一度たりともない。ツルクモヒトデの謎、深海生物テヅルモヅルの謎を解明したいと思う気持ちが、絶対に私自身にカウント一〇を数えさせなかったのだと思う。「好き」だからこそ、諦めずに「やってこられた」のだ。私のような未熟な研究者が本に込めるべき最たるものは、このような粗野な、粗削りの情熱であろうと私は思っている。ところが、その唯一と言ってよい武器が、私の中で薄れていることを、偶然にも執筆途中に自覚してしまった。そこで、なるべく早く、これ以上この感情が失われてしまう前に、何とかして本書を仕上げなくては、と思う気持ちが、本書執筆の大きな原動力となった。

私が本書を執筆しておきたかったもう一つの理由は、このような分類学の、失敗も踏まえた「実践の記録」を、一般向けの書籍として残しておきたかったからである。私は運がよかったといつも思う。北大に入って偶然系統分類学に出会わなければ、私は今茨城大学にいないし、ここでこうして筆をとることもなかったであろう。しかし、もし系統分類学という学問の存在を、そして北海道大学の系統分類学の研究室の存在を、中学、高校の時分から知っていれば、私は偶然でなく、「必然」として北海道大学を志したことだろう。そのような、中学生や高校生が、系統分類学の存在を気軽に知れるような系統分類学の一般書――少なくとも「系統」あるいは「分類」がタイトルに入った――は、私の知る限りほとんどないように思える。広い日本には、奇妙な生き物への情熱を心に秘めたまま、世間に埋もれてその才能を発揮することなく人生を送っている系統分類学の孤高の天才がいるのではないか。もし、本書に少しでも共感し、少しでも系統分類学に興味を持ってくれる若者が一人でもいたとすれば、私にとってそれはベストセラーとなるに等しい功績である。本書がそのような将来の分類学者を発掘するための微光となることを願い、恥を承知で本書の執筆に臨んだ。

最後に、私のような、変な生き物がただただ好きな人へのメッセージを送り、筆を擱(お)きたい。

珍しい生物が好きなあなた。その気持ちはあなたの、かけがえのない武器です。誇ってください。誰にも恥じることはありません。あなたのその生き物への、どうしようもないワクワク、情熱が活かせる場所があります。私は、私たちは、いつでも、顕微鏡を覗きながら待っています。海岸で、水族館で、船上で、博物館で、一緒に変な生き物を見て、「すげーー！」とか「うひょーーー！」とか、目いっぱい喜びを分かち合いましょう。

茨城大学　岡西政典

謝辞

本書執筆のきっかけを与えてくださった東海大学出版部の稲英史さんと、稲さんを紹介してくださった国立科学博物館の松浦啓一先生に、まずは最大限の謝辞を申し上げたい。お二人なくして本書は成り得なかった。

修士から博士の五年間、決して出来の良くなかった私に系統分類学と棘皮動物学、そして研究者としての礎を叩き込んでくださった国立科学博物館の藤田敏彦先生に、記して謝意を申し上げる。

私の系統分類学を始めるきっかけを与えてくださった北海道大学の馬渡峻輔先生と柁原宏先生、並びに、学位取得後の私に、研究を続けるだけの環境を与えてくださった京都大学瀬戸臨海実験所の朝倉彰先生に感謝を申し上げる。

瀬戸臨海実験所で、同僚として実習の日々を支え合った河村真理子博士、古生物学、形態学から行動学まで、研究手法の幅を広げるきっかけを与えてくださった千徳明日香博士、宮﨑勝己博士、並びに、本書執筆にあたり、地質学に関する記述に有益なコメントをくださった新潟大学の椎野勇太博士、穿孔性二枚貝の呼称についてアドバイスをくださった豊橋市自然史博物館の芳賀拓真博士、若手分類学者の会の開催当時の記録情報をご提供くださったＪＡＭＳＴＥＣの伊勢戸徹博士には格別の謝意を申し上げたい。

この他、国内外を問わず、私は様々な方々のご助力をいただいた。ここに全ての人を列挙し切ることはできないが、研究にご協力くださった方々、研究面に限らず、様々な面で私を励ましてくださった方々、その全員に感謝の意を記したい。

最後に、研究業界という不安定な場所に身を置き、研究を続けることを許してくれている家族に心から感謝の気持ちとお礼を申し上げたく、謝辞に代えさせていただきたい。

用語

海水氷法：採集した砂を篩(ふるい)に入れ、その上に海水の氷を乗せ、冷たい海水に流された砂の間隙性の動物を篩い目を通って下に抽出される方法。

形質：生物の分類する上でのその生物の属性や特徴のこと。多くは形態だが、色、匂い、鳴き声、DNAの配列など、あらゆる生物の特徴は形質となり得る。

新種：人類が新たに認識した種。厳密には、記載論文上で発表されるときにだけ使われる用語。不用意にこの言葉を使うと、分類学的混乱を招く恐れがある。

ソーティング：底曳き網などによって得られる、様々な生物や底質がごちゃごちゃになっている採集試料の中から、分類群ごとに生物を選り分ける作業。地道にピンセットなどで生物をピックアップすることが多い。

ヒザラガイ：軟体動物門多板綱。せんべいのように薄べったい体の上に、八枚の殻を持つ。潮間帯で岩などにへばり付いていて、はがすのに若干コツを要する。膝の皿のような形をしているからヒザラガイというらしい。

未記載種：まだ科学的に記載されておらず、人類が認識できていない種。まだ発表されていない新種ということもできるが、「新種」という言葉とは厳密にわけて使う必要がある。

メイオベントス：非常に小さなベントス。その定義はいくつかあるが、一ミリメートルの目合いの網を抜け、〇・一ミリメートル〜〇・〇六四ミリメートルの目合いの網に残るものを指す場合が多い。海産無脊椎動物では、動吻動物（トゲカワムシ）、胴甲動物（コウラムシ）、緩歩動物（クマムシ）の仲間などは、ほとんどがこのメイオベントスである。

58. 上島　励. 1996. 系統樹をつくる. *In*: 岩槻邦男・馬渡峻輔（編）. 生物の種多様性. バイオディバーシティシリーズ 1. 裳華房. 東京. pp. 54–87.
59. Yang, Z., 2006. Computational Molecular Evolution. Oxford University Press, New York. 藤　博幸・加藤和貴・大安裕美（訳）. 2009. 分子系統学への統計的アプローチ―計算分子進化学. 共立出版. 東京.
60. Ziegler, A., 2012. Broad application of non-invasive imaging techniques to echinoids and other echinoderm taxa. *Zoosymposia*, 7: 53–70.

Bulletin of Zoology, 61: 461-480.

45. Okanishi, M. and Fujita, T., 2013. Molecular phylogeny based on increased number of species and genes revealed more robust family-level systematics of the order Euryalida (Echinodermata: Ophiuroidea). *Molecular Phylogenetics and Evolution*, 69: 566-580.
46. Okanishi, M. and Fujita, T., 2014a. A taxonomic review of the genus *Astrodia* (Echinodermata: Ophiuroidea: Asteronychidae). *Journal of Marine Biological Association of the United Kingdom*, 94: 187-201.
47. Okanishi, M. and Fujita, T., 2014b. A taxonomic review of the genus *Asterostegus* (Echinodermata: Ophiuroidea: Euryalidae). *European Journal of Taxonomy*, 76: 1-18.
48. Okanishi, M., Moritaki, T. and Fujita, T., 2014. Redescription of an euryalid brittle star, *Astroceras coniunctum* (Echinodermata: Ophiuroidea: Euryalidae)". *Bulletin of the National Museum of Nature and Science Series A (Zoology)*, 40: 133-139.
49. Okanishi, M. In press. Taxonomy and phylogeny of ophiuroids focused on euryalids and their fauna in Japan. *In*: Motokawa, M. and Kajihara, H. (Eds). *Species Diversity of Animals in Japan*. Elsevier, Japan.
50. Palumbi, S. R., 1996. Nucleic acids II: the polymerase chain reaction. *In*: Hillis, D., Moritz, C. and Mable, B. (Eds.), *Molecular Systematics, second ed*, Sinauer Press, pp. 205-247.
51. Parameswaran, U. V., and Jaleel A. K. U., 2012. *Asteroschema sampadae* (Ophiuroidea: Asteroschematidae), a new deep-sea brittle star from the continental slope off the southern tip of India. *Zootaxa*, 3269: 47-56.
52. 下村通誉，2009．日本産海産ミズムシ亜目甲殻類の分類学．タクサ 日本動物分類学会誌，27: 17-27.
53. 白山義久（編），2000．無脊椎動物の多様性と系統（節足動物を除く）．バイオディバーシティ・シリーズ 5．裳華房．東京．
54. 柴田愛美・八畑謙介，2015．日本未記録動物門顎頭動物門 Gnathostomulida の発見．*Tsukuba Journal of Biology*, 14: 7.
55. Smith, A. B., Paterson, G. L. J. and Lafay, B. 1995. Ophiuroid phylogeny and higher taxonomy: morphological, molecular and palaeontological perspectives. *Zoological Journal of the Linnean Society*, 114: 213-243.
56. Stöhr, S., Conand, C., and Boissin, E., 2008. Brittle stars (Echinodermata: Ophiuroidea) from La Réunion and the systematic position of *Ophiocanips* Koehler, 1922. *Zoological Journal of the Linnean Society*, 153: 545-560.
57. Stöhr, S., O'Hara, T. and Thuy, B., 2012. Global diversity of brittle stars (Echinodermata: Ophiuroidea). *PLoS ONE*, 7: e31940

32. McKnight, D. G., 2000. The marine fauna of New Zealand: Basket stars and snake-stars (Echinodermata: Ophiuroidea: Euryalida). *NIWA Biodiversity Memoire*, 115: 1–79.
33. 中山広樹．1998．バイオ実験イラストレイテッド〈3+〉本当にふえるPCR．秀潤社．東京．
34. Nei, M. and Kumar, S., 2000. Molecular Evolution and Phylogenetics. Oxford University Press, New York. 根井正利（監訳・改訂），太田竜也・竹崎直子（訳）．2006．分子進化と分子系統学．培風館．東京．
35. 大路樹生，2001．ウミユリのミラクル．*In*: 本川達雄（編著）．ヒトデ学―棘皮動物のミラクルワールド，東海大学出版会．東京．
36. 岡西政典，2013．西太平洋海域におけるツルクモヒトデ目の系統と分類．タクサ 日本動物分類学会誌，35: 1–15.
37. 岡西政典・立川浩之・藤田敏彦．2011．千葉県勝浦沖で採集された日本新記録のトゲツメモヅル（新称）（棘皮動物門：クモヒトデ綱：ツルクモヒトデ目：テヅルモヅル科）．千葉県立中央博物館（編）．千葉県立中央博物館自然誌研究報告：房総半島の海洋生物誌―分館海の博物館の研究成果に基づいて―特別号，9: 97–102.
38. Okanishi, M. and Fujita, T., 2009. A new species of Asteroschema (Echinodermata: Ophiuroidea: Asteroschematidae) from southwestern Japan. *Species Diversity*, 14: 115–129.
39. Okanishi, M. and Fujita, T., 2011a. Two new species of the subgenus *Asteroporpa* (*Astromoana*) (Ophiuroidea: Euryalida: Gorgonocephalidae) from Japan. *Zootaxa*, 2751: 25–39.
40. Okanishi, M. and Fujita, T., 2011b. A taxonomic review of the genus *Astrocharis* Koehler (Echinodermata: Ophiuroidea: Asteroschematidae) with a description of a new species. *Zoological Science*, 28: 148–157.
41. Okanishi, M., O'Hara, T. D. and Fujita, T., 2011a. A new genus *Squamophis* of Asteroschematidae (Echinodermata: Ophiuroidea: Euryalida) from Australia. *Zookeys*, 129: 1–15.
42. Okanishi, M., O'Hara, T. D. and Fujita, T., 2011b. Molecular phylogeny of the order Euryalida (Echinodermata: Ophiuroidea), based on mitochondrial and nuclear genes. *Molecular Phylogenetics and Evolution*, 61: 392–399.
43. Okanishi, M., Yamaguchi, K., Horii, Y. and Fujita, T., 2011. Ophiuroids of the order Euryalida (Echinodermata) from Hachijo-jima Island and Ogasawara Islands, Japan. *Memoires of the National Museum of Nature and Science, Tokyo*, 47: 367–385.
44. Okanishi, M., Olbers, J. M. and Fujita, M., 2013. A taxonomic review of the genus *Asteromorpha* (Echinodermata: Ophiuroidea: Euryalidae). *The Raffles*

14. 藤田敏彦・赤坂甲治，2007．三崎臨海実験所の自然史研究における足跡．*In*: 国立科学博物館（編）．相模湾動物誌．東海大学出版会．秦野．pp. 57–84.
15. Gage, J. D., 1990. Skeletal growth bands in brittle stars: microstructure and significance as age markers. *Journal of the Marine Biological Association of the United Kingdom*, 70: 209–224.
16. Hendler, G. and Miller, J. E., 1991. Swimming ophiuroids - real and imagined. *In*: Yanagisawa, T., I. Yasumasu, C. Oguro, N. Suzuki, and T. Motokawa (Eds.), *Biology of Echinodermata*. Rotterdam, Balkema, pp. 79–190.
17. 入村精一，1982．生物学御研究所（編）．相模湾産蛇尾類．皇居内生物学御研究所．東京．
18. 西村三郎，1992．チャレンジャー号探検．中央公論社．東京．
19. 西村三郎（編著），1995．原色検索日本海岸動物図鑑 [II]．保育社．大阪．
20. 西村三郎，1999a．文明の中の博物誌 上．紀伊国屋書店．東京．
21. 西村三郎，1999b．文明の中の博物誌 下．紀伊国屋書店．東京．
22. Koehler, R., 1904. Ophiures de l'Expédition du Siboga. Part I. Ophiures de mer profonde. *Siboga-Expeditie*, 45a: 1–238.
23. Landschoff, J., and Griffith, C. L., 2015. Three-dimensional visualization of brooding behavior in two distantly related brittle stars from South African waters. *African Journal of Marine Science*, 37: 533–541.
24. Litvinova, N. M., 1994. The life forms of Ophiuroidea (based on the morphological structures of their arms). *In*: David, B. Guille, A. Féral, J-P. and Roux, M. (Eds.), *Echinoderms through Time: Proceedings of the Eighth International Echinoderm Conference*, 6–10 September 1993, Dijon (France). Rotterdam, Balkema, pp. 449–454.
25. Lyman, T. 1879. Ophiuridae and Astrophitydae of the Exploring Voyage of H.M.S. "Challenger", under Prof. sir Wyville Thomson, F. R. S. *Bulletin of the Museum of Comparative Zoloögy at Harvard College, in Cambridge*, 6: 17–83.
26. Meyer, D. L. and Donald, B. M., 1977. Adaptive Radiation of the Comatulid crinoids. *Paleobiology*, 3: 74–82.
27. Mosher, C. V. and Watling, L. 2009. Partners for life: a brittle star and its octocoral host. *Marine Ecology Progress Series*, 397: 81–88.
28. 正木晴彦，1996．日本人の自然観と環境倫理．長崎大学教養部紀要．人文科学篇，27: 97–114.
29. 松浦啓一（編著），2003．標本学－自然史標本の収集と管理．東海大学出版会．東京．
30. 松浦啓一，2009．動物分類学．東京大学出版会．東京．
31. 馬渡峻輔，1994．動物分類学の論理－多様化を認識する方法－．東京大学出版会．東京．

引用文献

1. 動物命名法国際審議会，2000．国際動物命名規約第4版日本語版．日本動物分類学関連学会連合．札幌．
2. 佐波征機・入村精一・楚山　勇，2002．ヒトデガイドブック．TBSブリタニカ．東京．
3. Achatz, J. G. and Sterrer, W., 2015. New Austrognathiidae (Gnathostomulida: Conophoralia) from Hong Kong and Japan: microscopic anatomy, ultrastructure and evolutionary implications. *Zootaxa*, 3955: 267–282.
4. Baker, A. N., 1980. Euryalinid Ophiuroidea (Echinodermata) from Australia, New Zealand, and the south-west Pacific Ocean. *New Zealand Journal of Zoology*, 7: 11–83.
5. Baker, A. N., 2016. An illustrated catalogue of type specimens of the bathyal brittlestar genera *Ophiomusium* Lyman and *Ophiosphalma* H. L. Clark (Echinodermata: Ophiuroidea). *Zootaxa* 4097: 1–40.
6. Boos, K., 2012. Tooth morphology and food processing in *Ophiothrix fragilis* (Abildgaad, in O.F. Müller, 1789) and *Ophiura albida* Forbes, 1839 (Echinodermata: Ophiuroidea). *Zoosymposia*, 7: 111–119.
7. Byrne, M., 1994. Ophiuroidea. *In*: Harrison, F. W. and Chia, F.-S. (Eds). *Microscopic Anatomy of Invertebrates*, Echinodermata, 14. Wiley-Liss, New York, pp. 247–343.
8. Dahm, C. and Brey, T., 1998. How to determine growth and age of slow growing brittle stars (Echinodermata: Ophiuroidea) from natural growth bands. *Journal of the Marine Biological Association of the United Kingdom*, 78: 941–951.
9. Döderlein, L., 1911. Über japanische und andere Euryalae. *Abhandlungen der Bayerischen Akademie der Wissenschaften*, 2: 1–123.
10. Döderlein, L., 1927. Indopacifische Euryalae. *Abhandlungen der Bayerischen Akademie der Wissenschaften*, 31: 1–105.
11. Fell, H. B., 1960. Synoptic key to the genera of Ophiuroidea. *Zoology Publication from Victoria University of Wellington*, 26: 1–22.
12. Fujita, T. and Ohta, S., 1990a. Photographic observations of deep-sea infaunal ophiuroids in Suruga Bay, central Japan: an application of a free fall system of Time-Lapse Cameras and Current Meters. *Journal of the Oceanographical Society of Japan*, 46: 230–236.
13. Fujita, T. and Ohta, S., 1990b. Size structure of dense populations of the brittle star *Ophiura sarsii* (Ophiuroidea: Echinodermata) in the bathyal zone around Japan. *Marine Ecology Progress Series*, 64: 113–122.

事項

和名

索引

学名

著者紹介

岡西　政典（おかにし　まさのり）
1983年生まれ
東京大学大学院理学系研究科 生物科学専攻 博士課程修了 博士（理学）
文部科学省教育関係共同利用拠点事業研究員（京都大学瀬戸臨海実験所）を経て，茨城大学理学部助教
2010年　東京大学 GCOE リトリート　Plenary Poster Award
2012年　日本動物学会 Zoological Science Award（論文賞）と藤井賞を同時受賞
2013年　第10回日本動物分類学会奨励賞　受賞
2014年　日本古生物学会第163回例会　優秀ポスター賞　受賞

フィールドの生物学⑳
深海生物テヅルモヅルの謎を追え！
―系統分類から進化を探る―

2016年5月30日　第1版第1刷発行

著　者　岡西政典
発行者　橋本敏明
発行所　東海大学出版部
〒259-1292 神奈川県平塚市北金目4-1-1
TEL 0463-58-7811　FAX 0463-58-7833
URL http://www.press.tokai.ac.jp/
振替　00100-5-46614
印刷所　港北出版印刷株式会社
製本所　誠製本株式会社

ISBN978-4-486-02096-7